Excel

2016 数据处理与分析

从入门到精通 云课版

神龙工作室 编著

人民邮电出版社

北 京

图书在版编目（CIP）数据

Excel 2016数据处理与分析从入门到精通：云课版 / 神龙工作室编著. -- 北京：人民邮电出版社，2021.2
ISBN 978-7-115-52420-1

Ⅰ. ①E… Ⅱ. ①神… Ⅲ. ①表处理软件 Ⅳ. ①TP391.13

中国版本图书馆CIP数据核字(2019)第239953号

内 容 提 要

本书以案例的形式，介绍了用户在使用 Excel 进行数据处理与分析过程中的常见问题。全书共 16 章，分别介绍了从外部导入数据、录入数据、数据验证、单元格格式的设置、表格编辑与处理、用条件格式标识数据、数据筛选、数据排序、数据透视表与透视图、合并计算的运用、函数与公式、模拟分析、规划求解、Excel 高级分析工具、使用图表分析数据、打印与保护等内容。

本书内容丰富、图文并茂、可操作性强，既可作为职场新人的自学教程，又可作为 Excel 爱好者的参考手册，同时也可作为各类院校或企业的培训教材。

- ◆ 编　著　神龙工作室
  责任编辑　马雪伶
  责任印制　马振武
- ◆ 人民邮电出版社出版发行　北京市丰台区成寿寺路 11 号
  邮编　100164　电子邮件　315@ptpress.com.cn
  网址　https://www.ptpress.com.cn
  山东华立印务有限公司印刷
- ◆ 开本：787×1092　1/16
  印张：24.5
  字数：620 千字　　　　　　　2021 年 2 月第 1 版
  印数：1 – 2 000 册　　　　　2021 年 2 月山东第 1 次印刷

定价：89.00 元

读者服务热线：**(010)81055410** 印装质量热线：**(010)81055316**
反盗版热线：**(010)81055315**
广告经营许可证：京东市监广登字 20170147 号

前　言

数据，是当下最热门的词汇之一，频繁地出现在各种报纸杂志、门户网站、网络自媒体、微信公众号等媒体上，比如，财经网站发布的股市数据，专业网站发布的汽车销售数据，专项的消费者调查数据，等等。随之而来的，是各种媒体对数据的解读。面对一组数据，不同的人理解也有或大或小的出入。对身处职场的人来讲，"用数据说话"已经成为一个认同度越来越高的标准。在数据分析工具的选择上，对于大多数职场人来说，微软公司的Excel是最佳选择。其入门容易又功能强大，广泛应用于各行各业，数据的处理与分析功能非常优秀，不管是数据的整理、汇总，还是将数据制作成报表、图表，使用Excel都可以轻松应对。

本书通过16章、220多个实例，介绍了Excel数据处理与分析技术的方方面面，内容由浅入深，适合职场人阅读。

写作特色

■ **实例为主，内容全面**　以实际工作中的实例为主，将Excel数据处理与分析的相关知识融入案例中，以便读者能够轻松上手。本书内容涵盖了数据透视表、图表和函数等Excel的常用功能，并且系统全面地介绍了Excel提供的各种分析工具在数据分析方面的应用。

■ **双栏排版，超大容量**　本书采用双栏排版的格式，内容紧凑，信息量大，力求在有限的篇幅内为读者提供更多的理论知识和实战案例。

■ **一步一图，以图析文**　本书采用了图文结合的讲解方式，每一个操作步骤均附有对应的插图，读者在学习的过程中能够更加直观、清晰地看到操作的效果，更易于理解和掌握。

■ **扫码学习，高效方便**　本书的配套教学视频与书中内容紧密结合，读者可以通过扫描书中的二维码，在手机上观看视频，随时随地学习。

教学资源特点

内容丰富： 教学资源中不仅包含7小时与本书内容同步的视频教程、本书实例的原始文件和最终效果文件，同时赠送以下3部分内容。

（1）900套Word/Excel/PPT实用模板，稍加修改即可为你所用。

（2）包含1280个Office实用技巧的电子书，全程助力高效办公。

（3）300页Photoshop图像处理电子书、190个Excel函数应用经典案例，搞定电脑办公不求人！

解说详尽： 在演示各个实例的过程中，对每一个操作步骤都做了详细的解说，使读者能够身临其境，提高学习效率。

教学资源获取方法

关注"职场研究社"，回复"52420"，获取本书配套教学资源下载方式。

本书由神龙工作室策划编写，参与资料收集和整理工作的有孙冬梅、张学等。由于时间仓促，书中难免有疏漏和不妥之处，恳请广大读者不吝批评指正。

本书责任编辑的联系邮箱：maxueling@ptpress.com.cn。

编者

目录

第7章
数据筛选

第8章
数据排序

第9章
数据透视表与透视图

第10章
合并计算的运用

第11章
函数与公式

第15章
使用图表分析数据

第16章
打印与保护

第 1 章

从外部导入数据

在日常工作中，用户常常要使用 Excel 对其他数据软件产生的数据进行处理，而进行处理工作的前提是把其他软件格式的数据导入 Excel 中，本章主要介绍如何进行导入工作。

教学资源

关于本章的知识，本书配套教学资源中有相关的教学视频，路径为【本书视频\第1章】。

001 导入文本文件中的数据

本实例原始文件和最终效果所在位置如下。

	素材文件	第1章\导入文本数据.txt
	原始文件	第1章\导入文本数据.xlsx
	最终效果	第1章\导入文本数据.xlsx

扫码看视频

　　在处理日常工作时，用户可能要将 Excel 和其他软件一同使用。当原始数据没有记录在 Excel 表格中，例如原始数据保存在文本文件中，可使用下面的方法将文本文件中的数据导入 Excel 表格中。

Step 1 用户首先可以使用记事本程序打开数据源文件，以便对数据的结构有所理解，方便进行导入工作。

Step 2 打开本实例的原始文件，切换到【数据】选项卡，单击【获取外部数据】组中的【自文本】按钮。

Step 3 弹出的【导入文本文件】对话框，选择需要导入的文件，本书中以"导入文本数据.txt"为例，选中此文件，单击【导入】按钮或者双击此文件。

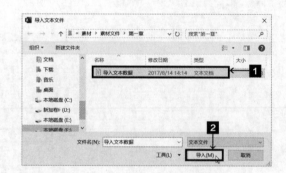

Step 4 弹出【文本导入向导—第1步，共3步】对话框，直接单击【下一步】按钮。

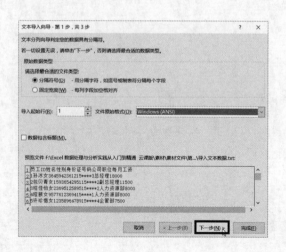

注意上图中的【文件原始格式】，有时可能会显示其他文件原始格式。在预览文件中会出现乱码，此时单击右侧的下拉按钮，在弹出的下拉列表中选择【Windows（ANSI）】选项，文件预览即可恢复正常。

Step 5 在【文本导入向导—第2步，共3步】对话框中的【分隔符号】组中选中【Tab键】复选框，本实例中的文本使用【Tab】键进行分隔（不同的文件使用的分隔符号不同，要视实际情况而定），单击【下一步】按钮。

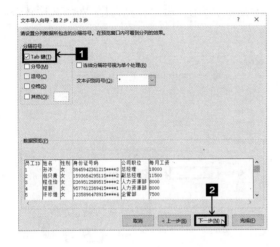

Step 6 在【文本导入向导—第3步，共3步】对话框的【列数据格式】组中可以设置数据的格式，本实例中选中【常规】单选钮，单击【完成】按钮。

Step 7 在【导入数据】对话框中选中【现有工作表】单选钮，在其下方的文本框中输入"=$A$1"（表示将数据存放在从A1单元格开始的数据区域）。处理实际问题时，用户可根据需要填入相应的单元格。

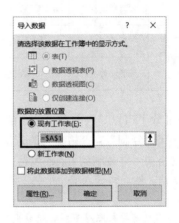

Step 8 单击【确定】按钮，即可得到导入的结果，效果如图所示。

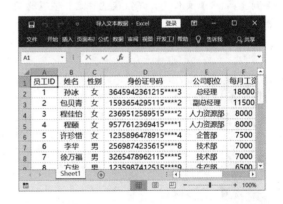

002　导入 Word 文档中的数据

	素材文件	第1章\Word导入.docx
	原始文件	第1章\Word导入.xlsx
	最终效果	第1章\Word导入.xlsx

本实例原始文件和最终效果所在位置如下。

扫码看视频

　　Excel 除了可以导入文本文件中的数据，还可以导入 Word 文档中的数据。一般情况下，用户可以直接用"复制" ➤ "粘贴"的方法把 Word 文档中的内容导入 Excel 表格中，但是这种方法会把原来的格式一并复制到 Excel 表格中。为了避免造成这样的结果，用户可以先把 Word 文档转换为网页文档，然后再导入 Excel 中。

Step 1　用户需要按照以下步骤先改变Word文档的格式，打开Word文档，单击 文件 按钮，在弹出的界面中选择【另存为】选项，此处用户可根据实际情况将文件保存到具体的位置，本实例将文件保存到【第1章】文件夹，不改变文件名，在【保存类型】组合框中选择【网页】选项，单击【保存】按钮。

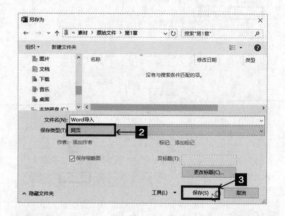

Step 2　打开本实例的原始文件，切换到【数据】选项卡，单击【获取外部数据】组中的【自网站】按钮，弹出【新建Web查询】对话框，在对话框中【地址】右侧的文本框中输入第1步中保存的完整路径，在该处输入"F:\Excel 数据处理与分析从入门到精通　云课版\素材\原始文件\第1章\Word导入.htm"，单击【转到】按钮。

Step 3 在下方的列表框中将显示要导入的文件，单击表格左上角的目标箭头，选中后目标箭头变为 ✓，单击【导入】按钮。

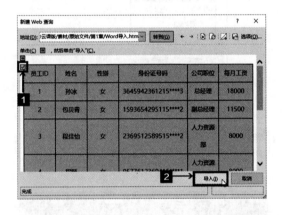

Step 4 弹出【导入数据】对话框，选中【现有工作表】单选钮，在其下方的文本框中输入数据放置位置的首个单元格，本实例输入"=$A$1"。

Step 5 单击【确定】按钮，可以在Excel表格中得到以A1单元格为首个单元格的导入表格。

003 导入 Access 中的数据

本实例原始文件和最终效果所在位置如下。

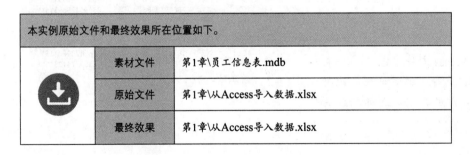

	素材文件	第1章\员工信息表.mdb
	原始文件	第1章\从Access导入数据.xlsx
	最终效果	第1章\从Access导入数据.xlsx

扫码看视频

Excel 中除了可以导入文本文件和 Word 文档中的数据，它还具有直接导入常见数据库文件的功能，Excel 可以很方便地从数据库导入数据。

▌Step 1　打开本实例的原始文件，切换到【数据】选项卡，单击【获取外部数据】组中的【自Access】按钮。

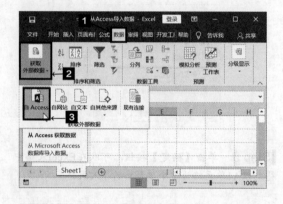

▌Step 2　弹出【选取数据源】对话框，在【选取数据源】对话框中找到用户所需要导入的数据库文件（此处以"员工信息表.mdb"为例），选中目标文件并单击【打开】按钮。

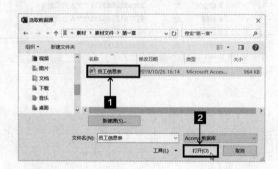

ⓘ注意

　　当导入的 Access 文件中包含多个表时，Excel 会弹出选择表的对话框，此时用户需要根据实际的需要，选择相应的表格。

▌Step 3　弹出【导入数据】对话框，选中【请选择该数据在工作簿中的显示方式】组合框中的【表】单选钮和【数据的放置位置】组合框中的【现有工作表】单选钮，在【现有工作表】单选钮下方的文本框中输入"=$A$1"。（先输入"A1"，然后选中"A1"，按【F4】键，即可得到"=$A$1"。）

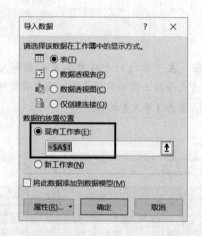

▌Step 4　单击【确定】按钮，可以在Excel表格中得到导入后的表格。

004　使用 Microsoft Query 功能导入数据

本实例原始文件和最终效果所在位置如下。

	素材文件	第1章\数据表.xlsx
	原始文件	第1章\Microsoft Query导入数据表.xlsx
	最终效果	第1章\Microsoft Query导入数据表.xlsx

扫码看视频

　　用户在导入数据时可能会有选择地导入，为了方便用户的使用，Excel 中的 Microsoft Query 功能可以快速地帮助用户完成此项工作。

Step 1　　本实例的要求是使用Microsoft Query功能导入离职前工资大于或等于4 000元的员工的数据。打开本实例的原始文件，切换到【数据】选项卡，单击【获取外部数据】组中的【自其他来源】按钮，在弹出的下拉列表中选择【来自 Microsoft Query】选项。

Step 2　　在弹出的【选择数据源】对话框的【数据库】选项卡中选择"Excel Files*"，系统已默认选中对话框下方的【使用|查询向导|创建/编辑查询】复选框，若没有选中，则用户手动选中此项，然后单击【确定】按钮。

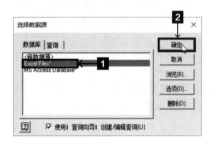

Step 3　　弹出【选择工作簿】对话框，在此对话框内找到需要导入的文件的路径，本实例文件是"数据表.xlsx"，选择此文件，单击【确定】按钮。

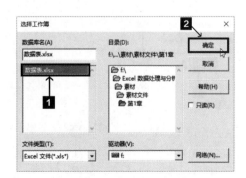

Step 4 弹出【查询向导—选择列】对话框，单击【可用的表和列】列表框中"数据源$"左侧的"+"按钮，展开数据源中每列首个单元格的内容，此时"+"号会转变为"–"号。

注意

【查询向导—选择列】对话框的【可用表和列】列表框可能不含任何内容，此时则需要单击对话框的【选项】按钮，在弹出的【表选项】对话框中勾选【系统表】复选框，再单击【确定】按钮，返回【查询向导—选择列】对话框，可以看到用户选择的表的内容。

Step 5 在【可用的表和列】列表框中选中需要在结果表中显示的列的名称，单击 ＞ 按钮，所选择的字段就会显示在【查询结果中的列】列表框中（双击需要的字段，该字段也会自动显示在【查询结果中的列】列表框中），使用【查询结果中的列】列表框右侧的微调按钮可以调整列表框中各个字段的顺序，单击【下一步】按钮。

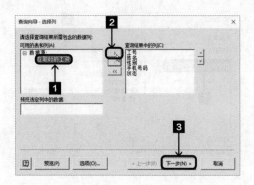

Step 6 弹出【查询向导—筛选数据】对话框，在【待筛选的列】列表框中选中"状态"字段，在【只包含满足下列条件的行】的第一筛选条件组合框中分别为其设置【等于】和【离职】，并选中下方的【与】单选钮；再选中"在职时的工资"字段，将第一筛选条件组合框设置为【大于或等于】和【4000】，并选中其下方的【与】单选钮，此处表示筛选出的数据要同时满足两个条件，单击【下一步】按钮。

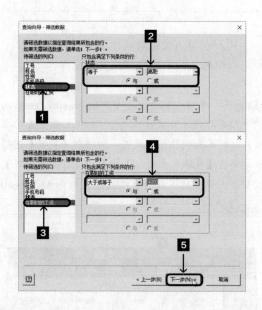

Step 7 弹出【查询向导—排序顺序】对话框，此处需要设置排序规则为按工资从低到高的顺序排列，在【主要关键字】下拉列表中选择"在职时的工资"，选中其右侧的【升序】单选钮，单击【下一步】按钮，用户还可以根据实际需求对结果表进行排序。

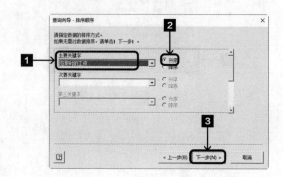

Step 8 弹出【查询向导—完成】对话框，选中【将数据返回Microsoft Excel】单选钮，单击【完成】按钮。

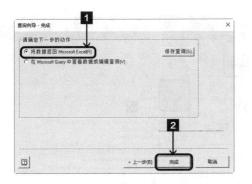

Step 10 单击【确定】按钮，效果如下图所示（图为部分效果图）。

 提示

在【查询向导—完成】对话框中单击【保存查询】按钮，可以把查询结果设置为 ".dqy" 类型的文件保存，方便下次查询时直接使用。

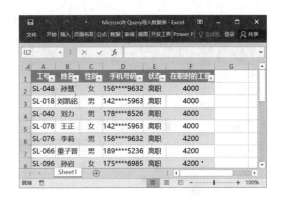

Step 9 弹出【导入数据】对话框，选中【请选择该数据在工作簿中的显示方式】组合框中的【表】单选钮和【数据的放置位置】组合框中的【现有工作表】单选钮，并在【现有工作表】单选钮下方的文本框中输入 "=$A$1"。

005 使用 Microsoft Query 创建参数查询表

本实例原始文件和最终效果所在位置如下。		
⬇	原始文件	第1章\Microsoft Query参数查询.xlsx
	最终效果	第1章\Microsoft Query参数查询.xlsx

扫码看视频

使用 Microsoft Query 功能不仅可以有选择地导入数据，它还可以在导入数据的同时建立参数查询，此种特殊的查询功能属于动态查询，能在用户修改查询条件之后把查询结果显示在表中。

Step 1　打开本实例的原始文件，切换到工作表"查询表"，在A1单元格和A2单元格内分别输入"状态"和"在职工资"。

Step 2　选中B1单元格，切换到【数据】选项卡，单击【数据工具】组中的【数据验证】按钮，在弹出的下拉列表中选择【数据验证】选项。

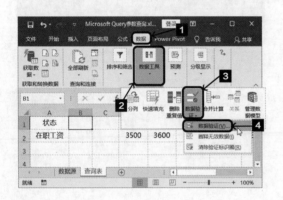

Step 3　弹出【数据验证】对话框，将其切换到【设置】选项卡，在【验证条件】组合框的【允许】下拉列表中选择【序列】选项，然后在【来源】下方的文本框中输入"=$D$1:$E$1"或者用鼠标选择此区域。用相同的方法在B2单元格设置下拉列表，来源为"=$D$2:$N$2"，单击【确定】按钮。

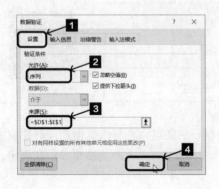

Step 4　选中A4单元格，在【获取外部数据】组中单击【自其他来源】按钮，在弹出的下拉列表中选择【来自 Microsoft Query】选项。

Step 5　弹出【选择数据源】对话框，切换到【数据库】选项卡，选择"Excel Files*"选项，取消选中对话框最下方的【使用|查询向导|创建/编辑查询】复选框，再单击【确定】按钮。

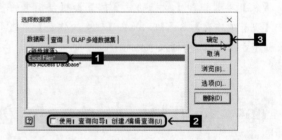

Step 6　弹出【选择工作簿】对话框，在【选择工作簿】对话框中找到要导入的Excel文件的路径，本书中要导入的文件为"Microsoft Query参数查询.xlsx"中的"数据源"工作表，选择此文件并单击【确定】按钮。

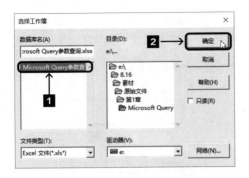

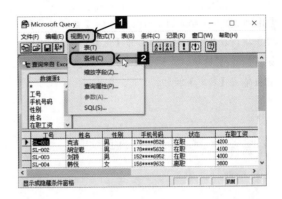

Step 7 弹出【添加表】对话框，在【添加表】对话框的【表】组合框中选择【数据源$】选项，单击【添加】按钮，单击【关闭】按钮。

Step 10 显示条件设置窗口，选中【条件字段】中的空白栏，单击右侧的下拉按钮，然后在弹出的下拉列表中选择【状态】字段。

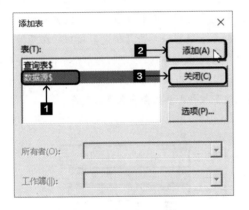

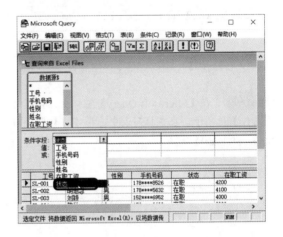

Step 8 将"数据源$"列表中的"*"符号拖曳到其下方的列表中，完成对数据字段的添加。

Step 11 在【状态】条件字段下方对应的条件【值】中输入"[]"，按【Enter】键确认，弹出【输入参数值】对话框，直接单击【确定】按钮。

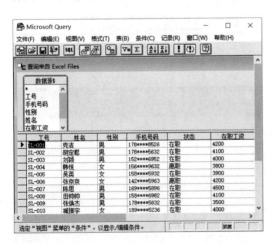

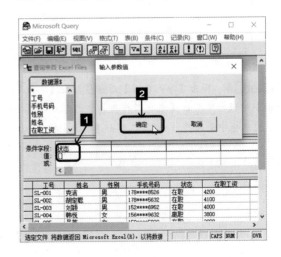

Step 9 在【Microsoft Query】窗口中切换到【视图】选项卡，在下拉列表中选择【条件】选项。

Step 12 在右侧的空白栏中添加【在职工资】条件字段，在其下方对应的条件【值】中输入"[]"，按【Enter】键确认，弹出【输入参数值】对话框，直接单击【确定】按钮。

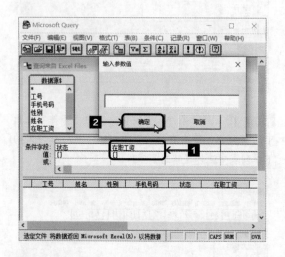

Step 13 在【Microsoft Query】窗口中，切换到【文件】选项卡，在下拉列表中选择【将数据返回Microsoft Excel】选项。

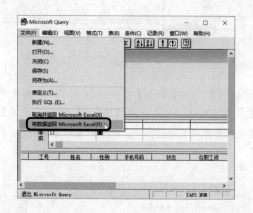

Step 14 弹出【导入数据】对话框，在【导入数据】对话框中单击【现有工作表】单选钮，在下方的文本框中输入"=$A$4"，单击【确定】按钮。

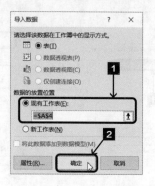

Step 15 弹出【输入参数值】对话框，在【输入参数值】对话框中参数1下方的文本框中输入"=查询表!$B$1"，并且勾选其下方的【在以后的刷新中使用该值或该引用】和【当单元格值更改时自动刷新】两个复选框，单击【确定】按钮；在【输入参数值】对话框中参数2下方的文本框中输入"=查询表!$B$2"，并且勾选其下方的两个复选框，单击【确定】按钮，参数查询表建立完成。

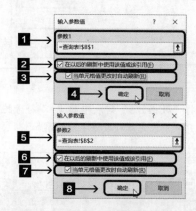

提示

【输入参数值】对话框中的参数数目和用户在【Microsoft Query】窗口中设置的带参数的条件是一致的，此处的参数条件【值】为"[]"。

尤其要注意，如果没有勾选【在以后的刷新中使用该值或该引用】和【当单元格值更改时自动刷新】两个复选框，则不能实现动态查询和实时刷新数据的目的。

Step 16 单击B1单元格右侧的下拉按钮，在其下拉列表中选择【在职】选项；单击B2单元格右侧的下拉按钮，在其下拉列表中选择【3700】选项，即可在参数查询表中得到所需结果。

006 向 Excel 中的 Power Pivot 工作簿导入数据

本实例原始文件和最终效果所在位置如下。		
	素材文件	第1章\员工信息表.accdb
	原始文件	第1章\PowerPivot工作簿导入数据.xlsx
	最终效果	第1章\PowerPivot工作簿导入数据.xlsx

扫码看视频

Microsoft SQL Server Power Pivot for Microsoft Excel（简称 Power Piovt for Excel）是一种专业的数据分析工具，此工具可以直接在 Excel 2016 中进行丰富的交互式分析，使用户在较短的时间内得到所需要的结果。

Step 1 在Excel 2016中，Power Piovt已经集成在Excel的组件之中，使用此工具时，用户需要先加载此工具。打开本实例的原始文件，单击【文件】按钮，在弹出的界面中选择【选项】选项。

Step 2 弹出【Excel选项】对话框，选择【加载项】选项卡，单击【管理】组合框右侧的下拉按钮，在弹出的下拉列表中选择【COM 加载项】选项，再单击【转到】按钮。

Step 3 弹出【COM 加载项】对话框，在【COM 加载项】对话框中勾选【Microsoft Power Pivot for Excel】复选框，单击【确定】按钮返回Excel表格。

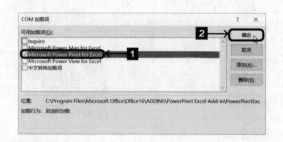

Step 4 单击【文件】按钮，在弹出的界面中选择【选项】选项，弹出【Excel选项】对话框，选择【自定义功能区】选项卡，在【主选项卡】列表框中勾选【Power Piovt】复选框。

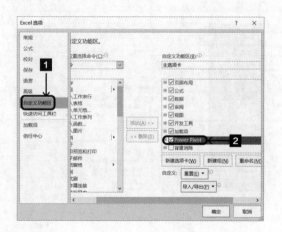

Step 5 单击【确定】按钮，在Excel界面上方会增加一个【Power Pivot】选项卡。

Step 6 切换到【Power Pivot】选项卡，单击【数据模型】组中的【管理】按钮，弹出【Power Pivot for Excel】窗口。

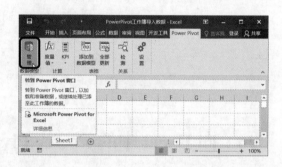

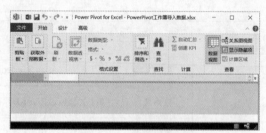

Step 7 切换到【Power Pivot for Excel】窗口中的【开始】选项卡，单击【获取外部数据】组中的【从数据库】按钮，在弹出的下拉列表中选择【从Access】选项。

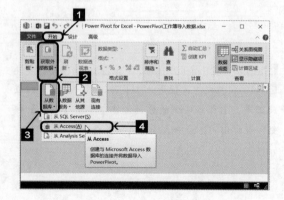

Step 8 弹出【表导入向导】对话框，单击【表导入向导】对话框中的【浏览】按钮，弹出【打开】对话框，在此处找到需要导入的数据库的路径，选择导入的数据库文件，单击【打开】按钮，返回【表导入向导】对话框，单击【下一步】按钮。

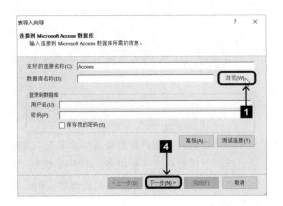

Step 9 在弹出的【表导入向导】对话框中选中【从表和视图的列表中进行选择，以便选择要导入的数据】单选钮，单击【下一步】按钮。

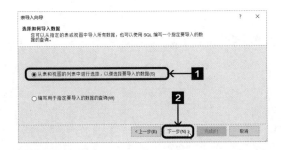

Step 10 在弹出的【表导入向导】对话框中勾选【员工信息表】复选框，单击【完成】按钮。

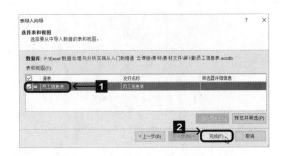

Step 11 弹出提示导入完成的对话框，可看到在提示导入完成对话框中显示导入了22条记录，单击【关闭】按钮。

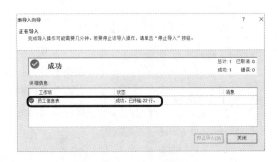

返回【Power Pivot for Excel】窗口，效果如下图所示。

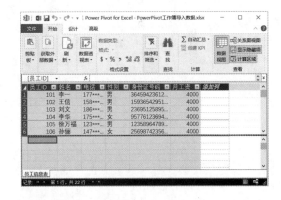

> **注意**
>
> 当用户在日常工作中遇到以下几种情况时，可以考虑使用 Power Pivot 进行数据处理。
>
> ①需要多表关联处理时。
>
> ②当处理的数据超过 Excel 行数的限制，如数据超过 1 048 576 行时。
>
> ③在处理完数据后，不希望在 Excel 表格中存储过多的数据时。

第 2 章

录入数据

我们向 Excel 数据表中录入数据时，有时需要录入特殊字符、设置数据有效性以及编辑超链接等，熟练掌握这些数据录入的操作技巧，可以在创建各种报表时，达到事半功倍的效果。本章通过具体的实例介绍如何有技巧性地向数据表录入数据。

 教学资源

关于本章的知识，本书配套教学资源中有相关的教学视频，路径为【本书视频\第 2 章】。

001 数据输入规则

数据类型包括：数值、文本、日期、时间和公式等。录入数据时，Excel 会自动识别录入的数据类型。

1. 数值型数据的输入

数值型数据是由数字 0~9 和一些特殊字符（"*"、"/"、"$"、"%" 等）组成的。数值型数据使用多、操作复杂。

2. 日期型数据的输入

在单元格中输入日期时通常用斜线 "/" 或者短线 "-" 来分隔日期中的年、月、日部分，输入时间时通常用 ":" 来分隔时间中的时、分、秒部分。

3. 文本型数据的输入

文本型数据是指字符或者数字和字符的组合。默认情况下，在 Excel 2016 中输入的文本型数据在单元格中都是左对齐显示的。

4. 公式数据的输入

在单元中输入数据时，需要用一个 "=" 开头，代表输入的是公式。公式中用到的符号都是半角状态下的符号。

002 控制单元格指针

在 Excel 2016 中，当用户在工作表中输入数据并按【Enter】键后，默认的情况下，光标会向下移动一个单元格，并且该单元格被激活，等待用户的输入。

有时根据工作需要，我们希望在按【Enter】键后，光标能够移到其他位置，比如向右移动一个单元格，使用本实例介绍的方法就可以轻松实现该目的。

Step 1 打开工作表，单击【文件】选项卡，在弹出的界面中选择【选项】选项。

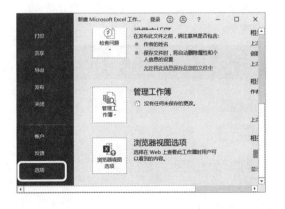

Step 2 在弹出的【Excel选项】对话框中，切换到【高级】选项卡，在【编辑选项】组合框中，勾选【按Enter键后移动所选内容】复选框，在【方向】下拉列表中选择【向右】选项，最后单击【确定】按钮。

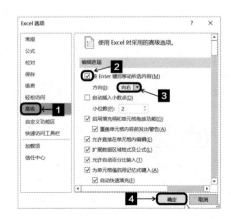

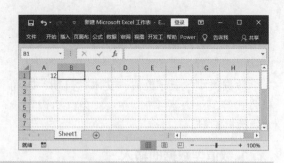

Step 3　返回Excel工作表，此时在A1单元格中输入一个数据后按【Enter】键，单元格指针就会自动跳到右边的单元格，即B1单元格。

003　在单元格里实现换行

在 Excel 中，在单元格中输入的内容默认是单行显示的，但有的时候需要把单元格里的内容分多行显示。使用本实例，能迅速达到这个目的。

Step 1　在单元格中输入文字，当文字内容超出A1单元格的边框时，文字内容在单元格中还是在一行显示，不会自动进行换行，如图所示。

Step 2　在单元格上单击鼠标右键，在弹出的快捷菜单中单击【设置单元格格式】选项。

Step 3　弹出【设置单元格格式】对话框，切换到【对齐】选项卡，在【文本控制】组中勾选【自动换行】复选框，单击【确定】按钮。

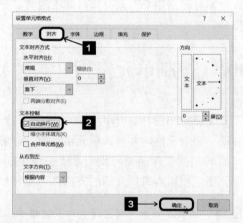

Step 4　返回Excel工作表，在单元格中可以看到超出A1单元格的文字会在一个单元格中自动换行，如图所示。

💡 提示

从编辑栏中的显示可以看出，A1单元格的内容仍然在同一行显示。

004　在单元格中输入分数

在 Excel 的单元格中直接输入形式如"1/5"这样的真分数，Excel 会认为它是日期，按【Enter】键后"1/5"会自动转化为"1 月 5 日"。

如果要输入分数"1/5"，则可以首先输入 0 和空格，然后再输入"1/5"，按【Enter】键即可。

选中输入该分数的单元格，在编辑栏中可以看到其数值是 0.2。

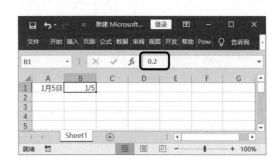

005　输入特殊符号或公式

在 Excel 中输入数据时，经常会输入一些特殊符号，如输入数学公式、希腊字母等。Excel 中提供了输入特殊符号的功能。

Step 1　打开工作表，切换到【插入】选项卡，单击【符号】组中的【符号】按钮。

Step 2　弹出【符号】对话框，切换到【符号】选项卡，根据用户需要在【字体】和【子集】下拉列表中选择相应的设置，然后选中一个符号，单击【插入】按钮，插入字符后单击【关闭】按钮。

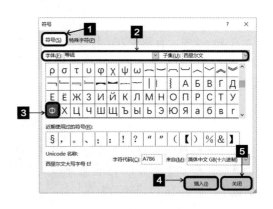

Step 3　如要插入一些特殊的公式符号，可切换到【插入】选项卡，在【符号】组中单击【公式】按钮。

Excel 2016

数据处理与分析从入门到精通 云课版

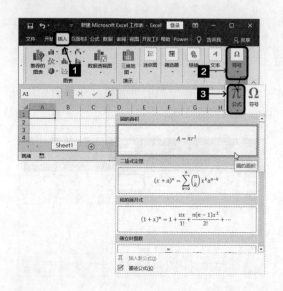

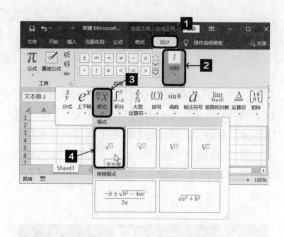

Step 4 激活【公式工具】选项卡，切换到【公式工具】下的【设计】选项卡，在【符号】组中可以单击特殊的数学符号以便将其插入；在【结构】组中可以插入特殊的数学公式，比如，想要输入 $\sqrt{2}$，在【结构】组中单击【根式】按钮，在弹出的下拉列表中单击【平方根】按钮。

Step 5 在Excel 工作表中出现了添加公式的文本框，可以看到平方根公式已经插入文本框中了，单击虚线框，输入数字"2"即可。

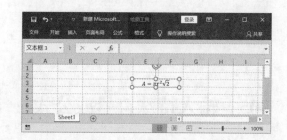

006 输入身份证号码或11位以上的数值

在Excel 中，有两种方法能够将数字转换成文本，即"单引号"法和设置单元格格式为文本格式的方法。Excel 中默认的数字格式是"常规"，最多可以显示11位有效数字，超过11位就以科学记数形式显示。

当单元格格式设置为"数值"、小数点位数为0时，最多完全显示15位数字，大于15位的数字，从第16位起显示为0。

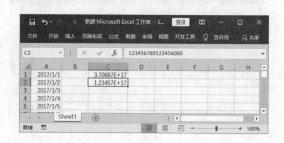

20

那么，怎样才能正常显示银行账号或者身份证号码呢？下面介绍两种方法。

1. "单引号"法

要在单元格中输入身份证号，首先输入一个英文状态下的单引号（'），然后输入 18 位的身份证号码，按【Enter】键即可显示完整的身份证号码。

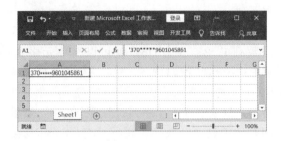

2. "设置文本格式"法

用户也可以使用"设置单元格格式为文本格式的方法"输入字符串。具体的操作步骤如下。

Step 1 选中单元格，切换到【开始】选项卡，在【单元格】组中单击【格式】按钮，在弹出的下拉列表中选择【设置单元格格式】选项，或者直接按【Ctrl】+【1】组合键。

Step 2 弹出【设置单元格格式】对话框，切换到【数字】选项卡，在【分类】列表框中选择【文本】选项，单击【确定】按钮。

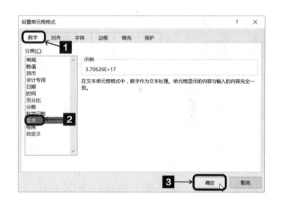

Step 3 在单元格中输入一个身份证号码，可以看到单元格中已按照正常的方式显示身份证号码了。

007　自动填充的秘诀

自动填充功能是指使用单元格拖曳的方法来快速完成数据的填充。使用自动填充功能可以实现等值填充、等差填充、日期填充和特定内容填充等。

1. 等值填充

利用等值填充功能可以重复填充单个单元格或多个单元格中的内容。

例如在单元格 B2 中输入 2，然后选中该单元格，将鼠标指针移至单元格的右下角，待鼠标指针变成"+"形状时，按住鼠标左键并向下拖曳，拖至单元格 B8 后释放鼠标左键，即可完成等值填充。

下面在单元格 B2、B3 和 B4 中分别输入文本"大""中"和"小"，然后同时选中单元格区域 B2:B4，按住填充柄进行拖曳填充，即可按照次序不断重复"大、中、小"这 3 个字的内容。

2. 等差填充

使用自动填充功能还可以快速填充等差数据系列。

假如要在单元格区域 B2:B9 中快速输入等差数列 1、3、5……15，就可以在单元格 B2 和 B3 中分别输入 1 和 3，然后选中单元格区域 B2:B3，拖曳填充至单元格 B9 即可。由此可以看出，只要输入等差序列的前两个数字，然后同时选中这两个数字再进行填充，Excel 就会以这两个数字的差值作为等差系列的递增或者递减值来填充后面的单元格。

用户也可以在数字的后面加上文本内容进行等差填充，如下图所示。

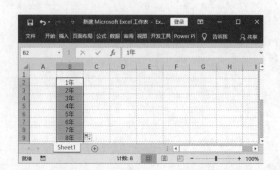

3.日期填充

在 Excel 中可以对日期进行按日、按月和按年填充。

（1）按日填充。

在单元格 A1 中输入日期"2019/7/29"，然后选中该单元格进行拖曳填充，即可得到按日增加的时间序列。

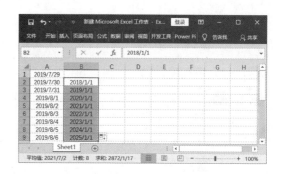

4.特定内容填充

在 Excel 中还可以实现一些特定序列的填充，这些序列包括中英文的星期、月份和天干/地支等内容。

例如在单元格 A1、B1 和 C1 中分别输入日期"星期一""Sunday"和"甲"，然后选中单元格区域 A1:C1 并进行填充，即可得到相应的序列。

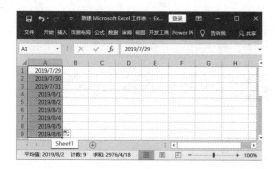

（2）按年填充。

在 单 元 格 B2 和 B3 中 分 别 输 入 日 期"2018/1/1"和"2019/1/1"，然后选中单元格区域并进行拖曳填充，即可得到按年增加的时间序列。

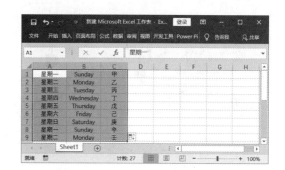

008　自定义序列

在 Excel 中之所以能够实现内容的自动填充，是因为这些内容已经存在于系统预设的序列中。用户也可以自定义填充的序列。

Step 1　单击【文件】按钮，在弹出的界面中选择【选项】选项，弹出【Excel选项】对话框，选择左侧选项中的【高级】选项卡，单击【常规】组合框中的【编辑自定义列表】按钮。

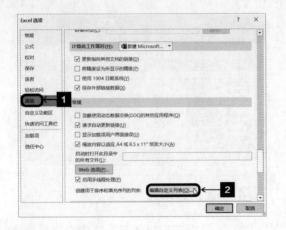

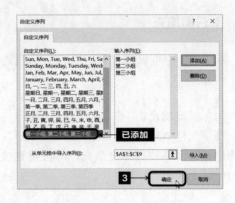

Step 2 弹出【自定义序列】对话框，在【输入序列】文本框中输入自定义的序列，如输入"第一小组、第二小组和第三小组"，用回车键隔开各个输入项，单击【添加】按钮，将其添加到【自定义序列】组合框中，然后单击【确定】按钮。

Step 3 在A1单元格中输入"第一小组"，然后拖曳填充柄，可以进行自动填充刚才定义的序列。

009　利用鼠标填充

在 Excel 工作表中，除了可以使用自动填充功能外，右键菜单和双击填充也是实现快速填充常用的两种方法。

1. 右键菜单

下面以在 B 列填充 1~7 为例，介绍右键菜单的填充方法。首先在 B1 单元格输入 1，将鼠标指针移到 B1 的填充柄处，按住鼠标右键不放，向下拖曳到 B7 单元格，松开鼠标右键，在弹出的快捷菜单中选择【填充序列】选项，就会自动完成等差数列的填充。

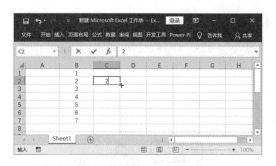

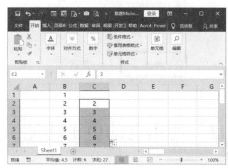

2.双击填充

双击填充柄也可以实现快速的填充。它需要左侧有一个参考列，双击填充柄后，它会以左侧列的第一个非空白单元格为参考，终止于左侧最后一个非空白单元格。

010　将数据填充至多个工作表

有时用户需要将一个工作表中的数据快速复制到其他单元格中，Excel 提供了将数据快速填充到多个工作表的功能。

Step 1　打开工作簿，用户想要将Sheet1工作表中的内容复制到Sheet2和Sheet3中，按【Ctrl】键，依次选中要复制的工作表，此时可以看到标题栏中有"[组]"字样，表示选中的工作表成组。松开【Ctrl】键，然后选中Sheet1中要复制的单元格。

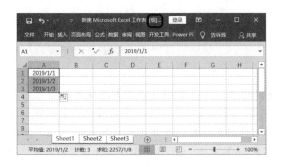

Step 2　切换到【开始】选项卡，在【编辑】组中单击【填充】按钮，在弹出的下拉列表中单击【至同组工作表】选项。

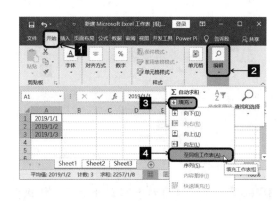

Step 3 弹出【填充成组工作表】对话框，在【填充】组合框中选中【全部】单选钮，单击【确定】按钮。

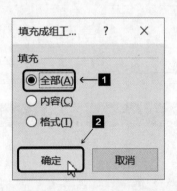

Step 4 返回Excel表格，可以看到Sheet1工作表中的内容已经复制到Sheet2和Sheet3中。

011 使用自动更正功能快速填充

Excel有一个自动更正功能，利用这个功能，可以使用户的输入更方便快捷。

当用户要在Excel中多次输入一长串文字时，如多次输入"神龙办公方案优化设计有限公司"，重复录入会占用大量的时间和精力，这时就可以使用自动更正功能。

Step 1 依次单击【文件】按钮▷【选项】选项，弹出【Excel选项】对话框，在【校对】选项卡中，单击【自动更正选项】组合框中的【自动更正选项】按钮。

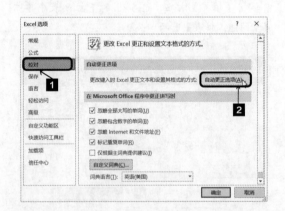

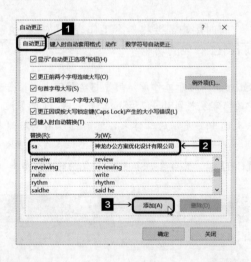

Step 2 弹出【自动更正】对话框，切换到【自动更正】选项卡，在【替换】文本框中输入"sa"，在【为】文本框中输入"神龙办公方案优化设计有限公司"，单击【添加】按钮。

Step 3 可以看到【替换】与【为】中的内容被添加到列表框中，依次单击【确定】按钮，返回Excel工作表，并在单元格中输入"sa"，按【Enter】键后"sa"自动被替换为设置的文本"神龙办公方案优化设计有限公司"。

012 批量录入相同数据的窍门

1. 快速批量输入相同的内容

在实际工作中，经常会遇到在相邻单元格中重复输入相同数据的情况，这时如果逐一输入很费时间，可以使用批量输入数据的方法。

通常输入一个数据后，都是按【Enter】键结束输入并将光标自动移动到下一个单元格；如果在输入前先选中一个区域，再输入数据，并且按【Ctrl】+【Enter】组合键结束，就可以实现在选定区域内批量输入相同的内容。

上述方法意味着：只要用户能先选中所有的目标区域，就能在这些区域一次性批量输入相同内容。

2. 批量选择区域

Office 中绝大部分的操作都以选中对象为前提，所以，选择数据是 Excel 中最高频的操作之一。掌握批量选择的方法，能显著提高操作效率。

选择数据时，用得最多的快捷键就是【Ctrl】键和【Shift】键。

按住【Shift】键不放，单击两个单元格，就能选中两次单击之间的整个连续区域。

按住【Ctrl】键不放并拖曳鼠标，则可以选中多个不连续区域。

例如，按住【Shift】键，单击 A1 单元格和 A6 单元格，可选中单元格区域 A1:A6。

例如，按住【Shift】键，单击 A1 单元格和 C6 单元格，可选中单元格区域 A1:C6。

例如，按住【Ctrl】键，拖曳鼠标可选择不连续的区域。

3. 用定位功能选择特定数值区域

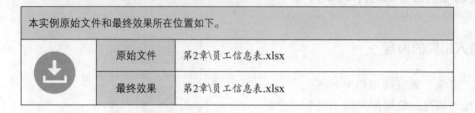	本实例原始文件和最终效果所在位置如下。	
	原始文件	第2章\员工信息表.xlsx
	最终效果	第2章\员工信息表.xlsx

扫码看视频

利用定位功能，还能按条件批量选中目标区域，最常用的是选定所有空单元格，然后批量输入相同内容，填补空白单元格。

Step 1 打开本实例的原始文件，选中"学历"列，切换到【开始】选项卡，在【编辑】组中单击【查找和选择】按钮，在弹出的下拉列表中选择【定位条件】选项。

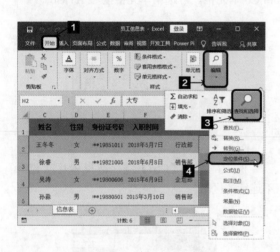

Step 2 弹出【定位条件】对话框，选择【空值】单选钮，单击【确定】按钮。

Step 3 返回Excel表格，可以看到该列中的所有空白单元格均被选中。

Step 4 在选中的空白单元格中，输入文本"本科"，按【Ctrl】+【Enter】组合键，即可看到剩余的空白单元格中均被批量填充上"本科"字样，效果如图所示。

4. 减少鼠标与键盘间的操作

用户在输入数据时，总是依靠单击鼠标来选择单元格，以进行输入位置的切换。但是，如果要输入的数据多而繁杂，在鼠标与键盘间来回切换，就会影响操作效率。

解决上述问题的方法：使用【Tab】键和【Enter】键来移动位置，按一下【Enter】键向下移动一格，按一下【Tab】键则向右移动一格，要向相反方向移动时，按住【Tab】键或【Enter】键的同时，按住【Shift】键即可。

013　批量生成数字序列

在工作中用户会发现，有各种各样的序号、编号以及时间相关的序列需要输入，包括从 1 开始截止到 1000 的序号、相等间隔的序号、商品编号、工号、快递单号以及订单号等。

如果用户手动进行输入，这将是一项巨大的工程，费时费力。

针对批量生成各种数字序列，Excel 中有一个自动填充的功能，使用它既简单又便捷。

1. 拖曳法

如果用户需要输入数据（例如 1~1000），首先选中一个空白单元格，并在该单元格内输入 1，选中此单元格，在其右下角会出现一个填充柄，用户只要拖曳该填充柄，就能快速生成连续序号。

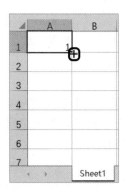

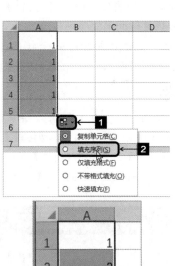

将填充柄向下填充，然后单击浮动标记右侧的下拉按钮，在弹出的下拉列表中选择【填充序列】选项，即可看到自动生成的连续序号。

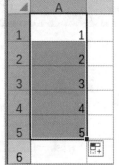

结合填充菜单还能实现复制单元格、仅复制单元格格式等。填充柄不仅能填充连续的数字，只要是包含数字的编号，轻轻一拖就能批量生成，如图所示。

2. 按指定条件生成序列

如果数量比较多，并且对新序列生成有明确的数量以及间隔要求时，可以使用序列填充面板，先配置好条件，然后按照指定的条件自动批量生成。

例如，用户想要生成当月的日期、全年的工作日、以5位间隔的序列号等。

下面以批量生成2017年全年的工作日为例（去除周末日期），具体的操作步骤如下。

Step 1 打开一个空白工作表，在单元格中输入2019年的起始日期"2019/1/1"，切换到【开始】选项卡，在【编辑】组中单击【填充】按钮右侧的下拉按钮，在弹出的下拉列表中选择【序列】选项。

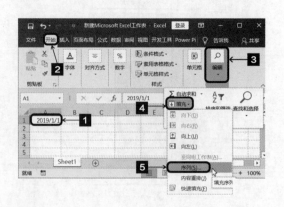

Step 2 弹出【序列】对话框，在【序列产生在】列表框中选择【列】单选钮，在【类型】列表框中选择【日期】单选钮，在【日期单位】列表框中选择【工作日】单选钮，在【步长值】输入框中输入"1"，并在右侧的【终止值】文本框中输入"2019/12/31"，单击【确定】按钮。

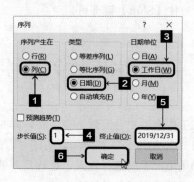

Step 3 返回Excel工作表，可以看到批量生成的全年工作日，效果如图所示。

	A
1	2019/1/1
2	2019/1/2
3	2019/1/3
4	2019/1/4
5	2019/1/7
6	2019/1/8
255	2019/12/23
256	2019/12/24
257	2019/12/25
258	2019/12/26
259	2019/12/27
260	2019/12/30
261	2019/12/31

通过指定【序列】对话框中的各项属性，用户可以生成等差序列、等比序列、指定间隔（步长值）的序列等。

第 3 章

数据验证

在表格中录入或导入数据的过程中，难免会有错误的或不符合要求的数据出现，Excel 提供了一种功能可以对输入数据的准确性和规范性进行控制。

教学资源

关于本章的知识，本书配套教学资源中有相关的教学视频，路径为【本书视频\第3章】。

001 输入条件的限制

本实例原始文件和最终效果所在位置如下。

	原始文件	第3章\条件限制.xlsx
	最终效果	无

扫码看视频

　　本例将对单元格区域 A1:A5 中输入的数据进行条件限制，只允许输入 1~10 之间的整数，设置方法如下。

Step 1 打开本实例的原始文件，选定单元格区域A1:A5，切换到【数据】选项卡，在【数据工具】组中单击【数据验证】按钮，从弹出的下拉列表中选择【数据验证】选项。

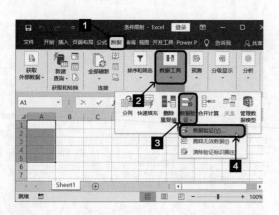

Step 2 弹出【数据验证】对话框，切换到【设置】选项卡，在【允许】下拉列表中选择【整数】选项，然后在下方的【数据】下拉列表中选择【介于】选项，继续在【最小值】文本框中输入数值"1"，在【最大值】文本框中输入数值"10"，最后单击【确定】按钮，关闭对话框完成设置。

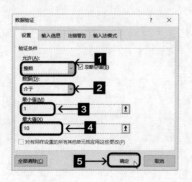

Step 3 设置完成后，如果在单元格区域A1:A5中的任意单元格中输入超出1~10范围的数值或是输入整数以外的其他数据类型，都会自动弹出警告窗口阻止用户输入，效果如图所示。

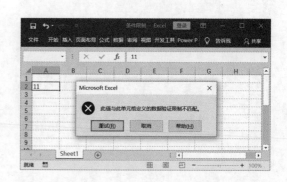

　　设置了输入条件的限制，就可以在数据输入环节上进行有效把控，尽量避免和减少错误的或不规范的数据输入。

提示

　　数据验证规则仅对手动输入的数据能够进行验证，对于通过复制粘贴方式或外部数据导入的方式，无法形成有效控制。

002　验证条件的允许类别

在数据验证的设置对话框中，【允许】下拉列表中包含了多种验证条件。

这几项允许条件的主要功能如下。

（1）任何值。

这是所有单元格的默认状态，允许任何数据的输入。

（2）整数。

允许输入整数和日期，不允许输入小数、文本、逻辑值、错误值等数据。在选择【整数】作为允许条件以后，还需要在【数据】下拉列表中对数值允许范围进行限定，如图所示。

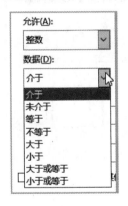

（3）小数。

允许输入小数、时间、分数、百分比数据，不允许输入整数、文本、逻辑值和错误值等数据。

与整数条件类似，在选择【小数】作为限定条件后，同样需要限定数值范围。

（4）序列。

当使用【序列】作为允许条件时，会在选中单元格的时候出现一个下拉按钮，单击下拉按钮可以弹出"下拉菜单"，用户从下拉菜单中选择录入即可。下一页中的实例003"通过下拉菜单输入数据"中介绍了具体的设置方法。

（5）日期。

允许输入日期、时间，不允许输入文本、逻辑值和错误值等数据类型。

使用【日期】作为允许条件同样需要设定日期范围。本章的实例008"限定输入指定范围内的日期"中介绍了具体的设置方法。

（6）时间。

使用【时间】作为允许条件，方法与选择"日期"相同。

在使用时间作为允许条件以后，设定时间范围时，在【开始时间】或【结束时间】编辑框中只能输入包含日期的时间值或0~1之间的小数，否则将会提示错误，效果如图所示。

003 通过下拉菜单输入数据

	原始文件	第3章\员工培训成绩.xlsx
	最终效果	第3章\员工培训成绩.xlsx

扫码看视频

我们在编辑表格时，若某列数据只包含限定范围内的几种数据，如"部门""学历""性别"这些列的数据，可以使用数据验证中的【序列】作为允许条件，在输入时 Excel 自动弹出下拉菜单，既方便用户输入，又能保证数据的规范性，具体的操作步骤如下。

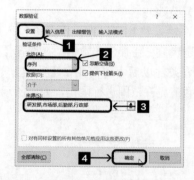

Step 1 打开本实例的原始文件，选中单元格区域C3:C12，切换到【数据】选项卡，在【数据工具】组中单击【数据验证】按钮，从弹出的下拉列表中选择【数据验证】选项。

Step 3 此时单击单元格区域C3:C12中的任意一个单元格，在其右侧均会出现一个下拉按钮，从弹出的下拉列表中选择对应的选项即可输入。

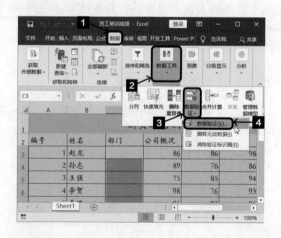

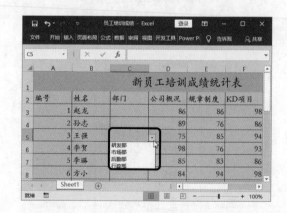

Step 2 弹出【数据验证】对话框，切换到【设置】选项卡，在【允许】下拉列表中选择【序列】选项，在【来源】文本框中输入文本"研发部,市场部,后勤部,行政部"（英文状态下的逗号）。单击【确定】按钮。

004 设置输入前的提示信息

本实例原始文件和最终效果所在位置如下。		
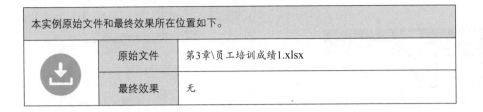	原始文件	第3章\员工培训成绩1.xlsx
	最终效果	无

扫码看视频

1. 提示信息

用户在设计表格时，如果在表格中设置提示输入怎样的数据才是符合要求的，那么就会降低数据录入过程中的出错率，设置好限制条件以后，用户在输入不符合条件的数据时，Excel 会自动弹出警告窗口阻止用户输入。具体的操作步骤如下。

Step 1 打开本实例的原始文件，选中单元格区域D3:H12，切换到【数据】选项卡，在【数据工具】组中单击【数据验证】按钮，从弹出的下拉列表中选择【数据验证】选项。

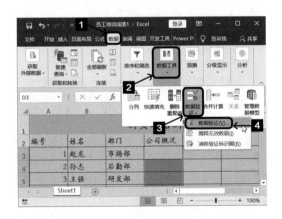

Step 2 弹出【数据验证】对话框，切换到【输入信息】选项卡，在【标题】和【输入信息】文本框中分别输入下图所示的内容。

Step 3 当单击单元格区域D3:H12中的任意一个单元格时，就会显示如图所示的提示信息。

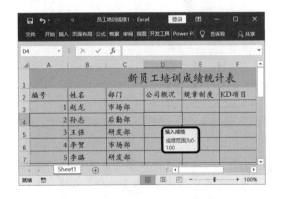

2. 输入错误时的警告信息

用户可以设置当输入的数据不符合要求时，Excel 自动弹出警告对话框。具体的操作步骤如下。

Step 1 打开本实例的原始文件，选中单元格区域D3:H12，切换到【数据】选项卡，在【数据工具】组中单击【数据验证】按钮，从弹出的下拉列表中选择【数据验证】选项。

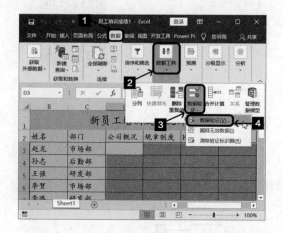

Step 2 弹出【数据验证】对话框，切换到【设置】选项卡，在【允许】下拉列表中选择【整数】选项，在【最小值】文本框中输入"0"，在【最大值】文本框中输入"100"。

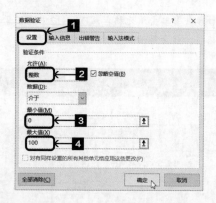

Step 3 切换到【出错警告】选项卡，在【样式】下拉列表中选择【警告】选项，在【标题】和【错误信息】文本框中分别输入下图所示的内容。

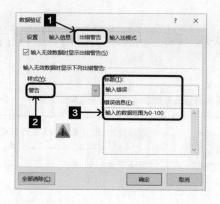

Step 4 设置完毕，单击【确定】按钮返回Excel工作表，在单元格区域D3:H12中输入不符合要求的数据时，就会显示如图所示的警告信息。

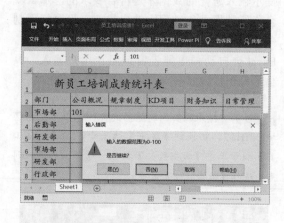

3. 清除数据验证

设置了数据验证后，如果不再需要数据验证，可以将其清除，具体的操作步骤如下。

Step 1 打开本实例的原始文件，切换到【数据】选项卡，在【数据工具】组中单击【数据验证】按钮，从弹出的下拉列表中选择【数据验证】选项。

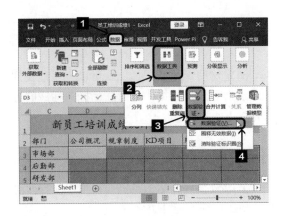

Step 2 弹出【数据验证】对话框，切换到【设置】选项卡，在【允许】下拉列表中选择【任何值】选项，然后单击【确定】按钮，即可清除此选项卡设置的数据验证。

注意

单击【全部清除】按钮，即可清除工作表中所选择单元格区域中设置的所有数据验证。

005 圈定无效数据

本实例原始文件和最终效果所在位置如下。

原始文件	第3章\员工培训成绩2.xlsx
最终效果	第3章\员工培训成绩2.xlsx

扫码看视频

1. 圈定无效数据

圈定无效数据是指系统自动地将不符合要求的数据用红色的圈标注出来，以便查找和修改。具体的操作步骤如下。

Step 1 打开本实例的原始文件，选中单元格区域D3:H12，切换到【数据】选项卡，在【数据工具】组中单击【数据验证】按钮，从弹出的下拉列表中选择【数据验证】选项。

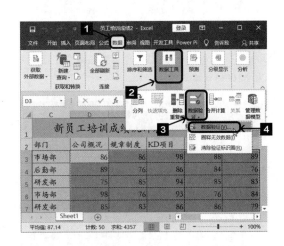

Step 2 弹出【数据验证】对话框，切换到【设置】选项卡，在【允许】下拉列表中选择【整数】选项，其余的选项进行如图所示的设置，然后单击【确定】按钮。

Step 3 在【数据工具】组中单击【数据验证】按钮，从弹出的下拉列表中选择【圈释无效数据】选项。

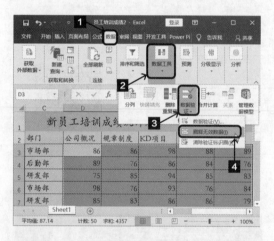

Step 4 可以看到D3:D12单元格区域中小于80或者大于100的数据被圈释出来。

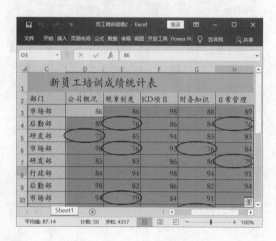

2.清除圈定数据

圈定这些无效数据后，就可以方便地找到并修改为有效的数据。清除红色椭圆标注的方法有以下两种。

（1）修改为合适的数据后，标注会自动消除。

修改数据到合适的范围要视情况而定，这里的员工成绩不能任意修改。

（2）直接清除标注。

将光标定位在当前工作表的任意单元格中，切换到【数据】选项卡，在【数据工具】组中单击【数据验证】按钮右侧的下拉按钮，从弹出的下拉列表中选择【清除验证标识圈】选项，数据区域中的红色椭圆标注即可全部删除。

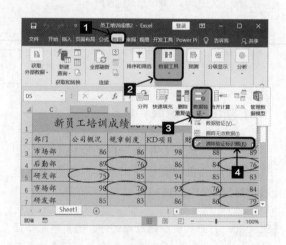

006 不允许输入重复的数据

	本实例原始文件和最终效果所在位置如下。	
	原始文件	第3章\员工信息编号.xlsx
	最终效果	第3章\员工信息编号.xlsx

扫码看视频

对录入 Excel 中的数据，不同记录中的某些信息是不允重复的，如学号、身份证号等。为避免录入重复的信息，可以事先为单元格区域设置数据验证，禁止在这些单元格区域中录入重复的数据。设置的具体操作步骤如下。

Step 1 打开本实例的原始文件选中A3:A12，切换到【数据】选项卡，在【数据工具】组中单击【数据验证】按钮，从弹出的下拉列表中选择【数据验证】选项。

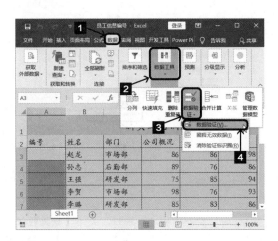

Step 2 弹出【数据验证】对话框，在保证A3单元格为活动单元格的前提下，切换到【设置】选项卡，在【允许】下拉列表中选择【自定义】选项，在【公式】文本框中输入"=COUNTIF(A:A,A3)=1"。

COUNTIF 函数用来计算区域中满足给定条件的单元格的个数。

COUNTIF(range,criteria)

参数 range 为需要计算其中满足条件的单元格数目的单元格区域，即范围；criteria 为确定哪些单元格将被计算在内的条件，其形式可以为数字、表达式或文本，即条件。

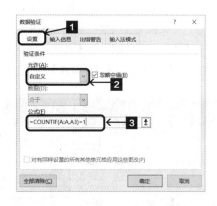

Step 3 单击【确定】按钮，返回Excel工作表，在输入员工的相关编号时如果输入相同的编号Excel就会弹出提示框。

007 限制输入空格

本实例原始文件和最终效果所在位置如下。

	原始文件	第3章\员工信息编号1.xlsx
	最终效果	第3章\员工信息编号1.xlsx

扫码看视频

输入两个字的姓名时，有些用户喜欢在姓与名之间插入空格，以达到与 3 个字的名字对齐的目的。但这种方式会影响数据的正确性，并在数据查询等后续处理中产生不良影响。

Step 1 打开本实例的原始文件，选中单元格区域B3:B12，并使B2为活动单元格，在【数据】选项卡中单击【数据工具】组中的【数据验证】按钮，在弹出的下拉列表中选择【数据验证】选项。

Step 3 切换到【出错警告】选项卡，在【样式】下拉列表中选择【停止】，并在【错误信息】文本框中输入合适的文本，比如"请勿输入多余空格"，效果如图所示。

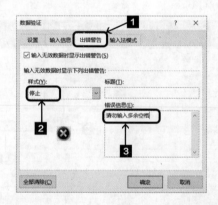

Step 2 弹出【数据验证】对话框，在【设置】选项卡的【允许】下拉列表中选择【自定义】选项，然后在【公式】文本框中输入以下公式。

LEN 函数的功能是返回文本串的字符数。

Step 4 单击【确定】按钮，关闭【数据验证】对话框，返回工作表中，在【姓名】列表中输入员工姓名"王 伟"时插入了多余的空格，触发了【数据验证】的限制，效果如图所示。

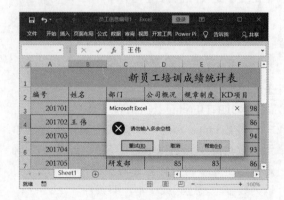

008　限制输入指定范围内的日期

本实例原始文件和最终效果所在位置如下。		
	原始文件	第3章\产品出入库明细表.xlsx
	最终效果	无

扫码看视频

　　下面是某公司每月的"进货"明细表，要求在"日期"列输入当月日期（假定当前为 2019 年 6 月）。任何不规范的日期或非当月的日期都将被限制输入。具体操作步骤如下。

Step 1　打开本实例的原始文件，选中单元格区域A2:A31，在【数据】选项卡中单击【数据工具】组中的【数据验证】按钮，在弹出的下拉列表中选择【数据验证】选项。

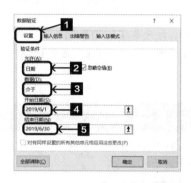

Step 3　单击【确定】按钮，返回Excel工作表，在日期列输入不在设置区域内的日期即可看到提示对话框。

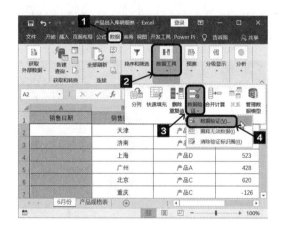

Step 2　弹出【数据验证】对话框，在【设置】选项卡的【允许】下拉列表中选择【日期】选项，然后在【数据】下拉列表中选择"介于"，并在【开始日期】和【结束日期】文本框中分别输入"2019/6/1"和"2019/6/30"。

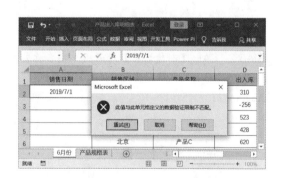

009　自动剔除已输入项的验证序列

本实例原始文件和最终效果所在位置如下。

	原始文件	第3章\员工运动员参赛表.xlsx
	最终效果	第3章\员工运动员参赛表.xlsx

扫码看视频

公司要组织一次部门间的 8 人篮球赛，组织人员想用 Excel 表格制作一张排兵布阵图。但是，组织人员统计的参赛人员名单有重复，因此，组织人员在对"队员"列设置【数据验证】的"序列"功能时，需删除序列下拉列表中的重复项。具体操作步骤如下。

Step 1　打开本实例的原始文件，首先切换到【公式】选项卡，单击【定义名称】组中的【定义名称】按钮。

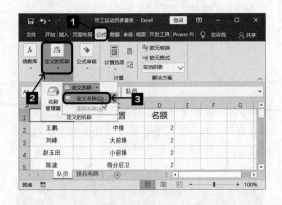

Step 2　弹出【新建名称】对话框，在名称文本框中输入"队员"，设置【引用位置】为"=队员!$A$2:$A$13"。

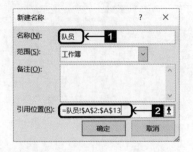

Step 3　单击【确定】按钮，在"排兵布阵"工作表的E2单元格中输入以下数组公式，在输入完公式后按【Ctrl】+【Shift】+【Enter】组合键，并拖曳填充至E13单元格。

=INDEX(队员,SMALL(IF(COUNTIF($A$2:$A$13,队员)=0,ROW(队员)-1),ROW(1:1)))

Step 4　选中单元格区域A2:A13，在【数据】选项卡中单击【数据工具】组中的【数据验证】按钮，在弹出的下拉列表中选择【数据验证】选项。

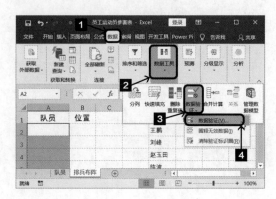

Step 5 弹出【数据验证】对话框，在【设置】选项卡的【允许】下拉列表中选择【序列】选项，然后在【来源】文本框中输入以下公式。
=OFFSET($E$1,1, ,COUNTIF($E$2:$E$13,"*"))

Step 6 单击【确定】按钮，关闭【数据验证】对话框，即可看到A列中多了下拉列表，选中"姓名"即可看到E列中会剔除相应的姓名。

! 函数说明

OFFSET 函数是 Excel 中一个引用函数，表示引用某一个单元格或者区域。

OFFSET（reference,rows,cols,height, width）

参数 reference 为偏移参照的引用区域；rows 为上（下）偏移的行数；cols 为左（右）偏移的列数；height 为返回的引用区域的行数；width 为返回的引用区域的列数。

Step 3 中的公式解析：

（1）用 IF 函数返回对应的数字组。

IF(COUNTIF($A$2:$A$13, 队员)=0,ROW(队员)-1)

该公式中，IF 函数的第 2 个参数使用了 ROW 函数，形成了一个数据组。

（2）用 SMALL 函数，根据 IF 函数返回的数据组，返回相应的行数。

SMALL(IF(COUNTIF($A$2:$A$13, 队员)=0,ROW(队员)-1),ROW(1:1))

（3）用 INDEX 函数返回指定单元格的值。

INDEX 函数用于返回数组中指定的单元格或单元格数组的数值。

INDEX(array,row_num,column_num)

参数 array 为单元格区域或数组常数；row_num 为数组中某行的行序号，函数从该行返回数值；column_num 是数组中某列的列序号，函数从该列返回数值。

SMALL 函数用于返回数据中第 k 个最小值。

SMALL(array,k)

参数 array 为需要找到第 k 个最小值的数组或数据区域；k 为返回的数据在数据区域里的位置（从小到大）。

ROW 函数用于返回给定引用的行号。

ROW(reference)

参数 reference 为需要得到其行号的单元格或单元格区域。

IF 函数的参数讲解见第 11 章 270 页。

010　快速、准确地输入电话号码

本实例原始文件和最终效果所在位置如下。		
	原始文件	第3章\规范电话号码的输入.xlsx
	最终效果	第3章\规范电话号码的输入.xlsx

扫码看视频

　　下面的表格是一份通讯录，为了提高输入数据的准确率，同时让数据更加规范，对表格中的"固定电话"列进行了数据验证设置，当选中单元格时 Excel 会给出提示；当输入不符合规范的电话号码时，Excel 会弹出警告窗口，询问是否继续输入。这样在提高准确率的同时增加了容错性，使该表可以输入某些特殊的号码。下面具体介绍设置方法。

　　固定电话号码有 7 位或 8 位的本地号码，有带 3 位区号和 8 位本地号码的长途电话号码，也有带 4 位区号 +7 位或 8 位本地号码的长途电话号码。区号和本地号码之间一般用短横线 "-" 间隔。因此，固定电话号码共有 5 种基本模式。

Step 1 打开本实例的原始文件，选中 C2:C16 单元格区域，在【开始】选项卡的【数字】组中的数字格式下拉列表中选择【文本】选项，将单元格区域 C2:C16 设置为文本格式。

Step 2 保持单元格区域 C2:C16 处于选中状态，并使 C2 为活动单元格，然后在【数据】选项卡中单击【数据验证】按钮，在弹出的下拉列表中选择【数据验证】选项。

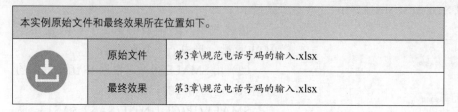

Step 3 弹出【数据验证】对话框，在【设置】选项卡的【允许】下拉列表中选择【自定义】选项，然后在【公式】文本框中输入以下公式。
=OR(LEN(C2)=7,LEN(C2)=8,LEN(C2)=12,LEN(C2)=13)

Step 4 切换到【输入信息】选项卡，然后在【输入信息】文本框中输入合适的文本，如"请输入本地号码，如65351454、6535145；或带区号的号码，如0535-65351454"。

Step 5 切换到【出错警告】选项卡，在【样式】下拉列表中选择【警告】，然后在【错误信息】文本框中输入合适的文本，如"7位或8位本地号码，或12位13位带"-"的长途号码，请确认输入是否有误"。

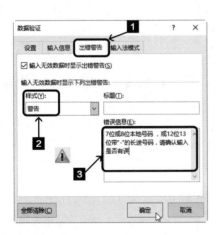

Step 6 单击【确定】按钮，关闭【数据验证】对话框，效果如图所示。

注意

本例在自定义数据验证中使用了数组公式，为了确保数据验证能正常运行，使用前需要重新激活。即选中设置数据验证的区域，在【数据】选项卡中单击【数据验证】按钮，打开【数据验证】对话框，然后单击【确定】按钮，效果如图所示。

OR 函数用于检验一组数据只要有一个条件满足，结果就返回"真"。

OR(logical1,logical2,…)

参数 logical1,logical2,…为判断条件。

公式解析：

（1）用 LEN 函数返回对应的字符个数。

（2）用 OR 函数判断 LEN 函数返回的 4 个条件的字符个数是否为真，只要有一个条件为真，就返回真。

第 4 章

单元格格式的设置

在实际操作过程中，经常会需要将表格格式设置为我们需要的格式内容，比如日期格式、货币格式、文本格式等。

教学资源

关于本章的知识，本书配套教学资源中有相关的教学视频，路径为【本书视频\第4章】。

001 快速应用数字格式

为表格中的数据设置数字格式，能更清晰地表达数字的真实含义，而且也会使数字看起来更美观。用户可通过以下途径为表格中的数字应用适合的数字格式。

● 功能区命令

在【开始】选项卡的【数字】组中提供了一些常用的数字格式。

● 对话框

按【Ctrl】+【1】组合键打开【设置单元格格式】对话框，在【数字】选项卡的【分类】列表框中可以设定更多的数字格式。

● 浮动工具栏

一般情况下，在单元格或单元格区域上单击鼠标右键，都会弹出浮动工具栏，这个工具栏中提供了常用的格式，直接单击图标即可应用，非常方便。

浮动工具栏

!提示

当用户为单元格应用了数字格式后，只是改变了单元格的显示形式，而不会改变单元格存储的内容。

002 借助状态栏判断数据是文本型还是数值型

"文本型数据"是 Excel 中的一种比较特殊的数据类型，它的数据内容是数值（它看起来是数值，但作为文本类型进行存储，具有和文本类型数据相同的特征）。文本型数据在单元格中自动左对齐显示，在单元格的左上角有绿色三角形符号。

如果先将空白单元格设置为文本格式，然后输入数值，Excel 会将其存储为文本型数据。如果先在空白单元格中输入数值，然后再设置为文本格式，数值虽然也自动左对齐显示，但 Excel 仍将其视作数值型数据。

对于单元格中的文本型数据，无论修改其数字格式为文本型之外的哪一种格式，Excel 仍然视其为文本类型的数据，直到重新输入数据才会变为数值型数据。

要判别单元格中的数据是否为数值类型，除了查看单元格左上角是否出现绿色的三角形符号以外，还可以通过检验这些数据是否能参与数值运算来判断。

选中多个数据，如果状态栏中能够显示求和结果，且求和结果与当前选中单元格区域的数字之和相等，则说明单元格区域中的数据全部为数值类型，否则必定包含了文本型数字。

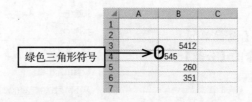

绿色三角形符号

003 将文本数据转换为数值型数据

方法一：

文本型数据所在单元格的左上角显示绿色三角形符号，选中单元格，会弹出【错误检查选项】按钮，单击该按钮右侧的下拉箭头会显示选项菜单，菜单第一行"以文本形式存储的数字"显示了当前单元格的数据状态。单击【转换为数字】，单元格中的数据将会转换为数值型。

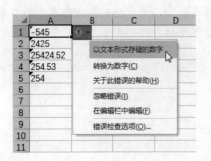

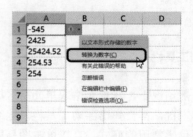

方法二:

如果要将下图所示工作表中的文本型数据转换为数值型数据,可按以下步骤操作。

	A	B
1	-545	
2	2425	
3	254024.52	
4	254.53	
5	254	
6		

Step 1 选中工作表中的一个空白单元格,如B1,按【Ctrl】+【C】组合键。

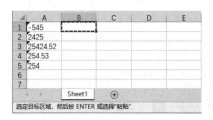

Step 2 选中单元格区域A1:A5,单击鼠标右键,在弹出的快捷菜单中单击【选择性粘贴】选项,在弹出的【选择性粘贴】对话框中的【运算】区域选择【加】单选钮,最后单击【确定】按钮。

至此可完成目标区域的数据类型转换。

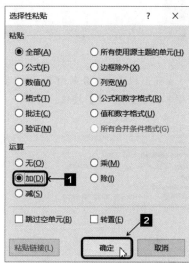

	A	B
1	-545	
2	2425	
3	254024.52	
4	254.53	
5	254	
6		

004 将数值型数据转换为文本型数据

方法一:

如果只更改单个单元格的数据,可按如下方法操作。

先将单元格格式设置为文本类型,然后双击单元格或按【F2】键激活单元格的编辑模式,最后按【Enter】键即可。

方法二:

如果要同时将多个单元格的数值转换为文本类型,可以按如下方法操作。

Step 1 选中位于同一列的包含数值型数据的单元格或区域，本例中是A1:A8，切换到【数据】选项卡，在【数据工具】组单击【分列】按钮。

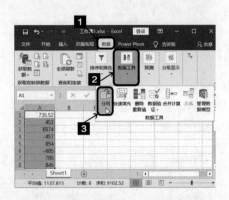

Step 2 在弹出的【文本分列向导—第1步，共3步】对话框中单击【下一步】按钮。

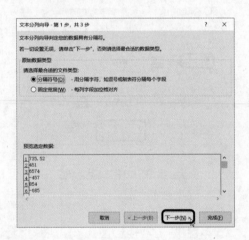

Step 3 在弹出的【文本分列向导—第2步，共3步】对话框中直接单击【下一步】按钮。

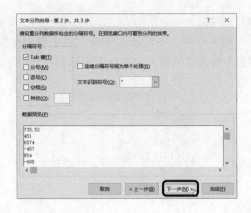

Step 4 弹出【文本分列向导—第3步，共3步】对话框，在【列数据格式】区域中选择【文本】单选钮，最后单击【完成】按钮，如图所示。

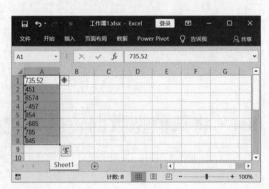

005 自定义数字格式——为多行批量添加信息

【设置单元格格式】对话框的【分类】列表中提供了"自定义"类型,"自定义"类型包括了多种数字格式,并且允许用户创建新的数字格式。

Step 1 例如用户想在下图所示的地市名称前面加上"山东省",可以这样操作。选中单元格区域A1:A5,切换到【开始】选项卡,在【数字】组中单击【对话框启动器】按钮,如下图所示。

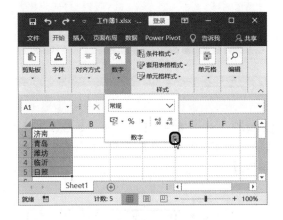

Step 2 弹出【设置单元格格式】对话框,在【数字】选项卡下的【分类】组中选择【自定义】选项,在【类型】中输入"山东省@",单击【确定】按钮,如图所示。

Step 3 设置后的效果如图所示。此时如果观察编辑栏,编辑栏中显示的仍然是"济南""青岛"等信息,说明这种操作只改变了单元格的显示效果,并没有改变单元格存储的数值。

006 设置单元格样式

本实例原始文件和最终效果所在位置如下。

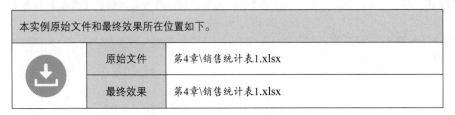	原始文件	第4章\销售统计表1.xlsx
	最终效果	第4章\销售统计表1.xlsx

扫码看视频

Excel 2016 自带了一些单元格样式,用户可以从中选择合适的进行套用。此外,也可以新建单元格样式。

1. 选择系统自带的单元格样式

选择系统自带的单元格样式的具体操作步骤如下。

Step 1 打开本实例的原始文件，选中单元格区域A2:H15，切换到【开始】选项卡，在【样式】组中单击【单元格样式】按钮，从弹出的下拉列表中选择合适的单元格样式，如选择【好】选项。

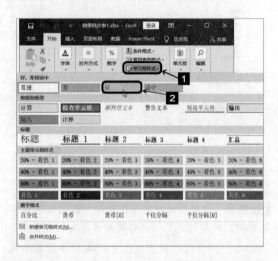

Step 2 返回表格中即可看到设置后的效果如图所示。

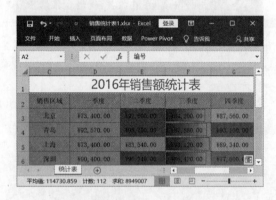

2. 新建单元格样式

用户可以根据自己的实际需要新建单元格样式，具体的操作步骤如下。

Step 1 切换到【开始】选项卡，在【样式】组中单击【单元格样式】按钮，从弹出的下拉列表框中选择【新建单元格样式】选项。

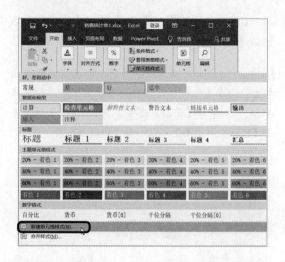

Step 2 弹出【样式】对话框，然后在【样式名】文本框中输入"自定义单元格样式"，单击【格式】按钮。

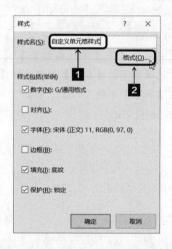

Step 3 弹出【设置单元格格式】对话框，切换到【数字】选项卡，在左侧的【分类】列表框中选择【自定义】选项，然后在右侧的【类型】列表框中输入"0000"。

Step 4 切换到【对齐】选项卡，然后分别从【水平对齐】和【垂直对齐】下拉列表中选择【居中】选项。

Step 5 切换到【字体】选项卡，从【字体】列表框中选择【华文楷体】选项，然后从【颜色】下拉列表中选择【深红】选项。

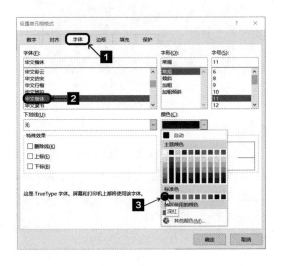

Step 6 切换到【边框】选项卡，从【样式】列表框中选择合适的边框线条样式，从【颜色】下拉列表中选择边框线条颜色，例如选择【紫色】选项，在【预置】列表框中单击【外边框】按钮，此时在下方的预览框中可预览到边框的设置效果。

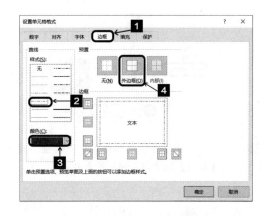

Step 7 切换到【填充】选项卡，然后单击【填充效果】按钮。

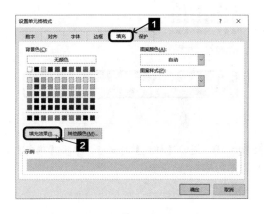

Step 8 弹出【填充效果】对话框，在【颜色1】下拉列表框中选择【橙色，个性色6，淡色80%】选项，在【颜色2】下拉列表框中选择【浅绿】选项，然后在【底纹样式】组合框中选中【中心辐射】单选钮，单击【确定】按钮。

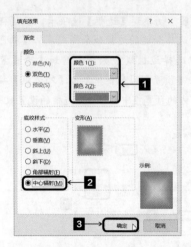

Step 9 返回【设置单元格格式】对话框，此时在下方的【示例】框中即可预览设置的效果。

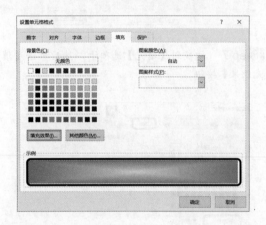

Step 10 返回【样式】对话框，单击【确定】按钮即可完成样式的设置。

Step 11 选中单元格区域A3:A15，切换到【开始】选项卡，在【样式】组中单击【单元格样式】按钮，然后在弹出的下拉列表框中可以看到刚刚新建的单元格样式【自定义单元格样式】选项，将鼠标指针移动到该选项上，即可预览该单元格样式的设置效果。

Step 12 单击【自定义单元格样式】选项，即可将选择的单元格区域设置为该样式，设置效果如图所示。

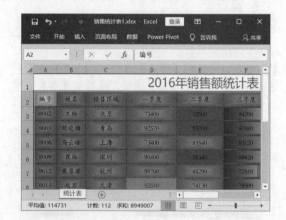

💡 **提示**

本例中新建的单元格样式所包含的项目很多，如不仅设置了字体，还设置了单元格的填充颜色等。读者在实际工作中可按需进行设置。

007 共享自定义单元格样式

	本实例原始文件和最终效果所在位置如下。	
	素材文件	第4章\销售统计表2.xlsx
	原始文件	第4章\销售统计表1.xlsx
	最终效果	无

扫码看视频

用户创建的自定义样式只能在当前工作簿中使用，如果希望在其他工作簿中实现共享，可以使用合并样式来实现，具体的操作步骤如下。

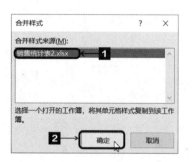

Step 1 首先打开本实例的素材文件，然后打开原始文件，切换到【开始】选项卡，在【样式】组中单击【单元格样式】按钮，从弹出的下拉列表中选择【合并样式】选项。

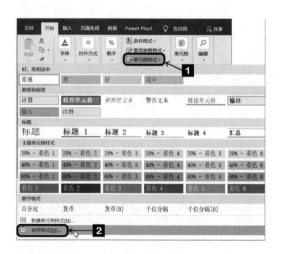

Step 2 弹出【合并样式】对话框，在【合并样式来源】列表框中选择"销售统计表2.xlsx"，单击【确定】按钮。

Step 3 返回素材文件，单击【单元格样式】按钮，从弹出的下拉列表中即可看到"自定义样式"已经复制到"销售统计表1"中。

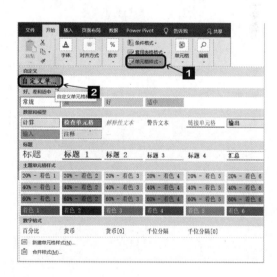

第 5 章

表格编辑与处理

使用 Excel 进行数据处理与编辑时，经常会涉及合并行或合并列、粘贴和复制、删除多余的数据等操作，熟练掌握这些操作技巧，可以在创建各种报表时事半功倍。

 教学资源

关于本章的知识，本书配套教学资源中有相关的教学视频，路径为【本书视频\第 5 章】。

001 将多列数据合并为一列

本实例原始文件和最终效果所在位置如下。

	原始文件	第5章\列合并表.xlsx
	最终效果	第5章\列合并表.xlsx

扫码看视频

　　在一个多行多列的数据表中，有时用户需要将多列的内容合并为一列，合并过程就是"分列"的一个逆过程，下面将介绍两种把多列合并成一列的方法。

1. 复制粘贴

Step 1 打开本实例的原始文件，选中单元格区域A2:D10，按【Ctrl】+【C】组合键，切换到【开始】选项卡，单击【剪贴板】组右下角的【对话框启动器】按钮。

Step 2 将光标定位在E2单元格内，在【剪贴板】任务窗格中单击【单击要粘贴的项目】组合框中所粘贴内容右侧的下拉按钮，弹出下拉列表，选择【粘贴】选项，此内容将粘贴至E2单元格中。

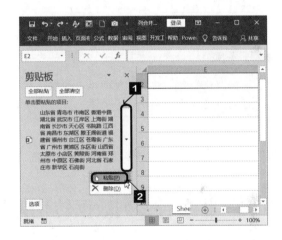

Step 3 选中E2单元格，即可在【编辑栏】中查看单元格内容，选取编辑栏中的内容，按【Ctrl】+【X】组合键。

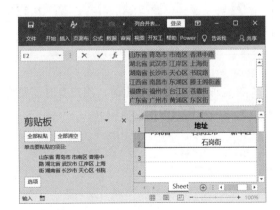

Step 4 选中E2:E10单元格区域，按【Ctrl】+【V】组合键，此时就将编辑栏中所选取的内容复制到所选单元格区域中，并达到多列数据合并的效果。

2.使用公式

在 E2 单元格中输入公式 "=A2&B2&C2&D2"，并将公式填充至 E10 单元格。

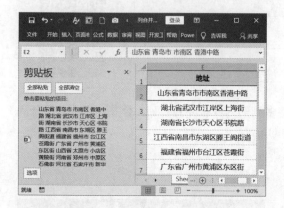

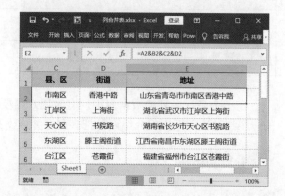

提示

此处的显示结果是重新单击了编辑栏右侧的下拉按钮。

注意

输入公式的优势在于它可以随合并单元格的值变化而变化，但是如果要合并的列比较多，会导致公式特别的复杂，此时还是使用复制粘贴的方法比较好。

002 将多行多列数据转化为单列数据

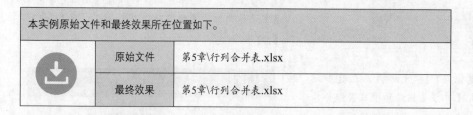

本实例原始文件和最终效果所在位置如下。	
原始文件	第5章\行列合并表.xlsx
最终效果	第5章\行列合并表.xlsx

扫码看视频

　　在处理 Excel 中的数据时，用户有时需要将多行多列的数据转化为单列数据，这时可以借助剪贴板完成，具体的操作步骤如下。

Step 1 打开本实例的原始文件，打开【剪贴板】任务窗格，选中单元格区域A3:C5，按【Ctrl】+【C】组合键。

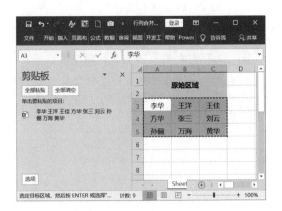

Step 2 将光标定位在单元格F3内，在【剪贴板】任务窗格中的【单击要粘贴的项目】组合框中单击第一步中所复制的内容，单击后这些内容将粘贴到F3单元格中。

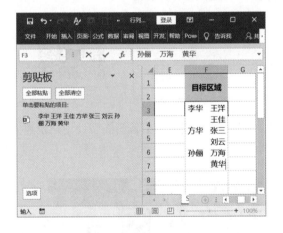

Step 3 单击F3单元格编辑栏右侧的下拉按钮，打开完整的编辑栏，选中编辑栏中的全部内容，按【Ctrl】+【X】组合键。

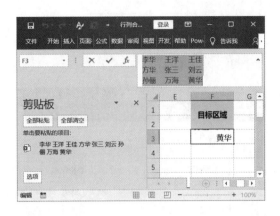

Step 4 选中单元格区域F3:F5，按【Ctrl】+【V】组合键，即可将内容复制到选定的区域中。调整单元格的列宽，使其只能容纳两个字符的长度。

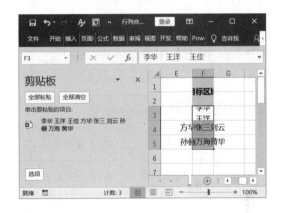

Step 5 切换到【开始】选项卡，在【编辑】组中单击【填充】按钮，在弹出的下拉列表中选择【内容重排】选项。

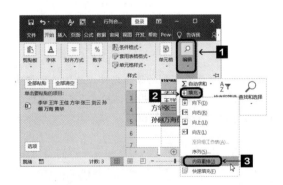

Step 6 弹出【Microsoft Excel】对话框，提示用户"文本将超出选定区域"，单击【确定】按钮，再次调整F列的宽度，即可达成目的。

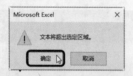

注意

此处需要两次调整 F 列的宽度，第一次是为了使内容在重排过程中自动更换到下一行中，第二次是为了使表格更加美观。

003　将单元格数据分列

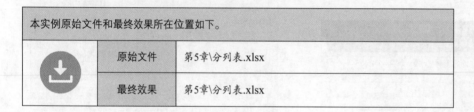

本实例原始文件和最终效果所在位置如下。

	原始文件	第5章\分列表.xlsx
	最终效果	第5章\分列表.xlsx

扫码看视频

除了分行，分列也是数据处理过程中的常用操作，Excel 中的【分列】按钮能帮助用户快速完成分列操作。具体的操作步骤如下。

Step 1　打开本实例的原始文件，选中单元格区域A2:A10，切换到【数据】选项卡，在【数据工具】组中单击【分列】按钮。

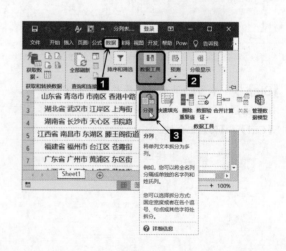

Step 2 弹出【文本分列向导—第1步，共3步】对话框，选择【固定宽度】单选钮，单击【下一步】按钮。

Step 3 弹出【文本分列向导—第2步，共3步】对话框，此对话框中不用做任何改变直接单击【下一步】按钮。

Step 4 弹出【文本分列向导—第3步，共3步】对话框，在【目标区域】后的文本框中输入"$B$2:$E$10"（或者用鼠标选中B2:E10单元格区域），单击【完成】按钮。

Step 5 返回表格中即可看到设置后的效果，如图所示。

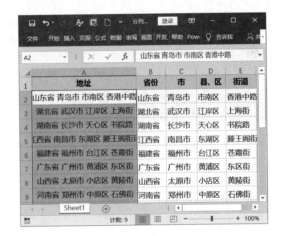

注意

在【文本分列向导—第1步，共3步】对话框中也可以选择【分隔符号】单选钮，在本实例中，两者都可达到分列的效果，但是【分隔符号】单选钮更适合给数据之间有类似于逗号或句号的列进行分列操作。

004　将一列数据转化为多行多列数据

	原始文件	第5章\一列到多行多列表.xlsx
本实例原始文件和最终效果所在位置如下。		
	最终效果	第5章\一列到多行多列表.xlsx

扫码看视频

在处理 Excel 表格时，有时可能需要把一列的数据转化为多行多列的数据，如何快速进行这种转化呢？下面介绍具体的操作步骤。

Step 1 打开本实例的原始文件，打开【剪贴板】任务窗格，复制单元格区域A2:A10中的内容，将光标定位于单元格C2内，在【剪贴板】任务窗格中的【单击要粘贴的项目】组合框中单击刚才复制的内容。

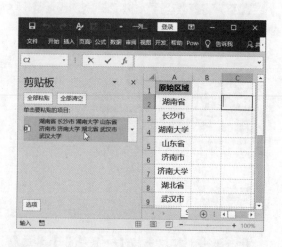

Step 2 再次选中C2单元格，切换到【开始】选项卡，单击【对齐方式】组中的【自动换行】按钮，取消自动换行。

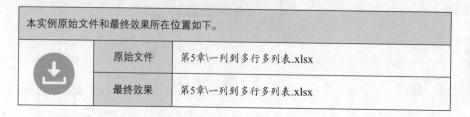

Step 3 调整C列的宽度，使其能容纳"湖南省长沙市湖南大学"，切换到【开始】选项卡，单击【编辑】组中的【填充】按钮，在弹出的下拉列表中选择【内容重排】选项。

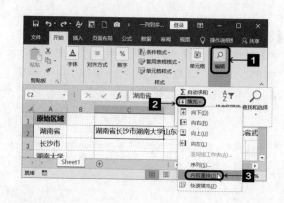

Step 4 弹出【Microsoft Excel】对话框，提示用户"文本将超出选定区域"，单击【确定】按钮，返回表格中，选中单元格区域C2:C4，切换到【数据】选项卡，单击【数据工具】组中的【分列】按钮。

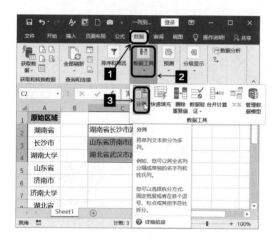

Step 5 弹出【文本分列向导—第1步，共3步】对话框，选择【固定宽度】单选钮，单击【下一步】按钮。

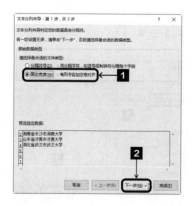

Step 6 弹出【文本分列向导—第2步，共3步】对话框，在【数据预览】组合框中的"省""市"和"学"后面单击，建立分列线，单击【下一步】按钮。

Step 7 弹出【文本分列向导—第3步，共3步】对话框，单击【完成】按钮，返回工作表，可以看到表格中有空白列。

Step 8　删除单元格区域D2:E4中多余的【Enter】键入。

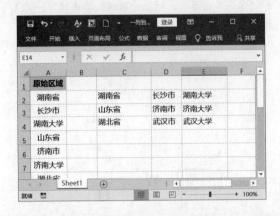

> **注意**
>
> 此处的【Enter】键入是在粘贴和复制的过程中产生的，一般的分列操作中是不会出现这种情况的。

005　快速删除重复记录

	原始文件	第5章\删除重复表.xlsx
本实例原始文件和最终效果所在位置如下。	最终效果	第5章\删除重复表.xlsx

扫码看视频

　　有时用户在使用 Excel 记录数据时，难免会粗心大意，而导致对同一数据进行多次记录。下面就介绍快速删除重复数据的方法，具体的操作步骤如下。

Step 1　打开本实例的原始文件，选中单元格区域A2:E9，切换到【数据】选项卡，在【数据工具】组中单击【删除重复值】按钮。

Step 2　弹出【删除重复值】对话框，单击【全选】按钮，实际工作中要按照实际需要选择内容，单击【确定】按钮。

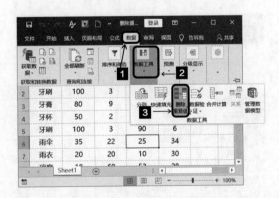

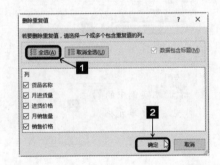

Step 3 弹出【Microsoft Excel】对话框，提示用户删除了几个重复值，保留几个唯一值，单击【确定】按钮。

Step 4 返回表格中即可看到重复的记录行已经被删除了，保留的全是唯一的数据。

006 选择性粘贴的妙用

在 Excel 中，当用户只需要复制一些特定的内容时，例如只想复制单元格中的数值而不复制格式，选择性粘贴可以方便地完成这些工作。

本实例原始文件和最终效果所在位置如下。		
	原始文件	第5章\选择粘贴表.xlsx
	最终效果	第5章\选择粘贴表.xlsx

扫码看视频

1. 粘贴选项的妙用

通过设置粘贴选项，用户可以有选择地进行粘贴操作。下面以只粘贴"公式和数字格式"为例进行介绍，具体操作步骤如下。

Step 1 打开本实例中的原始文件，切换到工作表"原始数据"中，选中单元格区域A2:F5（此单元格区域中既有数字也设置了单元格格式），按【Ctrl】+【C】组合键进行复制。

Step 2 切换到工作表"粘贴"中,选中A1单元格,切换到【开始】选项卡,在【剪贴板】组中单击的【粘贴】按钮下半部分的按钮,在弹出的下拉列表中选择【选择性粘贴】选项。

> **!提示**
>
> 选择性粘贴除了可以应用于 Excel 表格之间的复制和粘贴,当数据的来源是其他程序时,选择【选择性粘贴】选项会弹出另一种形式的对话框,而且其【方式】列表框中的选项会根据用户复制数据类型的不同而不同。

Step 3 弹出【选择性粘贴】对话框,选择【公式和数字格式】单选钮,单击【确定】按钮。

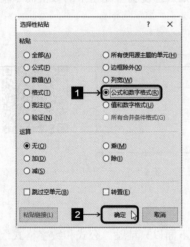

Step 4 返回工作表中可以看到粘贴后的结果,即只复制"公式和数字格式"的效果。

2.运算选项的使用

在【选择性粘贴】对话框的【运算】组合框中有【加】【减】【乘】【除】4 个单选钮，使用这些单选钮，可以在粘贴的同时完成指定的数学运算，具体操作步骤如下。

Step 1 切换到工作表"运算"中，选中 B7 单元格，按【Ctrl】+【C】组合键进行复制，然后选中单元格区域 B2:D6。

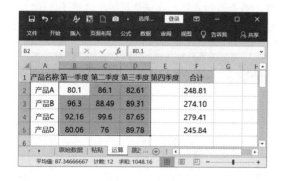

Step 2 单击鼠标右键，从弹出的快捷菜单中选择【选择性粘贴】选项。

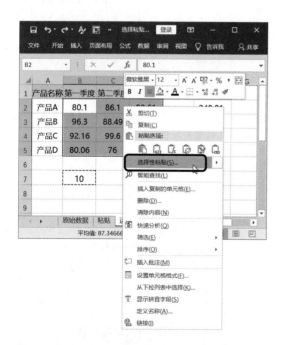

Step 3 弹出【选择性粘贴】对话框，在【运算】组合框中选择【除】单选钮，单击【确定】按钮。

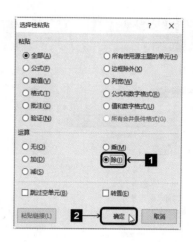

Step 4 返回工作表中，即可看到所选单元格区域中的数值缩小 10 倍。

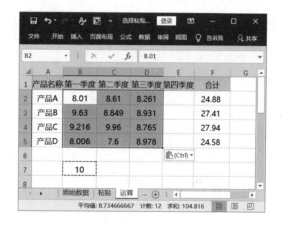

3.跳过单元格粘贴

如果用户不希望源数据区域中的空白单元格覆盖目标区域中的单元格内容，此时可以使用【选择性粘贴】对话框中的【跳过空单元】功能，具体操作步骤如下。

Step 1 切换到"原始数据"工作表中，选中单元格区域 B2:F5，按【Ctrl】+【C】组合键进行复制。

Step 2 切换到"跳过空单元格"工作表中，选中单元格区域 B2:F5，单击鼠标右键，在快捷菜单中选择【选择性粘贴】选项。

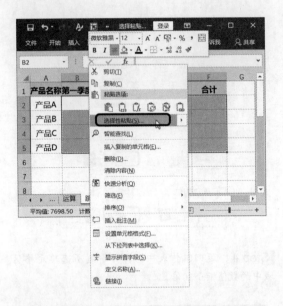

Step 3 弹出【选择性粘贴】对话框，选择【跳过空单元】复选框，单击【确定】按钮。

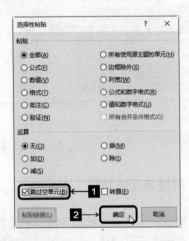

Step 4 返回工作表，即可看到复制后的效果。

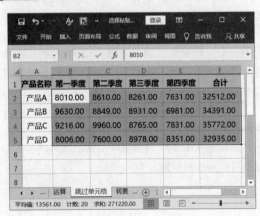

4. 转置粘贴

转置粘贴即将源数据区域复制到目标区域后，其原来的行列位置进行互换，具体操作步骤如下。

Step 1 切换到"原始数据"工作表中，选中单元格区域A1:F5，按【Ctrl】+【C】组合键进行复制。

Step 2 切换到"转置"工作表中，选中A1单元格，单击鼠标右键，在快捷菜中选择【选择性粘贴】选项。

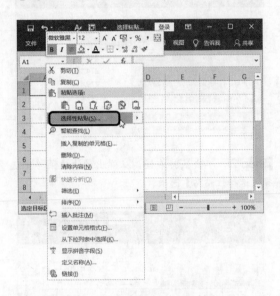

Step 3 在弹出的对话框中选择【转置】复选框，单击【确定】按钮。

Step 4 返回工作表，即可看到转置粘贴后的
效果。

007 数据查找

	本实例原始文件和最终效果所在位置如下。	
	原始文件	第5章\查找表.xlsx
	最终效果	无

扫码看视频

在使用 Excel 的过程中，用户有时需要搜索一些有规律的数据，比如以"6"结尾的电话号码，以"孙"开头的人名，或者含有"k"的物品编码等。这时用户可以利用模糊查找完成目标。

本实例以查找电话号码为 178 开头的员工为例，具体的操作步骤如下。

Step 1 打开本实例的原始文件，切换到【开始】选项卡，在【编辑】组中单击【查找和选择】按钮，在弹出的下拉列表中选择【查找】选项或者直接在Excel界面中按【Crtl】+【F】组合键。

Step 2 弹出【查找和替换】对话框，在【查找】选项卡中的【查找内容】文本框中输入"178*"。

Step 3　单击【查找下一个】按钮，Excel会自动选中数据开头为"178*"的单元格，单击【查找全部】按钮，在【查找和替换】对话框中会显示查找到的内容。

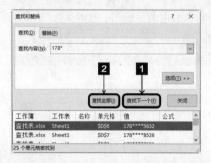

提示

　　单击【查找和替换】对话框中的【选项】按钮，【查找和替换】对话框会多出查找的设定，设定这些内容，能更加精确地查找所需内容。

下表为一些常用的模糊查找的用法。

查找目标	用法	备注
以"1"开头的单元格	1*	选择"单元格匹配"复选框
以"9"结尾的单元格	*9	选择"单元格匹配"复选框
含有"78"的单元格	78	不选择"单元格匹配"复选框

008　批量删除零值

	原始文件	第5章\批量删除零值表.xlsx
本实例原始文件和最终效果所在位置如下。		
	最终效果	第5章\批量删除零值表.xlsx

扫码看视频

　　在工作表中处理数据时，Excel 表格中可能会有许多零值。如果希望零值不显示，可以使用下面的方法批量删除部分零值。

Step 1　打开本实例的原始文件，选中单元格区域B2:H6，切换到【开始】选项卡，在【编辑】组中单击【查找和选择】按钮，在弹出的下拉列表中选择【替换】选项。

Step 2　弹出【查找和替换】对话框，在【查找内容】文本框中输入"0"，单击【选项】按钮，在对话框中选中【单元格匹配】复选框，单击【全部替换】按钮。

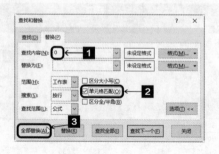

Step 3 弹出【Microsoft Excel】对话框，提示用户完成了几处替换，单击【确定】按钮，返回【查找和替换】对话框，单击【关闭】按钮，完成替换工作。

注意

除了删除零值这种做法，还可以使表格中所有零值不显示，单击【文件】按钮，在弹出的界面中单击【选项】按钮，弹出【Excel 选项】对话框，切换到【高级】选项卡，在【此工作表的显示选项】组中，取消选中【在具有零值的单元格中显示零】复选框，则表内所有只含有零值的单元格中不会再显示零值。

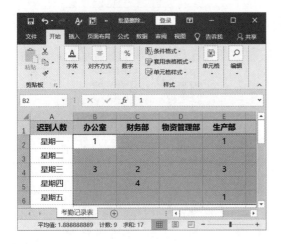

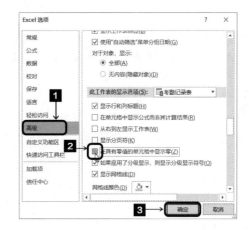

009 转到任意单元格

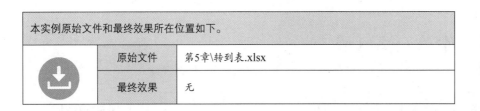

本实例原始文件和最终效果所在位置如下。		
	原始文件	第5章\转到表.xlsx
	最终效果	无

扫码看视频

当 Excel 表格中的数据量很大时，有时我们难以精确选择所需的单元格，此时 Excel 的定位功能能给我们带来极大的便利。

Step 1 打开本实例的原始文件，切换到【开始】选项卡，在【编辑】组中单击【查找和选择】按钮，在弹出的下拉列表选择【转到】选项或者按【F5】键。

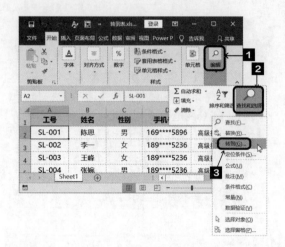

提示

【定位】对话框的【引用位置】下的文本框中也可以输入一个单元格区域，输入单元格区域可以直接选择此区域。

Step 3 单击【定位条件】按钮，弹出【定位条件】对话框，在此对话框中可以根据单元格的特征精确选择单元格。

Step 2 弹出【定位】对话框，在【引用位置】下方的文本框中输入需要转到的单元格，单击【确定】按钮，即可选择输入的单元格。

010　快捷操作单元格区域

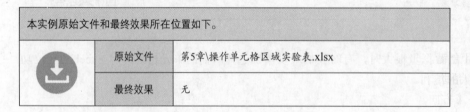

	原始文件	第5章\操作单元格区域实验表.xlsx
	最终效果	无

本实例原始文件和最终效果所在位置如下。

扫码看视频

　　在技巧9中介绍的是如何快速精确转到某个单元格，当用户需要选定某些单元格区域时，虽然可以用鼠标直接选择，但是若借助键盘，使用特定的组合键，可以提高操作的效率。

1.【Home】键的妙用

按【Home】键时，无论活动单元格在哪里，都可以快速将活动单元格定位至此行的 A 列。

	A	B	C	D
1	日期	一月	二月	三月
2	产品A	260	240	120
3	产品B	360	310	100
4	产品C	120	110	150

	A	B	C	D
1	日期	一月	二月	三月
2	产品A	260	240	120
3	产品B	360	310	100
4	产品C	120	110	150

！提示

如果工作表执行了【冻结窗格】命令（假设在 F3 单元格中执行了冻结窗格指令），则按【Home】键后活动单元格将定位至同行垂直区域分割线的右侧列。

	A	B	C	D	E	F
1	日期	一月	二月	三月		
2	产品A	260	240	120		
3	产品B	360	310	100		
4	产品C	120	110	150		

	A	B	C	D	E	F
1	日期	一月	二月	三月		
2	产品A	260	240	120		
3	产品B	360	310	100		
4	产品C	120	110	150		

2.【Ctrl】键

【Ctrl】键在 Excel 中有很大作用，尤其是【Ctrl】键的一些组合键，这些对于用户使用 Excel 表格有很大的帮助。

利用【Ctrl】+【方向键】组合键可快速将活动单元格定位至当前行或列的数据区域的顶端，也可以将活动单元格定位至工作表的行或列的顶端（下图以【Ctrl】+【→】为例）。

	A	B	C	D
1	日期	一月	二月	三月
2	产品A	260	240	120
3	产品B	360	310	100
4	产品C	120	110	150

	A	B	C	D
1	日期	一月	二月	三月
2	产品A	260	240	120
3	产品B	360	310	100
4	产品C	120	110	150

	XEX	XEY	XEZ	XFA	XFB	XFC	XFD
1							
2							
3							
4							

利用【Ctrl】+【End】组合键或者依次按【End】键、【Home】键，活动单元格会快速定位至数据区域的最右下角。

	A	B	C	D
1	日期	一月	二月	三月
2	产品A	260	240	120
3	产品B	360	310	100
4	产品C	120	110	150

	A	B	C	D
1	日期	一月	二月	三月
2	产品A	260	240	120
3	产品B	360	310	100
4	产品C	120	110	150

利用【Ctrl】+【Home】组合键，无论当前选定的单元格在哪儿，都能快速将活动单元格定位到 A1 单元格。

	A	B	C	D
1	日期	一月	二月	三月
2	产品A	260	240	120
3	产品B	360	310	100
4	产品C	120	110	150

	A	B	C	D
1	日期	一月	二月	三月
2	产品A	260	240	120
3	产品B	360	310	100
4	产品C	120	110	150

利用【Ctrl】+【Shift】+【Home】组合键可以选取从当前单元格到 A1 单元格内的所有区域，这个组合键能极大地方便用户选取区域。

	A	B	C	D
1	日期	一月	二月	三月
2	产品A	260	240	120
3	产品B	360	310	100
4	产品C	120	110	150

	A	B	C	D
1	日期	一月	二月	三月
2	产品A	260	240	120
3	产品B	360	310	100
4	产品C	120	110	150

利用【Ctrl】+【Shift】+【方向键】组合键可以选取从当前单元格到【方向键】方向的全部区域。

	A	B	C	D
1	日期	一月	二月	三月
2	产品A	260	240	120
3	产品B	360	310	100
4	产品C	120	110	150

	A	B	C	D
1	日期	一月	二月	三月
2	产品A	260	240	120
3	产品B	360	310	100
4	产品C	120	110	150

利用【Ctrl】+【Shift】+【8】（此处的"8"是主键盘区的数字"8"）、【Ctrl】+【A】或者【Ctrl】+【*】这三种组合键，可以选取从当前表格中的全部数据区域。

	A	B	C	D
1	日期	一月	二月	三月
2	产品A	260	240	120
3	产品B	360	310	100
4	产品C	120	110	150

	A	B	C	D
1	日期	一月	二月	三月
2	产品A	260	240	120
3	产品B	360	310	100
4	产品C	120	110	150

3. 巧选不连续数据区域

利用【Ctrl】或者【Shift】+【F8】组合键选取非连续数据区域，第一种方法是先按住【Ctrl】键，再利用鼠标选取多个数据区域即可；第二种方法是先按一次【Shift】+【F8】键，再用鼠标选择数据区域即可。下面以使用【Shift】+【F8】组合键为例进行讲解。

Step 1 按【Shift】+【F8】组合键进入添加所选内容模式，在Excel表格的左下角会出现"添加或删除所选内容"这几个字，如下图所示。

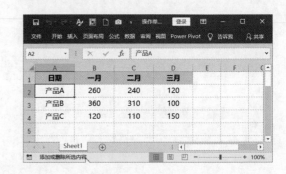

Step 2 利用鼠标选取所需的数据区域，选完之后按【Esc】键，即可退出添加所选内容模式。

	A	B	C	D
1	日期	一月	二月	三月
2	产品A	260	240	120
3	产品B	360	310	100
4	产品C	120	110	150

011 改变行列次序

	本实例原始文件和最终效果所在位置如下。		
	原始文件	第5章\改变次序表.xlsx	
	最终效果	无	

扫码看视频

在记录完数据之后，有时可能因为某些原因导致记录的行列的顺序有偏差，这时用户便需要去调整行列的顺序。下面介绍两种改变行列顺序的方法。

1. 不保留原行或原列的移动

Step 1 打开本实例的原始文件，选中第12行，按【Ctrl】+【X】组合键进行剪切，选中第6行，单击鼠标右键，在弹出的快捷菜单中选择【插入剪贴的单元格】选项，即可看到粘贴后的效果。

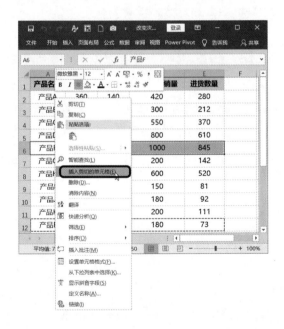

Step 2 用鼠标完成上述操作，使表格恢复原状，选中需第12行，按住【Shift】键，用鼠标移动至第6行和第5行的中间处，松开鼠标键及【Shift】键，即完成操作。

2. 保留原行或原列的移动

Step 1 在完成1中的操作后，表格恢复原样，保留的操作与不保留的操作非常相似，一个是利用剪切，而另一个是利用复制选项，选中第12行，按【Ctrl】+【C】组合键进行复制。

Step 2 选中第6行，单击鼠标右键，在弹出的快捷菜单中选择【插入复制的单元格】选项。

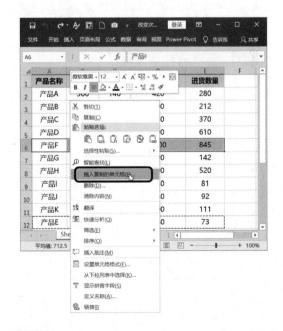

Step 3 用鼠标完成上述操作，使表格恢复原状，选中需第12行，按住【Shift】键，用鼠标移动至第6行和第5行的中间处，松开鼠标键及【Shift】键，即完成操作。

第 6 章

用条件格式标识数据

Excel 2016 对数据进行处理分析，有时会需要通过一些特征条件来找到特定的数据，还有些时候希望用更直观的方法来展现数据规律。Excel 中的"条件格式"功能就能为这两类需求提供解决方案。

 教学资源

关于本章的知识，本书配套教学资源中有相关的教学视频，路径为【本书视频\第 6 章】。

001 了解条件格式

本实例原始文件和最终效果所在位置如下。

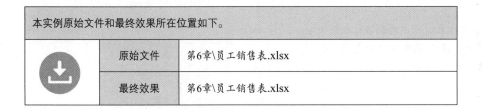	原始文件	第6章\员工销售表.xlsx
	最终效果	第6章\员工销售表.xlsx

扫码看视频

条件格式可以根据用户所设定的条件，对单元格中的数据进行判别，符合条件的单元格可以用特殊定义的格式来显示。每个单元格中都可以添加多种不同的条件判断和相应的显示格式，通过这些规则的组合，可以让表格自动标识需要查询的特征数据，让表格具备智能定时提醒的功能，并能通过颜色和图标等方式来展现数据的分布情况等。在某种程度上，通过条件格式可以实现数据的可视化。

【条件格式】按钮位于【开始】选项卡的【样式】组中，如图所示。

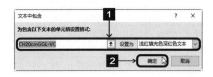

下面以公司业务员销售记录为例，介绍如何找到"规格型号"字段中包含"CH20cmGGL-VC"的记录，并且标识出来，具体操作步骤如下。

日期	规格型号	业务员	销售数量
2017/6/1	CH20cmGGL-VC	赵晓芳	65
2017/6/7	CH20cmGGL-VC	刘志男	108
2017/6/9	CH20cm	孙淑华	125
2017/6/11	CH55cmGGL	赵云	59
2017/6/12	CH55cmGGL	张扬	96
2017/6/15	CH60cmVCR	刘芸	35
2017/6/17	CH20cmGL-VC	赵晓芳	189
2017/6/20	CH20cmGL-VC	钟乐梅	165
2017/6/23	CH20cmGGL	丁海	53
2017/6/25	CH20cmVCR	王乐	79
2017/6/28	CH20cmGGL-VC	刘芸	316

Step 1 打开本实例的原始文件，选中单元格区域B2:B12，切换到【开始】选项卡，在【样式】组中单击【条件格式】按钮，在弹出的下拉列表中选择【突出显示单元格规则】➤【文本包含】选项。

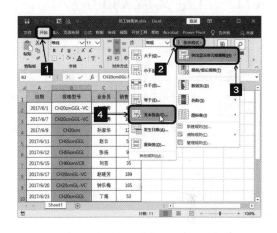

Step 2 弹出【文本中包含】对话框，在左侧的文本框中输入需要查找的文本关键词"CH20cmGGL-VC"，然后在右侧下拉列表中选择或设置所需的格式，例如"浅红填充深红色文本"，单击【确定】按钮。

Step 3 返回Excel工作表，可以看到B列中包含"CH20cmGGL-VC"的几条记录都被以特色的颜色格式标识出来，结果一目了然。

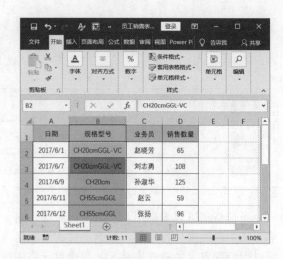

002 自定义规则的应用

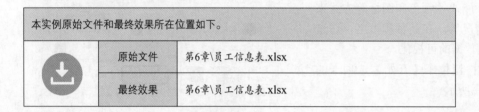

本实例原始文件和最终效果所在位置如下。		
	原始文件	第6章\员工信息表.xlsx
	最终效果	第6章\员工信息表.xlsx

扫码看视频

除了内置的这些条件规则，如果希望设计更加复杂的条件，还可以使用条件格式中的自定义功能来进行设定。

下图展示了某公司的员工信息表，如果希望其中"年龄"在40以下的所有"工程师"的整行记录标识出来，具体的操作方法如下。

	A	B	C	D	E	F
1	工号	姓名	性别	入职日期	年龄	文化程度
2	001	孙淑华	女	2008/6/1	43	本科
3	002	王 杨	男	2008/6/1	35	大专
4	003	刘晓梅	女	2008/6/1	39	本科
5	004	赵小芳	女	2008/7/1	27	硕士
6	005	王燕妮	女	2008/9/1	36	本科
7	006	马云峰	男	2008/11/1	51	博士
8	007	刘 云	男	2009/2/1	26	本科
9	008	张 阳	男	2009/5/1	41	本科

Step 1 打开本实例的原始文件，选中整个单元格区域A2:H15，其中以单元格A2作为当前活动单元格，切换到【开始】选项卡，在【样式】组中单击【条件格式】按钮，在弹出的下拉列表中选择【新建规则】选项。

Step 2 弹出【新建格式规则】对话框，在【选择规则类型】组合框中选择最后一项【使用公式确定要设置格式的单元格】，然后在【编辑规则说明】组合框下的【为符合此公式的值设置格式】文本框中输入公式“=($E2<40)*($H2="工程师")”，然后单击【格式】按钮。

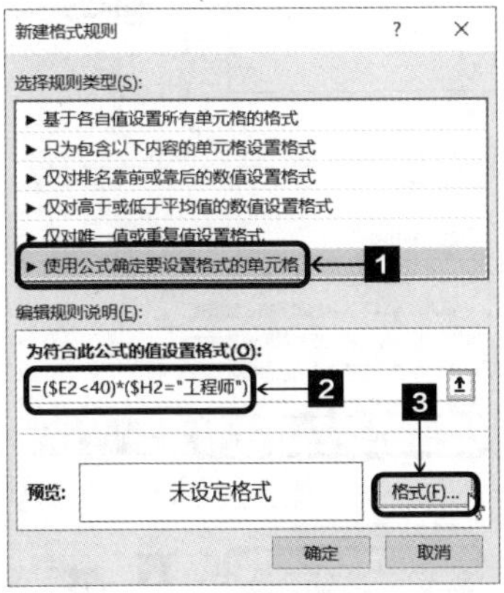

Step 3 弹出【设置单元格格式】对话框，切换到【填充】选项卡，选择一种背景色（例如“橙色”），单击【确定】按钮。

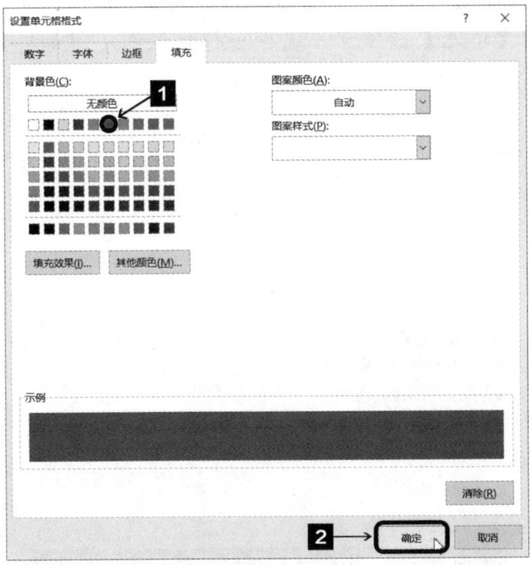

Step 4 返回【新建格式规则】对话框，即可在【预览】组合框中预览颜色，然后单击【确定】按钮。

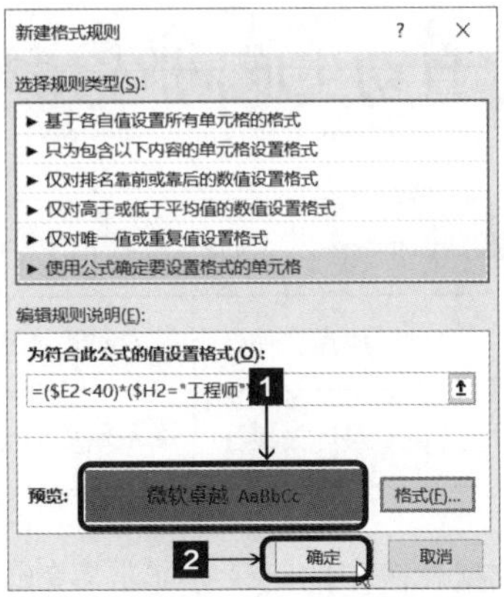

Step 5 返回Excel工作表，即可看到设置后的效果如图所示。

	A	B	C	D	E	F	G	H
1	工号	姓名	性别	入职日期	年龄	文化程度	部门	职称
2	001	孙淑华	女	2008/6/1	43	本科	人事部	助理工程师
3	002	王　杨	男	2008/6/1	35	大专	销售部	工程师
4	003	刘晓梅	女	2008/6/1	39	本科	研发部	技术员
5	004	赵小芳	女	2008/7/1	27	硕士	市场部	工程师
6	005	王燕妮	女	2008/9/1	36	本科	市场部	工程师
7	006	马云峰	男	2008/11/1	51	博士	技术部	高级工程师
8	007	刘　云	男	2009/2/1	26	本科	销售部	工程师
9	008	张　阳	男	2009/5/1	41	本科	研发部	技术员

提示

步骤中所使用的公式“=($E2<40)*($H2="工程师")”是将两个条件判断进行逻辑相乘，形成同时满足这两个条件的判断。如果公式结果为0，则表示单元格数据不满足条件规则；反之，如果公式结果为1（或其他非零数值），则表示满足条件规则，可以应用相应的格式设置。

上面的两个条件分别判断E列中的数值是否小于40以及H列的职称是否为“工程师”，由于当前活动单元格位于第二行，因此其中使用“2”作为行号，同时因为这些规则要应用到整个数据区域中，因此行号采用相对引用方式。而其中的E列和H列是判断条件的固定字段，因此需要使用绝对引用方式将其固定。

003 自动生成间隔条纹

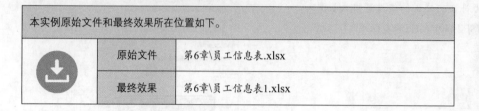

本实例原始文件和最终效果所在位置如下。		
	原始文件	第6章\员工信息表.xlsx
	最终效果	第6章\员工信息表1.xlsx

扫码看视频

当数据表格中的记录行非常多的时候，使用两种颜色间隔显示的条纹方式可以让数据更容易准确识别，也不容易产生视觉疲劳。使用"条件格式"可以很方便地创建这样的条纹间隔，并且能够随着记录的增减而自动变化，仍以公司员工信息表为例，具体操作步骤如下。

Step 1 打开本实例的原始文件，通过单击列标签，选中整列单元格区域A:H，以A1作为活动单元格。切换到【开始】选项卡，在【样式】组中单击【条件格式】按钮，在弹出的下拉列表中选择【新建规则】选项。

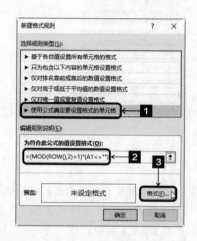

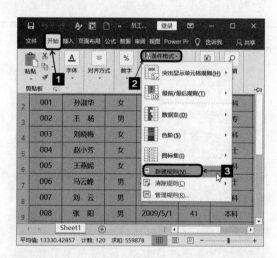

Step 2 弹出【新建格式规则】对话框，在【选择规则类型】组合框中选择最后一项【使用公式确定要设置格式的单元格】，然后在【编辑规则说明】组合框下的【为符合此公式的值设置格式】文本框中输入公式"=(MOD(ROW(),2)=1)*(A1<>"")"，然后单击【格式】按钮。

Step 3 弹出【设置单元格格式】对话框，切换到【填充】选项卡，选择一种背景色（例如"金色"），然后单击【确定】按钮。

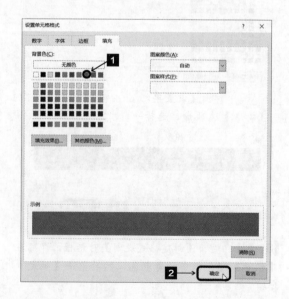

Step 4 返回【新建格式规则】对话框，即可在【预览】组合框中预览颜色，然后单击【确定】按钮，返回Excel工作表，即可看到设置后的效果。

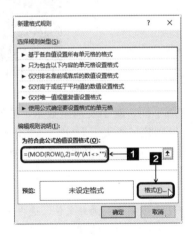

Step 5 继续参照前面的步骤，添加一个新的自定义规则，使用下面的公式"=(MOD(ROW(),2)=0)*(A1<>"")"，然后单击【格式】按钮。

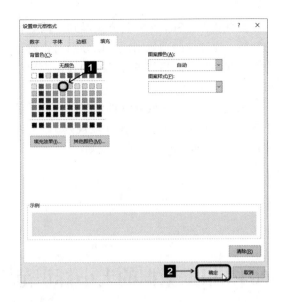

Step 6 弹出【设置单元格格式】对话框，切换到【填充】选项卡，选择一种背景色（例如"蓝色，个性色1，淡色80%"），单击【确定】按钮。

Step 7 返回【新建格式规则】对话框，即可在【预览】组合框中预览颜色，然后单击【确定】按钮。

Step 8 返回Excel工作表，即可看到设置的最终效果，如图所示。用户可以根据自己的喜好及习惯选择适当的颜色。

如果数据表中记录发生增减，这个条纹间隔仍可以自动适应正常显示。

在这个例子中使用了两项条件规则，其中Step 2 中使用公式"=(MOD(ROW(),2)=1)*(A1<>"")"，通过 MOD 函数对行号取 2 的余数，可以得到奇数行的判断，"A1<>""" 的判断可以让单元格在没有内容的情况下显示格式。这个公式也可以简化为"=(MOD(ROW(),2))*(A1<>"")"。

与此类似，Step 5 中的公式得到了偶数行的判断，通过这两项规则，可以分别对奇数行的格式和偶数行的格式进行不同的设定，形成间隔条纹行的效果。

在选中单元格区域 A:H 的情况下，在【条件格式】下拉菜单中单击【管理规则】，可以看到这个区域同时启用了两条规则。

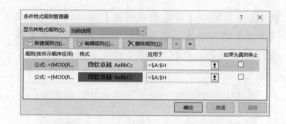

提示

在 Excel 2016 中，条件格式中可以同时添加的规则数量只受可用内存的限制。

004　根据数据的大小标识范围

本实例原始文件和最终效果所在位置如下。		
	原始文件	第6章\员工销售表.xlsx
	最终效果	第6章\员工销售表1.xlsx

扫码看视频

针对不同的数据类型，适用的条件格式内置规则也会有所不同。对于文本型数据，通常可用的条件规则为"文本包含"，而对于数值型数据，内置的条件规则除了"大于""小于""介于"等，还包括"前/后10项""前/后10%""高/低于平均值"等条件，可以非常方便地使用这些规则来设计显示方案。

如图所示，仍以公司业务员销售记录为例，介绍如何标识出其中"销售数量"前 5 名的销售记录，具体操作步骤如下。

Step 1　打开本实例的原始文件，选中单元格区域D2:D12，切换到【开始】选项卡，在【样式】组中单击【条件格式】按钮，在弹出的下拉列表中选择【最前/最后规则】▶【前10项】选项。

	A	B	C	D
1	日期	规格型号	业务员	销售数量
2	2017/6/1	CH20cmGGL-VC	赵晓芳	65
3	2017/6/7	CH20cmGGL-VC	刘志勇	108
4	2017/6/9	CH20cm	孙淑华	125
5	2017/6/11	CH55cmGGL	赵云	59
6	2017/6/12	CH55cmGGL	张扬	96
7	2017/6/15	CH60cmVCR	刘芸	35
8	2017/6/17	CH20cmGL-VC	赵晓芳	189
9	2017/6/20	CH20cmGL-VC	钟乐梅	165

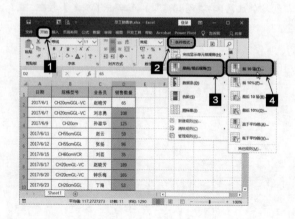

Step 2 弹出【前10项】对话框，在左侧的数值调节框中将数值大小设为"5"，然后在右侧下拉列表中选择或设置所需的格式，例如"浅红填充色深红色文本"，单击【确定】按钮。

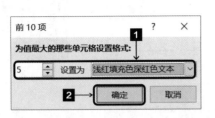

Step 3 返回Excel工作表，即可看到D列中"销售数量"前5名的几条记录都被以特色的颜色格式标识出来。

	A	B	C	D
1	日期	规格型号	业务员	销售数量
2	2017/6/1	CH20cmGGL-VC	赵晓芳	65
3	2017/6/7	CH20cmGGL-VC	刘志勇	108
4	2017/6/9	CH20cm	孙淑华	125
5	2017/6/11	CH55cmGGL	赵云	59
6	2017/6/12	CH55cmGGL	张扬	96
7	2017/6/15	CH60cmVCR	刘芸	35
8	2017/6/17	CH20cmGL-VC	赵晓芳	189
9	2017/6/20	CH20cmGL-VC	钟乐梅	165
10	2017/6/23	CH20cmGGL	丁海	53
11	2017/6/25	CH20cmVCR	王乐	79
12	2017/6/28	CH20cmGGL-VC	刘芸	316

与此类似，如果希望标识出"销售数量"前 60% 的数据记录，可以选中单元格区域 D2:D12，切换到【开始】选项卡，在【样式】组中单击【条件格式】按钮，在弹出的下拉列表中选择【最前 / 最后规则】➤【前 10%】选项，弹出【前 10%】对话框，然后将左侧数值设置为"60"即可。单击【确定】按钮，返回 Excel 工作表，即可看到设置完成后的效果。

005 运用颜色的变化表现数值的分布

本实例原始文件和最终效果所在位置如下。

原始文件	第6章\销售考核表.xlsx	
最终效果	第6章\销售考核表.xlsx	

扫码看视频

Excel 2016 的条件格式中提供了一个"色阶"的功能，可以通过颜色渐变来直观地观察数据的分布。

某公司员工的销售考核表，想要查看各员工的上级评分情况，这时就可以使用条件格式中的"色阶"功能，来直观地查看成绩分布状况。

工号	姓名	顾客评分	上级评分	销售满意度	销售数量
1001	李一	95	89	78	69
1002	王佳	65	87	92	56
1003	刘文	56	63	71	45
1004	李权	89	56	87	61
1005	张三	97	93	96	92
1006	杜文	62	65	81	71
1007	曲薇	57	65	45	67
1008	高远	81	68	78	64

Step 1 打开本实例的原始文件，选中单元格区域D2:D9，切换到【开始】选项卡，在【样式】组中单击【条件格式】按钮，在弹出的下拉列表中选择【色阶】▶【红—白色阶】选项。

Step 2 这里选择的是"红—白色阶"，当数值很大时，颜色是深红的，当数值逐渐变小时，颜色就会逐渐变浅，直到变成白色，这样就可以很直观地看到成绩分布的状况了。

工号	姓名	顾客评分	上级评分	销售满意度	销售数量
1001	李一	95		78	69
1002	王佳	65		92	56
1003	刘文	56	63	71	45
1004	李权	89	56	87	61
1005	张三	97		96	92
1006	杜文	62	65	81	71
1007	曲薇	57	65	45	67
1008	高远	81	68	78	64

006 运用数据条长度表示数值大小

本实例原始文件和最终效果所在位置如下。

原始文件	第6章\销售考核表.xlsx	
最终效果	第6章\销售考核表1.xlsx	

扫码看视频

为了能够直观地展示单元格中数值的大小，可以使用 Excel 的条件格式中的"数据条"功能，它能够直接在单元格里生成数据条，我们可以根据数据条的长短来直观地辨别数值的大小。

仍以销售考核表为例，用户需要查看各员工的"上级评分"的大小状况，这时就可以使用条件格式中的"数据条"功能，来直观地查看成绩大小的状况。

Step 1 打开本实例的原始文件，选中单元格区域D2:D9，切换到【开始】选项卡，在【样式】组中单击【条件格式】按钮，在弹出的下拉列表中选择【数据条】➤【橙色数据条】选项。

Step 2 返回Excel工作表，可以直观地查看每个员工的"上级评分"大小状况了，不同的评分的大小数据条的长度也是不同的。

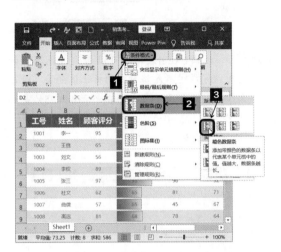

007 给数据标识图标集

本实例原始文件和最终效果所在位置如下。		
	原始文件	第6章\销售考核表.xlsx
	最终效果	第6章\销售考核表2.xlsx

扫码看视频

在 Excel 2016 的条件格式中含有图标集，可以使用这些图标来标记区分处于各个范围的数值，它也可以用来直观地查看各个数值的大小情况。

仍以销售考核表为例，如果用户想要在销售考核表中看到各员工顾客评分的高低情况，这时就可以使用图标集，将员工的顾客评分划分等级，使用不同的图标将处于不同段的评分区分开来。

Step 1 打开本实例的原始文件，选中单元格区域C2:C9，切换到【开始】选项卡，在【样式】组中单击【条件格式】按钮，在弹出的下拉列表中选择【图标集】➤【其他规则】选项。

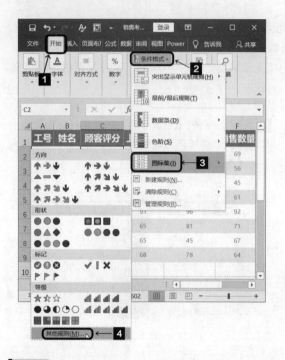

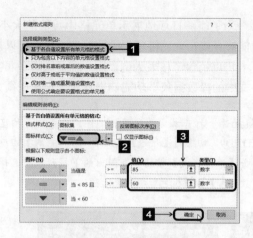

Step 3 返回Excel表格，可以看到设置后的效果，这时就完成对单元格数据的标记区分了，顾客评分大于85的为优秀，顾客评分介于60到85的是一般，顾客评分小于60的是不及格，分别用上三角、横向、下三角来标记。

工号	姓名	顾客评分	上级评分	销售满意度	销售数量
1001	李一	▲ 95	89	78	69
1002	王佰	━ 65	87	92	56
1003	刘文	▼ 56	63	71	45
1004	李权	▲ 89	56	87	61
1005	张三	▲ 97	93	96	92
1006	杜文	━ 62	65	81	71
1007	曲衡	▼ 57	65	45	67
1008	高远	━ 81	68	78	64

Step 2 弹出【新建格式规则】对话框，在【选择规则类型】选项组中选择【基于各自值设置所有单元格的格式】选项；在【图样式】中选择【3个三角形】选项，这样的图标可以比较直观地看出数值的大小范围和等级；在【类型】中选择【数字】选项，在【值】的文本框中分别填入"85"和"60"，单击【确定】按钮。

008 到期提醒和预警

	本实例原始文件和最终效果所在位置如下。	
	原始文件	第6章\到期提醒和预警表.xlsx
	最终效果	第6章\到期提醒和预警表.xlsx

扫码看视频

将日期时间函数与条件格式相结合，可以在表格中设计自动化的预警或到期提醒功能，适合运用于众多工程管理、日程管理类场合中。

我们以某公司的工程进度计划安排为例，每个工程都有开工日期以及工程的竣工日期和验收日期。

	A	B	C	D	E
1	工程	项目负责人	开工日期	竣工日期	验收日期
2	工程A	赵芸	2019/1/6	2019/5/8	2019/6/11
3	工程B	马云峰	2019/2/17	2019/12/20	2020/1/9
4	工程C	崔琳琳	2019/6/8	2020/3/10	2020/4/20
5	工程D	孙华梅	2019/8/12	2019/11/29	2019/12/15
6	工程E	赵芳妮	2019/3/22	2020/2/12	2020/3/30

这个表格会用来定期跟踪工程的进展情况，为了使其更具智能化和人性化，希望它能够根据系统当前的日期，在每个工程竣工日期前一周自动高亮警示，到验收日期之后显示灰色，表示工程周期已结束。要实现这样的功能，具体的操作步骤如下。

Step 1 打开本实例的原始文件，选定单元格区域A2:E15。切换到【开始】选项卡，在【样式】组中单击【条件格式】按钮，在弹出的下拉列表中选择【新建规则】选项。

Step 2 弹出【新建格式规则】对话框，在【选择规则类型】组合框中选择最后一项【使用公式确定要设置格式的单元格】，然后在【编辑规则说明】组合框下的【为符合此公式的值设置格式】文本框中输入公式"=$D2-TODAY()<=7"，然后单击【格式】按钮。

Step 3 弹出【设置单元格格式】对话框，切换到【填充】选项卡，选择一种背景色（例如"金色"），然后单击【确定】按钮。

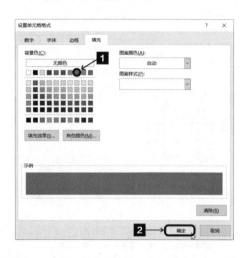

Step 4 返回【新建格式规则】对话框，即可在【预览】组合框中预览颜色，然后单击【确定】按钮，返回Excel工作表，即可看到设置效果。

Step 5 继续参照前面的步骤，选中单元格区域E2:E15添加一个新的自定义规则，使用下面的公式"=TODAY()>$E2"，然后单击【格式】按钮。

Step 6 弹出【设置单元格格式】对话框，切换到【填充】选项卡，选择一种背景色（例如"蓝色"），然后依次单击【确定】按钮，返回Excel表格，即可看到设置后的效果。

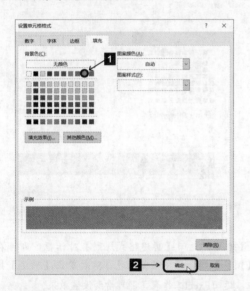

	A	B	C	D	E
1	工程	项目负责人	开工日期	竣工日期	验收日期
2	工程A	赵芸	2019/1/6	2019/5/8	2019/6/11
3	工程B	马云峰	2019/2/17	2019/12/20	2020/1/9
4	工程C	崔琳琳	2019/6/8	2020/3/10	2020/4/20
5	工程D	孙华梅	2019/8/12	2019/11/29	2019/12/15
6	工程E	赵芳妮	2019/3/22	2020/2/12	2020/3/30
7	工程F	李潇潇	2019/3/15	2020/8/25	2020/10/8
8	工程G	徐芳芳	2019/3/23	2019/12/9	2020/1/12

009　识别重复值

本实例原始文件和最终效果所在位置如下。

	原始文件	第6章\员工销售表.xlsx
	最终效果	第6章\员工销售表2.xlsx

扫码看视频

Excel 2016 中为重复值的查询处理提供了很多方便的工具，使用"条件格式"功能也可以很方便地标识出数据组中的重复项。

下面仍以员工销售表为例，介绍如何标识出其中"业务员"中出现的人员姓名，具体的操作步骤如下。

Step 1 打开本实例的原始文件，选中单元格区域C2:C12，切换到【开始】选项卡，在【样式】组中单击【条件格式】按钮，在弹出的下拉列表中选择【突出显示单元格规则】➤【重复值】选项。

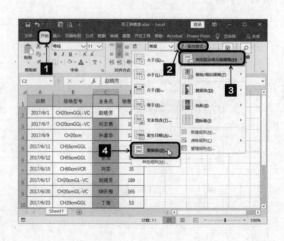

Step 2 弹出【重复值】对话框，在【为包含以下类型值的单元格设置格式】组合框下左侧的下拉列表中选择"重复"选项，然后在右侧的下拉列表中选择或设置所需的格式，例如"浅红填充色深红色文本"，单击【确定】按钮。

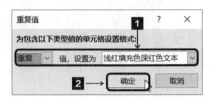

日期	规格型号	业务员	销售数量
2017/6/1	CH20cmGGL-VC	赵晓芳	65
2017/6/7	CH20cmGGL-VC	刘志勇	108
2017/6/9	CH20cm	孙淑华	125
2017/6/11	CH55cmGGL	赵云	59
2017/6/12	CH55cmGGL	张扬	96
2017/6/15	CH60cmVCR	刘芸	35
2017/6/17	CH20cmGL-VC	赵晓芳	189
2017/6/20	CH20cmGL-VC	钟乐梅	165
2017/6/23	CH20cmGGL	丁海	53

Step 3 返回Excel工作表，可以看到设置后的效果如图所示。

Step 4 如果希望标识出其中只出现一次的姓名，则可以在【重复值】对话框的左侧下拉列表中选择"唯一"选项。

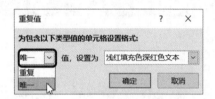

010 条件格式的复制与删除

本实例原始文件和最终效果所在位置如下。

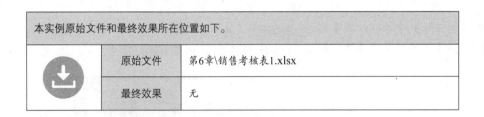

原始文件	第6章\销售考核表1.xlsx	
最终效果	无	

扫码看视频

条件格式与单元格内容一样，设置好的条件格式是可以被复制与删除的。

1. 条件格式的复制

在 Excel 中，如果要对某区域设置条件格式，而该条件格式已存在于工作表中，可以直接将条件格式复制过来，这样显得更加快捷。

条件格式的复制方法有：选择性粘贴与格式刷两种方法。

（1）选择性粘贴。

Step 1 打开本实例的原始文件，选择单元格D2，切换到【开始】选项卡，在【剪贴板】组中单击【复制】按钮，在弹出的下拉列表中选择【复制】选项。

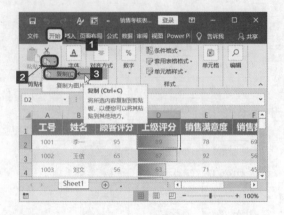

Step 4　返回Excel工作表，可以看到条件格式的复制已经完成，效果如图所示。

工号	姓名	顾客评分	上级评分	销售满意度	销售数量
1001	李一	95	89	78	69
1002	王倩	65	87	92	56
1003	刘文	56	63	71	45
1004	李权	89	56	87	61
1005	张三	97	93	96	92
1006	杜文	62	65	81	71
1007	曲徽	57	65	45	67
1008	高远	81	68	78	64

（2）格式刷。

Step 1　打开本实例的原始文件，选择单元格D2，切换到【开始】选项卡，在【剪贴板】组中单击【格式刷】按钮。

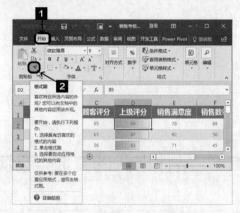

Step 2　选定单元格区域C2:F9，即可看到单元格D2的条件格式已经被复制到C2:F9中。

工号	姓名	顾客评分	上级评分	销售满意度	销售数量
1001	李一	95	89	78	69
1002	王倩	65	87	92	56
1003	刘文	56	63	71	45
1004	李权	89	56	87	61
1005	张三	97	93	96	92
1006	杜文	62	65	81	71
1007	曲徽	57	65	45	67
1008	高远	81	68	78	64

Step 2　选择单元格区域C2:F9，在【剪贴板】组中单击【粘贴】按钮，在弹出的下拉列表中选择【选择性粘贴】选项。

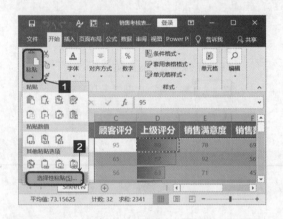

Step 3　弹出【选择性粘贴】对话框，在【粘贴】列表框中选择【格式】选项，单击【确定】按钮。

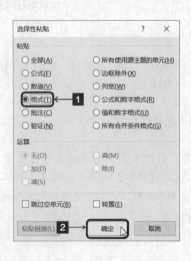

提示

　　使用以上两种方法复制条件格式时，不但复制了条件格式，而且也复制了所有的单元格格式，包括数字格式、边框、底纹等。

2.条件格式的删除

如果用户不再需要使用单元格中的条件格式，可以将条件格式删除，具体的操作步骤如下。

打开本实例的原始文件，选择单元格区域C2:F9，切换到【开始】选项卡，在【样式】组中单击【条件格式】按钮，在弹出的下拉列表中选择【清除规则】➤【清除所选单元格的规则】选项，即可将条件格式删除。

011   自动标识在职员工

本实例原始文件和最终效果所在位置如下。		
	原始文件	第6章\员工值班表.xlsx
	最终效果	第6章\员工值班表.xlsx

扫码看视频

如图所示为某公司一周内每天的员工值班人员，用于查询"今天星期几？是谁值班？"，如果在 Excel 中能够自动将今天的值班人员标识出来，会使用户觉得很方便。

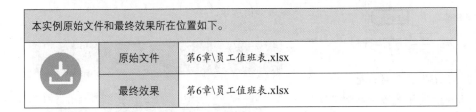

用户可以通过公式来确认今天的日期是星期几，然后通过使用条件格式来标识出当天应当值班的员工，并设置较为特殊的格式来显示，实现上述操作的具体步骤如下。

Step 1   打开本实例的原始文件，选择单元格区域A1:G6，切换到【开始】选项卡，在【样式】组中单击【条件格式】按钮，在弹出的下拉列表中选择【新建规则】选项。

Step 2 弹出【新建格式规则】对话框，在【选择规则类型】组合框中选择最后一项【使用公式确定要设置格式的单元格】，然后在【编辑规则说明】组合框下的【为符合此公式的值设置格式】文本框中输入公式"=TEXT(TODAY(),"aaaa")=A$1"，然后单击【格式】按钮。

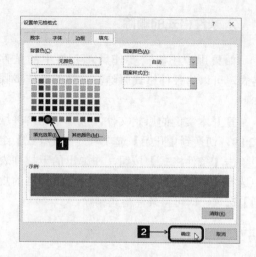

Step 3 弹出【设置单元格格式】对话框，切换到【填充】选项卡，选择一种背景色（例如"橙色"），单击【确定】按钮。

Step 4 返回【新建格式规则】对话框，即可在【预览】组合框中预览颜色，然后单击【确定】按钮，返回Excel工作表，即可看到当天的值班人员，效果如图所示。

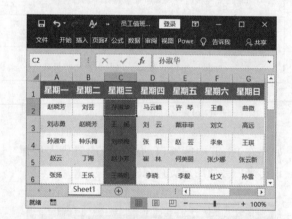

012 将错误值隐藏

	本实例原始文件和最终效果所在位置如下。	
	原始文件	第6章\公司销售表.xlsx
	最终效果	第6章\公司销售表.xlsx

扫码看视频

在使用公式处理数据时，可能会因为各种原因导致公式返回错误值。例如当用 VLOOKUP 函数查找不到与查找值匹配的值时，就会返回错误值。

如图所示为某公司的员工销售业绩，用户使用 VLOOKUP 函数来查找匹配值，输入公式"=VLOOKUP(A2,D:E,2,FALSE)"。

出于很多原因，我们需要将公式可能返回的错误值隐藏，这可以借助 IF 或 IFERROR 函数实现。具体的操作步骤如下。

Step 1 打开本实例的原始文件，选择单元格区域 B2:B10，切换到【开始】选项卡，在【样式】组中单击【条件格式】按钮，在弹出的下拉列表中选择【新建规则】选项。

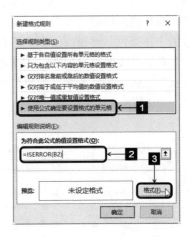

Step 2 弹出【新建格式规则】对话框，在【选择规则类型】组合框中选择最后一项【使用公式确定要设置格式的单元格】，然后在【编辑规则说明】组合框下的【为符合此公式的值设置格式】文本框中输入公式"=ISERROR(B2)"，然后单击【格式】按钮。

Step 3 弹出【设置单元格格式】对话框，切换到【字体】选项卡，将字体颜色设置为与单元格背景色相同的颜色，单击【确定】按钮。

Step 4 返回【新建格式规则】对话框，即可在【预览】组合框中预览颜色，然后单击【确定】按钮，公式返回错误值的字体颜色与背景色相同，错误值就隐藏了，效果如图所示。

业务员	销售业绩		业务员	销售业绩
赵晓			马云峰	853
何美丽	750		刘 云	736
孙振华			张 阳	762
赵 云			崔 林	359
刘芸			许 琴	861
赵晓芳			戴菲菲	977
张 阳	762		赵 芸	836
丁海			何美丽	750
王乐				

借助条件格式隐藏的错误值，只是改变了错误值的字体颜色，而错误值本身还存在表格中。因此不能直接使用如 SUM、AVERAGE 等函数直接对该区域进行计算，否则公式会返回错误值，如图所示。

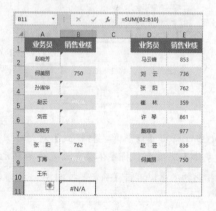

虽然条件格式能带来很多方便，但因为使用条件格式会增大工作簿文件的大小，并增大 Excel 的计算量。所以，尽量只为需要使用条件格式的单元格区域设置条件格式，而且如果工作表中不再需要条件格式了，一定要清除设置的条件格式规则。

ISERROR 函数用于测试函数式返回的数值是否有错。

ISERROR(value)

参数 value 表示需要测试的值或表达式。

VLOOKUP 函数的参数讲解可参见第 11 章 271 页。

013　设置不同格式的数据区域

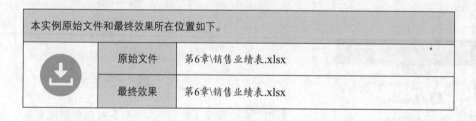

	原始文件	第6章\销售业绩表.xlsx
	最终效果	第6章\销售业绩表.xlsx

本实例原始文件和最终效果所在位置如下。

扫码看视频

利用 Excel 的条件格式功能，用户可以为自己的数据区域设置精美的格式。这些格式是动态的，不论在数据区域中增加或删除行、列，格式都会进行相应的调整。

1. 棋盘式底纹

Step 1　切换到工作表"棋盘式底纹"，选中单元格区域A2:F10，切换到【开始】选项卡，在【样式】组中单击【条件格式】按钮，在弹出的下拉列表中选择【新建规则】选项。

Step 2 弹出【新建格式规则】对话框，在
【选择规则类型】列表框中选择【使用公式确
定要设置格式的单元格】选项，然后在【为符
合此公式的值设置格式】文本框中输入以下公式
"=MOD(ROW()+COLUMN(),2)"，单击【格式】
按钮。

Step 3 弹出【设置单元格格式】对话框，切换
到【填充】选项卡，然后在【背景色】颜色库中选
择一种合适的颜色，单击【确定】按钮。

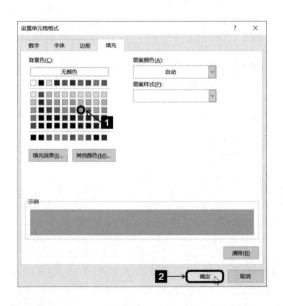

Step 4 返回【新建格式规则】对话框，此时即
可预览设置的效果，单击【确定】按钮。

此时选中的单元格区域就被设置成了棋盘
式底纹。

2.设置永恒的间隔底纹

Step 1 切换到"奇偶行不同底纹"工作表，切
换到【数据】选项卡，在【排序和筛选】组中单击
【筛选】按钮。

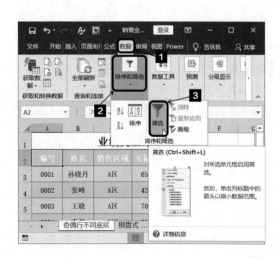

Step 2 单击"提成率"右侧的下拉按钮，从弹出的下拉列表中撤选【（全选）】复选框，再选中【5%】复选框，单击【确定】按钮。

Step 3 从筛选结果可以看到，原来设置的奇偶行不同的底纹格式被破坏了。用户要想使工作表拥有永久的奇偶行不同的底纹，需要进行如下操作。

Step 4 撤销筛选，选中单元格区域A2:F10，切换到【开始】选项卡，在【样式】组中，单击【条件格式】按钮，在弹出的下拉列表中选择【管理规则】选项。

Step 5 弹出【条件格式规则管理器】对话框，选中其中一个规则，然后单击【删除规则】按钮将其删除。

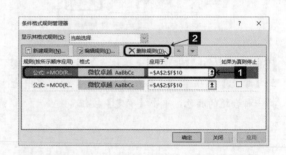

Step 6 按照同样的方法将另一个规则删除，然后单击【新建规则】按钮。

Step 7 弹出【新建格式规则】对话框，在【选择规则类型】列表框中选择【使用公式确定要设置格式的单元格】选项，然后在【为符合此公式的值设置格式】文本框中输入如下公式"=MOD(SUBTOTAL(3,A$2:A2),2)=0"，单击【格式】按钮。

Step 8 弹出【设置单元格格式】对话框,切换到【填充】选项卡,在【背景色】组合框中选择一种合适的颜色,然后单击【确定】按钮。

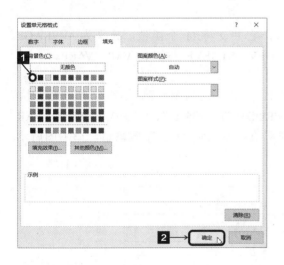

Step 9 返回【新建格式规则】对话框,即可在【预览】框中看到设置的底纹。

Step 10 按照相同的方法再新建一个规则,如图所示,然后单击【确定】按钮。

Step 11 返回【条件格式规则管理器】对话框,即可看到创建的两个规则,单击【确定】按钮,返回Excel工作表。

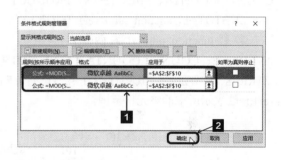

Step 12 再次对提成率为5%的选项进行筛选,此时即可看到筛选结果仍然以奇偶行不同的底纹进行显示。

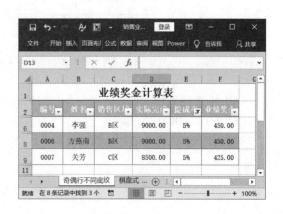

第 95 页 Step2 中的公式 MOD(ROW()+COLUMN(),2) 的解析如下。

（1）用 ROW 函数和 COLUMN 函数返回对应的行号和列号。

（2）用 MOD 函数取单元格所在的行号和列号之和对于 2 的余数，以区分每个单元格。

第 97 页 Step7 中的公式 MOD(SUBTOTAL(3,A\$2:A2),2)=0 的解析如下。

（1）用 SUBTOTAL 函数返回取值单元格范围的非空单元格数量。

公式中的 3 是引用的 COUNTA 函数，其中 A\$2:A2 只单独对列或者行进行变动。

（2）用 MOD 函数取对应取值范围中的非空单元格数量对于 2 的余数，以区分奇偶行。

MOD 函数用于返回两数相除的余数。

MOD(number,divisor)

参数 number 表示被除数；divisor 表示除数。

COLUMN 函数用于返回给定引用的列号。

COLUMN(reference)

参数 reference 为需要得到其列号的单元格或单元格区域。

SUBTOTAL 函数是 Excel 中的分类汇总函数，它共支持 11 个函数，分别为 AVERAGE、COUNT、COUNTA、MAX、MIN、PRODUCT、STDEV、STDEVP、SUM、VAR、VARP。

SUBTOTAL(function_num, ref1, [ref2], …)

参数 function_num 分为两组，一组为 1 到 11，另一组为 101 到 111，它们分别对应 AVERAGE、COUNT、COUNTA、MAX、MIN、PRODUCT、STDEV、STDEVP、SUM、VAR、VARP 这 11 个函数，其中序号 1 至 11 不忽略隐藏值，101 到 111 忽略隐藏值，如下图所示。ref1,ref2 表示所求的单元格范围。

包含隐藏值	不包含隐藏值	含义
1	101	AVERAGE（算术平均值）
2	102	COUNT（数值个数）
3	103	COUNTA（非空单元格数量）
4	104	MAX（最大值）
5	105	MIN（最小值）
6	106	PRODUCT（括号内所有数据的乘积）
7	107	STDEV（估算样本的标准偏差）
8	108	STDEVP（返回整个样本总体的标准偏差）
9	109	SUM（求和）
10	110	VAR（计算基于给定样本的方差）
11	111	VARP（计算基于整个样本总体的方差）

COUNTA 函数用于计算区域中非空的单元格的个数。

COUNTA(value1, [value2], …)

参数 value1 代表要进行计数的值和单元格，值可以是任意类型的信息。

014 异常数值提醒

本实例原始文件和最终效果所在位置如下。

	原始文件	第6章\销量记录表.xlsx
	最终效果	第6章\销量记录表.xlsx

扫码看视频

在一些 Excel 表中，如果需要标记一些异常数据，例如超过一定标准的数据和低于一定标准的数据，可以使用 Excel 的条件格式功能。

Step 1 打开本实例的原始文件，按【Ctrl】键的同时依次选中单元格区域B4:B13、D4:D13和F4:F11，切换到【开始】选项卡，单击【样式】组中的【条件格式】按钮，从弹出的下拉列表中选择【突出显示单元格规则】➤【其他规则】选项。

Step 2 弹出【新建格式规则】对话框，将【只为满足以下条件的单元格设置格式】的各选项设置为"单元格值""未介于""10"到"40"，然后单击【预览】组合框右侧的【格式】按钮。

Step 3 弹出【设置单元格格式】对话框，切换到【字体】选项卡，在【字形】列表框中选择【倾斜】选项，然后在【颜色】下拉列表框中选择【红色】选项。

Step 4 切换到【填充】选项卡，单击【背景色】组合框中的【浅绿】选项，单击【确定】按钮。

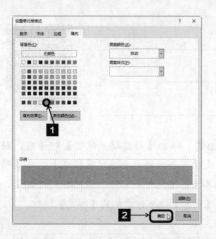

Step 5 返回【新建格式规则】对话框，单击【确定】按钮，返回Excel工作表，即可看到最终效果。

销量记录表

产品名称：	千红葡萄酒				
日期	销量	日期	销量	日期	销量
2017/2/1	15	2017/2/11		2017/2/21	45
2017/2/2	23	2017/2/12	22	2017/2/22	16
2017/2/3		2017/2/13	14	2017/2/23	22
2017/2/4	10	2017/2/14	12	2017/2/24	23
2017/2/5	35	2017/2/15	25	2017/2/25	47
2017/2/6	28	2017/2/16	39	2017/2/26	15
2017/2/7	32	2017/2/17		2017/2/27	13
2017/2/8	22	2017/2/18	35	2017/2/28	24
2017/2/9	15	2017/2/19	15		
2017/2/10	40	2017/2/20	26		

015 凸显双休日

		本实例原始文件和最终效果所在位置如下。	
	原始文件	第6章\销量记录表1.xlsx	
	最终效果	第6章\销量记录表1.xlsx	

扫码看视频

在以日期为顺序或标准来记录数据的工作表中，如果希望将双休日单独标记出来，可以通过在条件格式中使用公式的方法来实现，具体的操作步骤如下。

销量记录表

产品名称：	千红葡萄酒				
日期	销量	日期	销量	日期	销量
2017/2/1	15	2017/2/11	9	2017/2/21	45
2017/2/2	23	2017/2/12	22	2017/2/22	16
2017/2/3	9	2017/2/13	14	2017/2/23	22
2017/2/4	10	2017/2/14	12	2017/2/24	23
2017/2/5	35	2017/2/15	25	2017/2/25	47
2017/2/6	28	2017/2/16	39	2017/2/26	15
2017/2/7	32	2017/2/17	35	2017/2/27	13
2017/2/8	22	2017/2/18	35	2017/2/28	24
2017/2/9	15	2017/2/19	15		
2017/2/10	40	2017/2/20	26		

Step 1 打开本实例的原始文件，选中单元格区域A4:A13，切换到【开始】选项卡，单击【样式】组中的【条件格式】按钮，从弹出的下拉列表中选择【新建规则】选项。

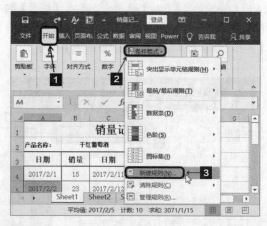

Step 2 弹出【新建格式规则】对话框，在【选择规则类型】列表框中选择【使用公式确定要设置格式的单元格】选项，在【编辑规则说明】组合框中的【为符合此公式的值设置格式】文本框中输入公式"=WEEKDAY(A4,2)>5"，然后单击【格式】按钮。

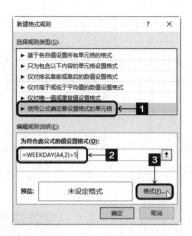

Step 3 弹出【设置单元格格式】对话框,切换到【字体】选项卡,在【字形】列表框中选择【加粗倾斜】选项,单击【确定】按钮。

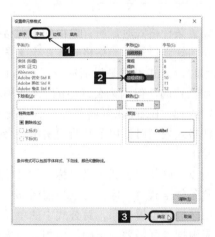

Step 4 返回【新建格式规则】对话框,单击【确定】按钮,返回Excel工作表,即可看到双休日已经突出显示。

销量记录表

产品名称:		干红葡萄酒			
日期	销量	日期	销量	日期	销量
2017/2/1	15	2017/2/11	9	2017/2/21	45
2017/2/2	23	2017/2/12	22	2017/2/22	16
2017/2/3	9	2017/2/13	14	2017/2/23	22
2017/2/4	10	2017/2/14	12	2017/2/24	23
2017/2/5	35	2017/2/15	25	2017/2/25	47
2017/2/6	28	2017/2/16	39	2017/2/26	15
2017/2/7	32	2017/2/17	55	2017/2/27	13
2017/2/8	22	2017/2/18	35	2017/2/28	24
2017/2/9	15	2017/2/19	15		
2017/2/10	40	2017/2/20	26		

Step 5 按照同样方法分别设置单元格区域C4:C13和E4:E11的条件格式,其中公式如下,可以看到所有日期为周六和周日的日期值都会以"粗体倾斜"格式表示。

C4:C13 =WEEKDAY(C4,2)>5

E4:E11 =WEEKDAY(E4,2)>5

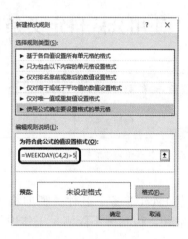

销量记录表

产品名称:		干红葡萄酒			
日期	销量	日期	销量	日期	销量
2017/2/1	15	*2017/2/11*	9	2017/2/21	45
2017/2/2	23	*2017/2/12*	22	2017/2/22	16
2017/2/3	9	2017/2/13	14	2017/2/23	22
2017/2/4	10	2017/2/14	12	2017/2/24	23
2017/2/5	35	2017/2/15	25	*2017/2/25*	47
2017/2/6	28	2017/2/16	39	*2017/2/26*	15
2017/2/7	32	2017/2/17	55	2017/2/27	13
2017/2/8	22	*2017/2/18*	35	2017/2/28	24
2017/2/9	15	*2017/2/19*	15		
2017/2/10	40	2017/2/20	26		

WEEKDAY 函数用于返回代表一个周中第几天的数值，是一个 1~7 的整数。

WEEKDAY(serial_number,return_type)

参数 serial_number 是要返回日期数的日期；return_type 为确定返回值类型的数字，若为数字 1 或省略则 1 至 7 代表星期天到星期六，若为数字 2 则 1 至 7 代表星期一到星期天，若为数字 3 则 0 至 6 代表星期一到星期日。

016　使用公式自定义条件格式规则

本实例原始文件和最终效果所在位置如下。

原始文件	第6章\销量记录表2.xlsx
最终效果	无

扫码看视频

尽管 Excel 准备了多种类型的格式规则供我们使用，但这并不能满足工作中的各种需求。

为了尽量满足更多人的要求，让条件格式的应用更灵活，使用范围更广，Excel 允许用户使用一个返回结果是逻辑值 TRUE 或 FALSE 的公式来充当条件格式规则，如果公式返回结果为 TRUE，则将单元格设置为指定的格式，否则不做任何设置。

如图所示，用户要将当月的双休日标注出来，这时就需要使用公式定义条件格式规则。

设置条件格式时，所有选中的单元格都会按相同的规则设置单元格格式。在定义条件格式规则时，公式虽然是以活动单元格 A4 为对象进行设置的，但因为公式中的 A4 使用相对引用，因此，Excel 在判断其他单元格是否满足条件格式规则时，用于判断的引用也会随之发生变化。

所以，同使用公式定义名称一样，使用公式设置条件格式时，应当注意当前活动单元格与引用区域的位置关系，对公式中的单元格地址，应根据实际需要，正确使用相对引用、混合引用和绝对引用样式。

销量记录表

产品名称：	干红葡萄酒				
日期	销量	日期	销量	日期	销量
2017/2/1	15	2017/2/11	9	2017/2/21	45
2017/2/2	23	2017/2/12	22	2017/2/22	16
2017/2/3	9	2017/2/13	14	2017/2/23	22
2017/2/4	10	2017/2/14	12	2017/2/24	23
2017/2/5	35	2017/2/15	25	2017/2/25	47
2017/2/6	28	2017/2/16	39	2017/2/26	15
2017/2/7	32	2017/2/17	55	2017/2/27	13
2017/2/8	22	2017/2/18	35	2017/2/28	24
2017/2/9	15	2017/2/19	15		
2017/2/10	40	2017/2/20	26		

第 7 章

数据筛选

筛选就是将数据清单中符合条件的数据快速查找并显示出来。筛选的功能比较单一，它只是将不必要的数据暂时隐藏起来，并不会删除不能显示的数据。

教学资源

关于本章的知识，本书配套教学资源中有相关的教学视频，路径为【本书视频\第7章】。

001　快速进入筛选

本实例原始文件和最终效果所在位置如下。		
	原始文件	第7章\筛选状态表.xlsx
	最终效果	无

　　筛选是 Excel 的一个重要功能，用户可由 Excel 的筛选功能快速找出所需单元格，这能大大减少寻找特定数据的时间，还能给用户带来很大的便利，一般有两种方法可以快速进入筛选。

1. 鼠标法快速进入筛选

Step 1　打开本实例的原始文件，本例以筛选出工资为4 000元的员工为例，选中G4单元格，单击鼠标右键，在弹出的快捷菜单中选择【筛选】选项，在下一级菜单中选择【按所选单元格的值筛选】菜单项。

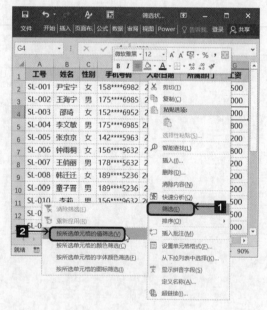

Step 2　此时，即可得到筛选出的结果，而且所有数据都进入筛选状态，根据所得结果还可以进行二次筛选。

2. 菜单项进入筛选状态

Step 1　打开本实例的原始文件，选中任意数据区域内的单元格（以选中单元格A3为例），切换到【数据】选项卡，单击【排序和筛选】组中的【筛选】按钮，数据区域进入筛选状态。

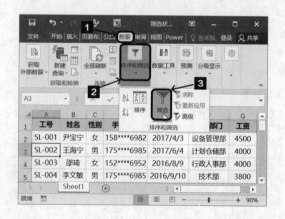

Step 2 此时，每一列首项右边会出现一个下拉按钮，单击下拉按钮，可根据实际情况在下拉菜单中进行选择需要筛选的项。

Step 3 快速取消筛选状态，只需要再次单击【筛选】按钮，即可完成操作。

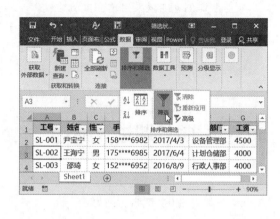

002　按颜色进行筛选

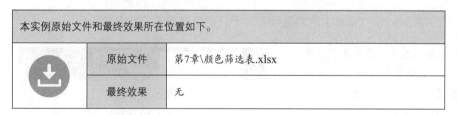

本实例原始文件和最终效果所在位置如下。	
原始文件	第7章\颜色筛选表.xlsx
最终效果	无

扫码看视频

　　为了使单元格或字体清晰明了，用户可以填充一些颜色，下面以筛选单元格颜色为例，介绍如何进行筛选。

Step 1 打开本实例的原始文件，首先使表格进入筛选状态，选中数据区域G列单元格，切换到【数据】选项卡，单击【排序和筛选】组中的【筛选】按钮，此时数据区域进入筛选状态。

Step 2 进入筛选状态后，单击第G列首项右侧的下拉按钮，在下拉列表中选择【按颜色筛选】选项，可根据实际情况在菜单中选择需要在Excel表格显示的单元格颜色。

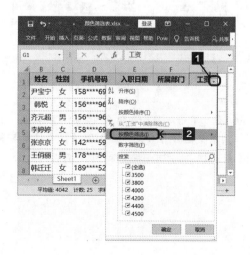

📍**提示**

　　本实例也可以采用单击鼠标右键，在弹出的快捷菜单中选择【筛选】选项，在其级联菜单中选择【按所选单元格的颜色筛选】菜单项，快速完成对颜色的筛选。
　　此处按照字体颜色的筛选方法与此示例的筛选方法类似。

003　按照日期进行筛选

本实例原始文件和最终效果所在位置如下。	
原始文件	第7章\日期筛选表.xlsx
最终效果	无

扫码看视频

　　日期也是Excel中的常用格式，Excel中的筛选状态对于日期型字段有它特有的选项。

Step 1　打开本实例的原始文件，首先使表格进入筛选状态，选中数据区域任意单元格，切换到【数据】选项卡，单击【排序和筛选】组中的【筛选】按钮，数据区域进入筛选状态。

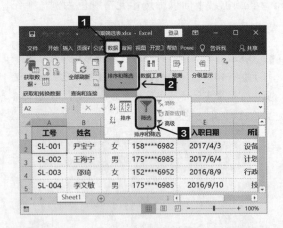

Step 2　单击入职日期列首项右侧下拉按钮，在下拉列表中选择【日期筛选】选项，在【日期筛选】列表中，用户可根据实际情况进行筛选。

Step 3　若想使日期筛选更简便，则可以关闭【使用"自动筛选"菜单分组日期】，单击【文件】按钮，在弹出的对话框中单击【选项】按钮。

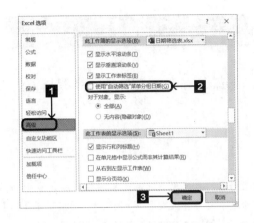

的显示选项】组中取消选中【使用"自动筛选"菜单分组日期】复选框，再单击【确定】按钮，操作完成。

Step 4 弹出【Excel选项】对话框，在【Excel选项】对话框中选择【高级】选项，在【此工作簿

004 筛选带有合并单元格的数据

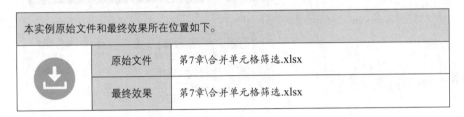

	本实例原始文件和最终效果所在位置如下。	
	原始文件	第7章\合并单元格筛选.xlsx
	最终效果	第7章\合并单元格筛选.xlsx

扫码看视频

　　Excel 中合并单元格是非常常见的操作，而这个操作也会对数据筛选产生影响，应该如何避免合并单元格对数据筛选产生影响呢，下面将会介绍这种技巧。

Step 1 打开本实例的原始文件，选中数据区域的任意单元格，切换到【数据】选项卡，单击【排序和筛选】组中的【筛选】按钮。

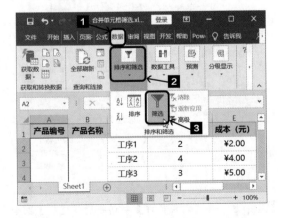

Step 2 单击"产品名称"右侧的下拉按钮，在其下拉列表中选中【产品丙】复选框，单击【确定】按钮。

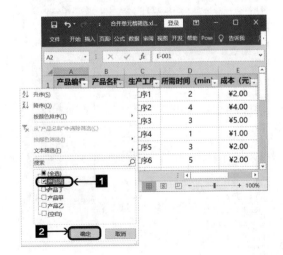

Step 3 筛选完成后，筛选结果如下图所示，本来应该能得到三行的筛选结果，但是却只得到了一行的筛选结果，说明合并单元格对于筛选有影响。

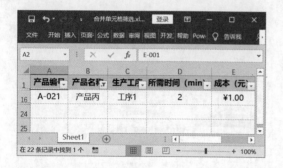

Step 4 再次单击【筛选】按钮，取消表中的筛选状态，选中单元格区域A2:B23，切换到【开始】选项卡，单击【剪贴板】组的【格式刷】按钮。

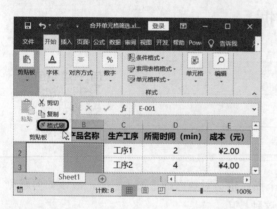

Step 5 选中单元格G2，此时单元格区域A1:B23的格式复制到单元格区域G2:H23。

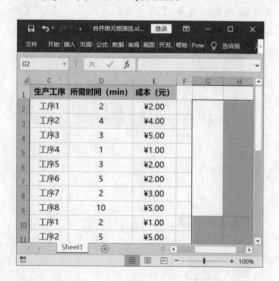

Step 6 选中单元格区域A2:B13，切换到【开始】选项卡，单击【对齐方式】组中【合并后居中】按钮，此时单元格区域A2:B23中出现大量空白单元格，正是这些空白单元格导致筛选出现的错误。

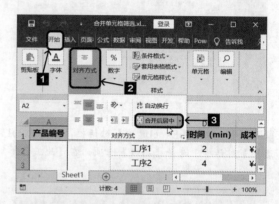

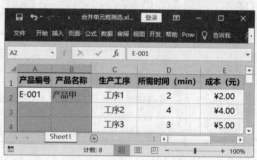

Step 7 单击【编辑】组中的【查找和选择】按钮，在弹出的拉列表中选择【定位条件】选项。

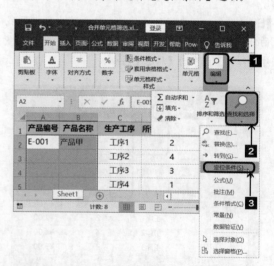

Step 8 在【定位条件】对话框的【选择】组合框中选中【空值】单选钮，单击【确定】按钮。

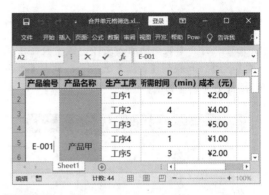

Step 9 保持Step8完成后的状态，在单元格的编辑栏中输入公式"=A2"，按【Ctrl】+【Enter】组合键。

Step 11 选中单元格A1，切换到【数据】选项卡，单击【排序和筛选】组中的【筛选】按钮。

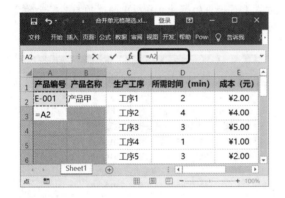

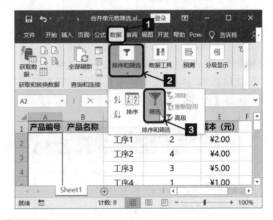

Step 10 选中单元格区域G2:H23，单击【剪贴板】组中的【格式刷】按钮，选中A2单元格，单元格区域G2:H23的格式可以复制到单元格区域A2:B23。

Step 12 单击B1单元格右侧的下拉按钮，在弹出的下拉列表选中【产品丙】复选框，单击【确定】按钮，即可得到正确的筛选结果。

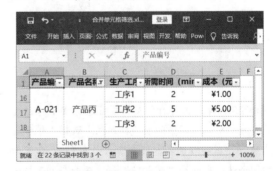

005 自定义筛选

	本实例原始文件和最终效果所在位置如下。	
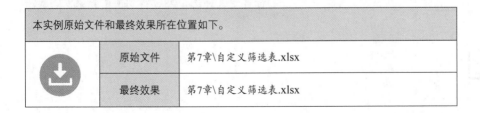	原始文件	第7章\自定义筛选表.xlsx
	最终效果	第7章\自定义筛选表.xlsx

扫码看视频

在实际工作中需要的数据是满足多个条件，此时，就可以使用自定义筛选功能。

Step 1 打开本实例的原始文件，选中数据区域任意单元格，切换到【数据】选项卡，单击【排序和筛选】组中的【筛选】按钮。

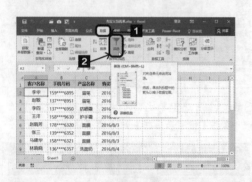

Step 2 单击A1单元格右侧的下拉按钮，在弹出的下拉列表中选择【文本筛选】选项，在其级联菜单中选择【自定义筛选】菜单项。

Step 3 在弹出【自定义自动筛选方式】对话框的客户名称组合框第一个下拉列表中选择"等于"选项，并在其右侧文本框中输入"李*"，在下面的两个选项中选择"或"单选钮，在第二个下拉列表中"等于"选项，然后在其右侧的文本框中输入"*华"。

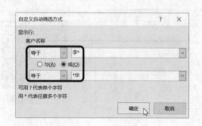

Step 4 单击【确定】按钮，返回Excel工作表，得到第一次的筛选结果。

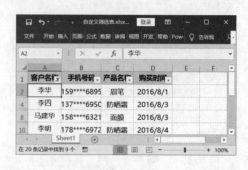

Step 5 重复Step2~Step4，即可使用同样的方法对B、C、D列进行筛选，注意"手机号码中包含63"即在文本框中输入"*63*"，单击【确定】按钮，即可得到需要的筛选结果，【自定义自动筛选方式】对话框的条件选择框中的选项与其字面的意义是一致的。

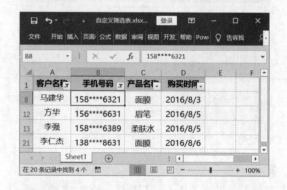

提示

　　有时候进行自定义筛选时，可能两列甚至多列的内容进行组合，才能得到最优结果，此时便要借助"辅助列"对表格进行自定义筛选，添加"辅助列"的方法是：选择一个空白列，把需要合并在一起的列合并在所选空白列中，再对"辅助列"进行自定义筛选，即可得到所需结果。

006 筛选结果重新编号

本实例原始文件和最终效果所在位置如下。		
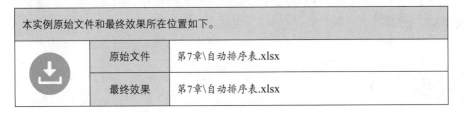	原始文件	第7章\自动排序表.xlsx
	最终效果	第7章\自动排序表.xlsx

扫码看视频

用户对数据进行筛选处理后，可能会需要对筛选后的表格进行排序工作，而只是一般的排序在筛选前后可能会发生很大的变化，导致序号有误，下面这个实例将介绍如何对筛选表格进行排序。

Step 1 打开本实例的原始文件，选中数据区域任意单元格，切换到【数据】选项卡，单击【排序和筛选】组中的【筛选】按钮。

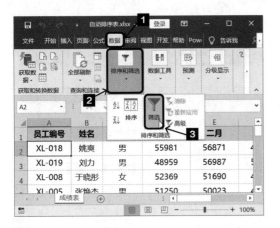

Step 2 选中 H 2 单元格（本书以第一季度销售总额排名为例，研究公司内男女员工的销售能力的差距），在其编辑栏中输入"=SUBTOTAL(3,C\$2:C2)"公式，然后把公式下拉拖曳至"H22"单元格（使用此公式时，要把公式内容比其数据多拉一行，否则此公式会导致筛选出现问题）。

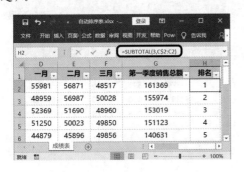

Step 3 单击C1单元格右侧的下拉按钮，取消勾选【男】复选框。

Step 4 单击【确定】按钮，即可得筛选结果。

公式中的"3"（其实可以是"103"）是引用的 COUNTA 函数来统计非空单元格的数据，所以后面的区域只能选择整个数据区域，不能选择标题行。

而后面的"C\$2:C2"是指选中的单元格，本书中是选中 C2 单元格。

007　数字筛选的高招

	原始文件	第7章\筛选高于平均值表.xlsx
本实例原始文件和最终效果所在位置如下。		
	最终效果	无

扫码看视频

Excel 筛选功能中的【数字筛选】能给用户带来极大的便利，此实例主要介绍它的【高于平均值】功能有何作用，其他功能用法与此相似。

Step 1　打开本实例的原始文件，选中数据区域中的任意单元格，切换到【数据】选项卡，单击【排序和筛选】组中的【筛选】按钮，进入筛选状态。

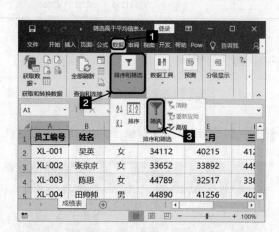

Step 2　单击G1单元格右侧的下拉按钮，在弹出的下拉列表中选择【数字筛选】选项，在其级联菜单中选择【高于平均值】选项。

Step 3　此时，即可在工作表中得到筛选的结果。

008　简化重复筛选工作

本实例原始文件和最终效果所在位置如下。

	原始文件	第7章\自动排序表.xlsx
	最终效果	第7章\自动排序表1.xlsx

扫码看视频

用户在处理 Excel 表格时，往往可能要求筛选多个种类的数据，然后在数据之间进行比较，使用【视图管理器】可以简化多次重复的筛选工作。

Step 1　打开本实例的原始文件，选中数据区域任意单元格，切换到【数据】选项卡，单击【排序和筛选】组中的【筛选】按钮，进入筛选状态。

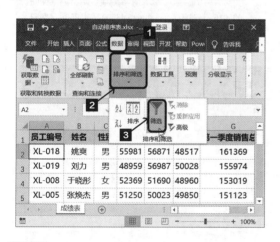

Step 2　单击C1单元格右侧的下拉按钮，取消勾选【男】复选框，单击【确定】按钮。

Step 3　切换到【视图】选项卡，单击【工作簿视图】中的【自定义视图】按钮。

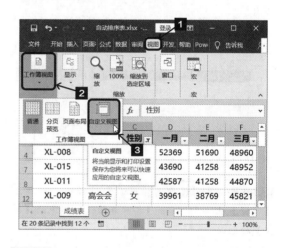

Step 4　弹出【视图管理器】对话框，单击【添加】按钮。

Step 5 弹出【添加视图】对话框，在【名称】文本框中输入"女"，单击【确定】按钮，完成保存。

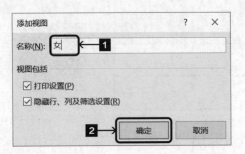

Step 6 切换到【视图】选项卡，在【工作簿视图】组中单击【自定义视图】按钮，在【视图管理器】对话框的【视图】列表框中增加了"女"选项。

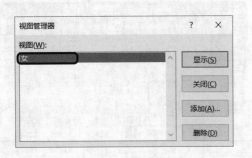

Step 7 关闭【视图管理器】对话框，切换到【数据】选项卡，单击【排序和筛选】组中的【筛选】按钮。

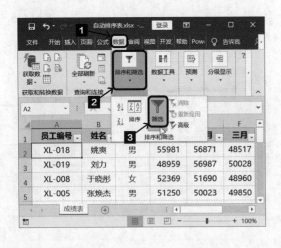

Step 8 切换到【视图】选项卡，单击【工作簿视图】组中的【自定义视图】按钮，在弹出的【视图管理器】对话框的【视图】列表框中选中"女"选项，单击【显示】按钮，即可发现Excel快速完成了筛选工作。

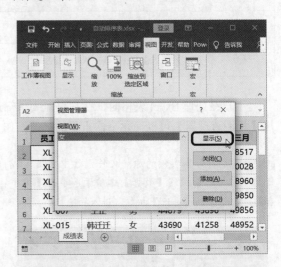

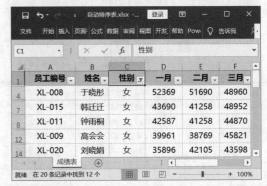

> **注意**
>
> 　　这种自定义视图的方法只适用于Excel 2010版以上的版本（包括2010版），并且当工作表处于保护状态时，这种方法也不能使用。

009 高级筛选

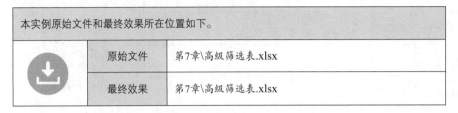

	原始文件	第7章\高级筛选表.xlsx
	最终效果	第7章\高级筛选表.xlsx

扫码看视频

相对于普通的筛选功能，高级筛选功能可以按照用户的意愿设置更多、更复杂的筛选条件，而且它还可以把筛选出的内容复制到表格的其他位置，从而保证了原始数据表的完整。

Step 1 打开本实例的原始文件，在表格数据区域以外的地方建立"条件区域"（本例以月工资大于3200为筛选条件），在B1和B2单元格分别输入"月工资"和">3200"。

Step 2 切换到【数据】选项卡，单击【排序和筛选】组中的【高级】按钮。

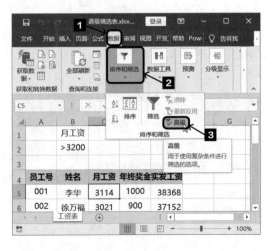

Step 3 弹出【高级筛选】对话框，在【列表区域】右侧的文本框中输入"$A$4:$E$19"，在【条件区域】右侧的文本框中输入"工资表!$B$1:$B$2"（也可以先将光标定位到文本框中，再用鼠标选中所需单元格区域）。

Step 4 单击【确定】按钮，高级筛选操作完成，如下图所示。

010　筛选符合多条件的多项数据

	本实例原始文件和最终效果所在位置如下。	
	原始文件	第7章\多对多查询表.xlsx
	最终效果	第7章\多对多查询表.xlsx

扫码看视频

在 Excel 中除了可以针对某个标题字段进行筛选外，还可以使用高级筛选功能查找符合多个条件的数据记录。使用高级筛选功能，可快速选择同时满足多个条件或仅满足多个条件中的一个条件的数据。

Step 1 打开本实例的原始文件，首先需要建立多对多查询的"条件表格"，用户可根据查询信息，建立条件表格，下面以查询指定员工的月工资与年终奖金为例，在单元格区域A18:E22建立下图所示的表格。

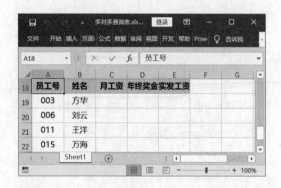

Step 2 切换到【数据】选项卡，单击【排序和筛选】组中的【高级】按钮。

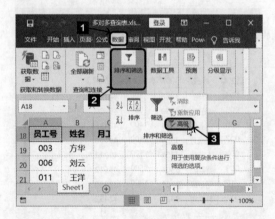

Step 3 弹出【高级筛选】对话框，在【高级筛选】对话框中选中【将筛选结果复制到其他位置】单选钮，在【列表区域】右侧的文本框中输入"$A$1:$E$16"，在【条件区域】右侧的文本框中输入"$A$18:$B$22"，然后在【复制到】右侧的文本框中输入"$C$18:$E$22"（或者先将光标定位到文本框中，再用鼠标选中相应的单元格区域）。

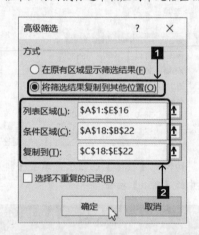

Step 4 单击【确定】按钮，即可得到筛选结果。

011 减少筛选结果中的字段数据

本实例原始文件和最终效果所在位置如下。		
	原始文件	第7章\减少筛选结果内容表.xlsx
	最终效果	第7章\减少筛选结果内容表.xlsx

扫码看视频

用户在使用高级筛选时，为了使筛选出的表格比较简洁，此时我们便可以减少筛选结果中的数据内容。

Step 1 打开本实例的原始文件，在G4:I4区域内输入"员工号""姓名"和"实发工资"3个字段标题。

Step 2 切换到【数据】选项卡，单击【排序和筛选】组中的【高级】按钮。

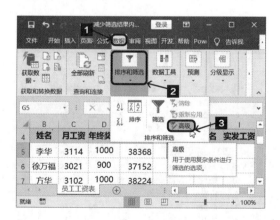

Step 3 弹出【高级筛选】对话框，在【高级筛选】对话框中选中【将筛选结果复制到其他位置】单选钮，在【列表区域】右侧的文本框中输入"$A$4:$E$19"，在【条件区域】右侧的文本框中输入"$B$1:$B$2"，然后在【复制到】右侧的文本框中输入"$G$4:$I$19"（或者先将光标定位到文本框中，再用鼠标选中相应的单元格区域）。

Step 4 单击【确定】按钮，即可得到减少字段后的筛选表格。

012　筛选不重复的值

本实例原始文件和最终效果所在位置如下。

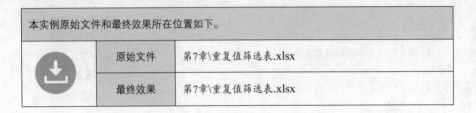	原始文件	第7章\重复值筛选表.xlsx
	最终效果	第7章\重复值筛选表.xlsx

扫码看视频

　　数据表格中的重复值对数据处理有很大的影响，用户在遇到重复值问题时，如果表格的数据量较少，用户可以逐一手动删除，但是如果数据量较多，使用"删除重复值"方法操作得到的表格需要重新排序，而使用高级筛选功能可以得到一个新的表格且无须排序。

Step 1　打开本实例的原始文件，选中数据区域中的任意一个单元格，切换到【数据】选项卡，单击【排序和筛选】组中的【高级】按钮。

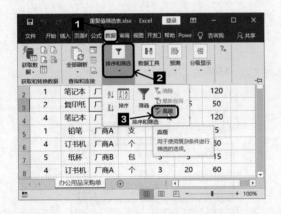

Step 2　在【高级筛选】对话框中选中【将筛选结果复制到其他位置】单选钮，在【列表区域】右侧的文本框中输入"$A$1:$G$21"（先输入"A1:G21"，然后选中"A1:G21"，按【F4】键即可得到"$A$1:$G$21"），注意此次筛选无条件区域，在【复制到】右侧的文本框中输入"办公用品采购单!$A$23"，选中【选择不重复记录】复选框。

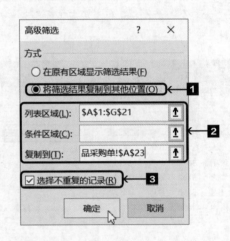

Step 3　单击【确定】按钮，即可看到新表中无重复值。

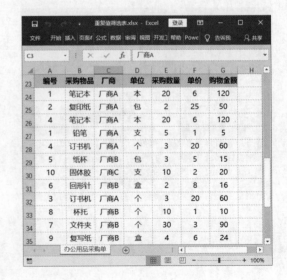

013 高级筛选中的"与"和"或"

本实例原始文件和最终效果所在位置如下。

	原始文件	第7章\与或筛选表.xlsx
	最终效果	无

扫码看视频

Excel 的高级筛选功能可以对多个条件进行筛选，筛选条件之间的关系一般有"与"和"或"两种，通过使用这两种关系，用户可以准确地选出所需数据。

1. 高级筛选中的"与"

"与"是指筛选出的数据必须同时满足两个条件，条件与条件之间是并列关系。比如"月工资大于 3 400 元且年终奖金大于 1 400 元的员工"，它要求筛选出的数据必须是工资大于 34 00 元的员工，而且他们的奖金同时也要大于 14 00 元。

Step 1 打开本实例的原始文件，建立高级筛选的条件区域，本例以"月工资大于3400且年终奖金大于1400的员工"为筛选条件，在H1、H2、I1、I3单元格中依次输入"月工资" ">3400" "年终奖金" ">1400"。

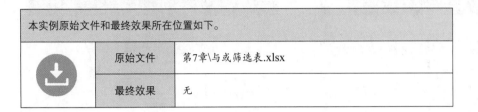

Step 2 切换到【数据】选项卡，单击【排序和筛选】组中的【高级】按钮。

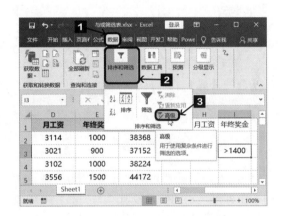

Step 3 弹出【高级筛选】对话框，选中【在原有区域显示筛选结果】单选钮，在【列表区域】右侧的文本框中输入"Sheet1！$A$1:$F$41"，在【条件区域】右侧的文本框中输入"Sheet1！$H$1:$I$3"（这些区域可以使用鼠标选择）。

Step 4 单击【确定】按钮，返回工作表，即可得到筛选结果。

> **注意**
>
> 条件区域的多个字段之间允许存在空单元格，但是在【高级筛选】页面中的【条件区域】文本框中的单元格区域必须是连续的区域。

2. 高级筛选中的"或"

"或"是指筛选出的数据满足两个条件中的一个即可，它的要求没有"与"高。例如要求是月工资大于 3 400 元或者奖金大于 1 600 元的员工，那么数据只要符合两个条件中的一个就可被筛选出来。

Step 1 打开本实例的原始文件，建立高级筛选的条件区域，本例以"月工资大于3400或者奖金大于1600的员工"为筛选条件，在H1、H2、I1、I3单元格中依次输入"月工资""＞3400""年终奖金""＞1600"。

Step 2 切换到【数据】选项卡，单击【排序和筛选】组中的【高级】按钮。

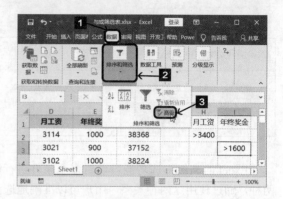

Step 3 弹出【高级筛选】对话框，在【高级筛选】对话框中选中【在原有区域显示筛选结果】单选钮，在【列表区域】右侧的文本框中输入"Sheet1！$A$1:$F$41"，在【条件区域】右侧的文本框中输入"Sheet1！$H$1:$I$3"（这些区域可以使用鼠标选择）。

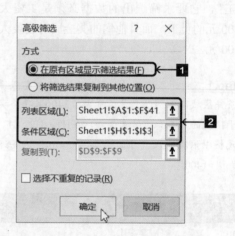

Step 4 单击【确定】按钮，返回工作表，即可得到筛选结果。

3. 两种关系共存的高级筛选

当两种关系同时存在时，Excel 便可以进行比较复杂的高级筛选，筛选的结果也能更加符合用户所需。

Step 1 打开本实例的原始文件，建立高级筛选的条件区域，本例以"月工资大于3400且年终奖金大于1400的员工，或者实发工资大于39000的员工"为筛选条件，在H1、H2、I1、I2、J1、J3单元格中依次输入"月工资"">3400""年终奖金"">1400""实发工资"">39000"。

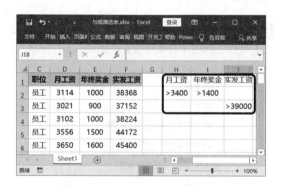

Step 2 切换到【数据】选项卡，单击【排序和筛选】组中的【高级】按钮。

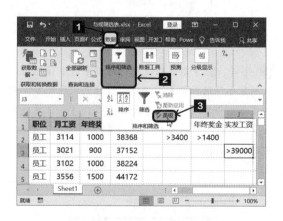

Step 3 弹出【高级筛选】对话框，在【高级筛选】对话框中选中【在原有区域显示筛选结果】单选钮，在【列表区域】右侧的文本框中输入"Sheet1！$A$1:$F$41"，在【条件区域】右侧的文本框中输入"Sheet1！$H$1:$J$3"（这些区域可以使用鼠标选择）。

Step 4 单击【确定】按钮，返回工作表，即可得到筛选结果。

014 筛选空或者非空单元格

本实例原始文件和最终效果所在位置如下。

原始文件	第7章\空单元格筛选表.xlsx
最终效果	无

扫码看视频

用户在记录完数据后，可能表格中的有些单元格不含任何数据，处理数据时可能需要挑选出空或者非空的数据，本技巧将介绍如何筛选空单元格或者非空单元格。

Step 1 下面以筛选空单元格为例，打开本实例的原始文件，建立高级筛选的条件区域。注意条件区域的空单元格并不代表筛选空值，而代表不进行筛选，要想筛选空值，应在条件区域中输入"="（若想筛选非空单元格，在条件区域中输入"<>"），条件区域建立后的效果如下图所示。

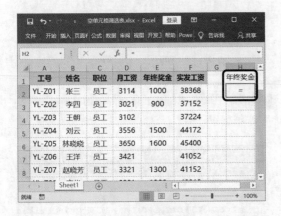

Step 2 切换到【数据】选项卡，单击【排序和筛选】组中的【高级】按钮，弹出【Microsoft Excel】对话框。此处Excel弹出提示对话框是由于Excel无法确定当前列表或选定区域的哪一行包含列标签。

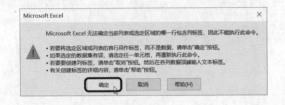

Step 3 在【Microsoft Excel】对话框中单击【确定】按钮，弹出【高级筛选】对话框。

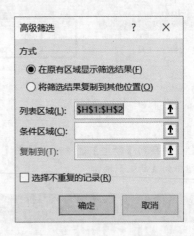

Step 4 在【高级筛选】对话框中选中【在原有区域显示筛选结果】单选钮，在【列表区域】右侧的文本框中输入"$A$1:$F$41"，在【条件区域】右侧的文本框中输入"$H$1:$H$2"（这些区域可以使用鼠标选择）。

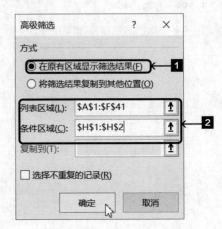

Step 5 单击【确定】按钮，返回工作表，即可得到筛选结果。

015 精确筛选数据

	本实例原始文件和最终效果所在位置如下。	
	原始文件	第7章\精确筛选表.xlsx
	最终效果	第7章\精确筛选表.xlsx

扫码看视频

在一个具有类似数据的表格中，如果用户想精确筛选出特定的数据可以借助通配符，方法如下。

Step 1 打开本实例的原始文件，在A1、A2单元格中分别输入"工号""A1000-1"，选中数据区域中的任意一个单元格，切换到【数据】选项卡，单击【排序和筛选】组中的【高级】按钮，弹出【高级筛选】对话框。

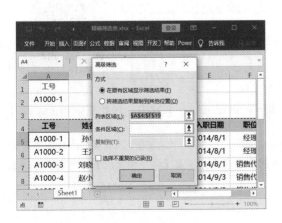

Step 2 在【条件区域】右侧的文本框中输入"$A$1:$A$2"（或者用鼠标框选A1:A2单元格区域），单击【确定】按钮，返回工作表。

Step 3 此时可以发现在得到的筛选结果中并不是只把工号为A1000-1的员工筛选出来，而是把包含A1000-1字段的单元格全部筛选出来。如果想筛选后的结果只有工号为A1000-1员工，需要在筛选条件中使用通配符。把A2单元格的内容更改为"="=A1000-1""。

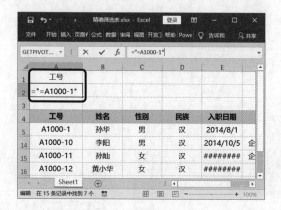

Step 4 选中数据区域中的任意一个单元格，切换到【数据】选项卡，单击【排序和筛选】组中的【高级】按钮，弹出【高级筛选】对话框，因为前面已经设置好列表区域和条件区域了，所以此处不需要做任何改变。

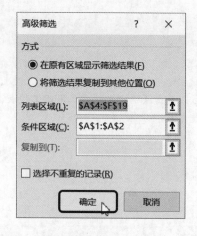

Step 5 单击【确定】按钮，返回工作表，即可在工作表中得到筛选后的结果。

016 保存筛选结果到新的工作表上

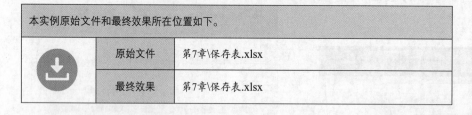

	原始文件	第7章\保存表.xlsx
本实例原始文件和最终效果所在位置如下。	最终效果	第7章\保存表.xlsx

扫码看视频

用户可以把筛选后的结果复制到一个新的工作表中，以便进行多表分析，操作步骤如下。

Step 1 打开本实例的原始文件，在G1、G2单元格中分别输入"工资"">4000"，切换到工作表"复制后的表"选中数据区域中的任意一个单元格，切换到【数据】选项卡，单击【排序和筛选】组中的【高级】按钮。

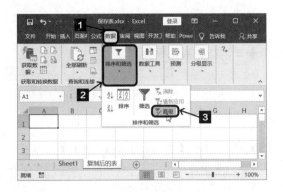

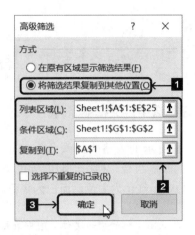

Step 2　弹出【高级筛选】对话框，选中【将筛选结果复制到其他位置】单选钮，在【列表区域】右侧的文本框中输入"Sheet1！$A$1:$E$25"，在【条件区域】右侧的文本框中输入"Sheet1！$G$1:$G$2"，然后在【复制到】右侧的文本框中输入"$A$1"（或者使用鼠标选中），单击【确定】按钮。

Step 3　返回工作表，可以看到筛选结果复制到"复制后的表"中。

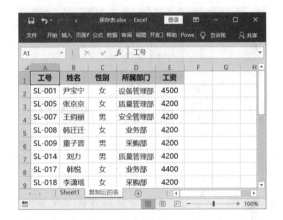

017　模糊筛选

 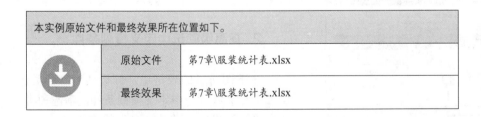

　　用于筛选数据的条件，有时并不能明确指定某项内容，只能指定某一类的内容，例如姓李的员工、产品编号中第 3 个字符是 B 的产品，等等。在这种情况下，可以借助通配符进行筛选。

　　Excel 的通配符有 * 和？（星号和问号）。

　　" * "代表 0 到任意多个连续字符，"？"代表一个（且仅有一个）字符。

注意

> 通配符仅能用于文本型数据的筛选，而对数值和日期型数据无效。

1. 在筛选中定义模糊条件

在下图所示的表格中，颜色字段记录了每种服装的颜色组合，列在前面的颜色是主色调，如红白表示红色为主色，而白为辐色。

Step 1　打开本实例的原始文件，选中表格中的任意一个单元格，如A1单元格。切换到【数据】选项卡，在【排序和筛选】组中单击【筛选】按钮。

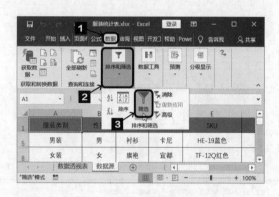

Step 2　单击【品牌】字段标题的下拉箭头，在展开的下拉菜单中依次单击【文本筛选】➤【自定义筛选】项。

Step 3　弹出【自定义自动筛选方式】对话框，选择条件类型为"等于"，并在条件内容框中输入"百*"，单击【确定】按钮。

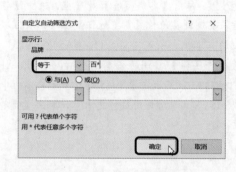

Step 4　设置完毕，返回工作表，Excel的筛选结果如图所示。

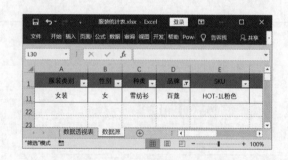

2. 在高级筛选中定义模糊条件

在下图所示的表格中，假设要对"种类、SKU"在高级筛选中定义模糊条件，筛选种类含有"衫"和SKU含有"黑"的产品。

Step 1　打开本实例的原始文件，在单元格区域A23:B24中分别输入以下内容。

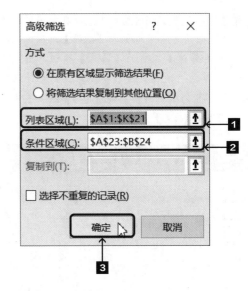

Step 2 选中表格中的任意一个单元格，如A1单元格。切换到【数据】选项卡，在【排序和筛选】组中单击【高级】按钮。

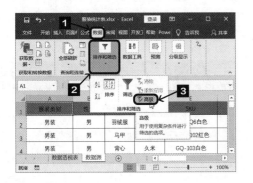

设置完毕后，即可看到表格中的查找结果。

Step 3 弹出【高级筛选】对话框，将光标定位到【列表区域】文本框内，将原有内容修改为"$A$1:$K$21"；再将光标定位到【条件区域】文本框内，将原有内容修改为"$A$23:$B$24"；最后单击【确定】按钮。

018 使用筛选功能批量修改数据

本实例原始文件和最终效果所在位置如下。		
	原始文件	第7章\销售业绩表2.xlsx
	最终效果	第7章\销售业绩表2.xlsx

扫码看视频

　　如果用户要对同一列中分散的具有相同特点的数据进行统一修改，那么就可以使用自动筛选功能实现数据的批量修改。

　　例如要将"销售区域"字段中的"B区"全部修改为"D区"，就可以使用自动筛选功能来实现，具体的操作步骤如下。

Step 1 打开本实例的原始文件，在数据区域中选中任意一个单元格，切换到【数据】选项卡，单击【排序和筛选】组中的【筛选】按钮，进入筛选状态。单击"销售区域"字段右侧的自动筛选按钮，从弹出的下拉列表中撤选【（全选）】复选框，然后选中【B区】复选框。

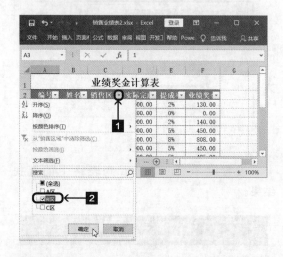

Step 2 单击【确定】按钮，此时即可筛选出所有销售区域为"B区"的数据记录。

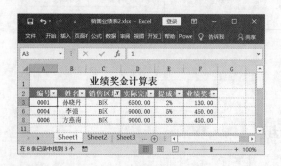

Step 3 在单元格C3中输入"D区"，然后将单元格C3中的内容向下复制填充至单元格C8。

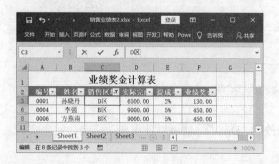

Step 4 此时即可看到筛选出来的"B区"都被修改为"D区"。

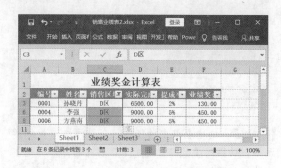

Step 5 单击"销售区域"字段右侧的自动筛选按钮，从弹出的下拉列表中选择【（全选）】复选框，然后单击【确定】按钮。

Step 6 此时即可看到C列中的所有"B区"已被修改为"D区"，而那些在筛选状态下被隐藏的数据记录则不会被修改。

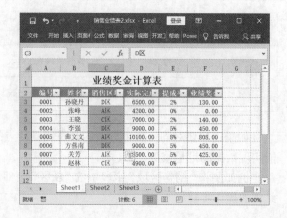

019　简化重复的筛选技巧

本实例原始文件和最终效果所在位置如下。

	原始文件	第7章\销量统计表4.xlsx
	最终效果	第7章\销量统计表4.xlsx

扫码看视频

使用自定义视图可以将筛选结果保存为视图，当用户改变筛选条件后，使用视图管理器可以快速看到筛选结果。

Step 1　打开本实例的原始文件，选中数据区域中的任意一个单元格，切换到【数据】选项卡，单击【排序和筛选】组中的【筛选】按钮，进入筛选状态。

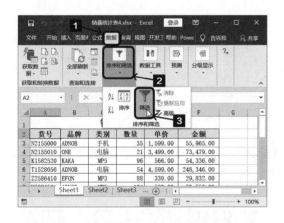

Step 2　单击"类别"字段右侧的自动筛选按钮，从弹出的下拉列表中撤选【（全选）】复选框，然后选中【手机】复选框。

Step 3　单击【确定】按钮，筛选结果如图所示。

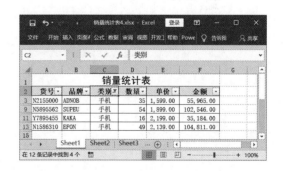

Step 4 切换到【视图】选项卡，单击【工作簿视图】组中的【自定义视图】按钮。

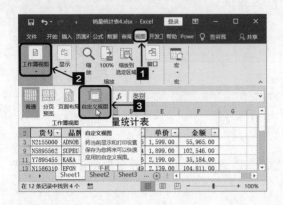

Step 5 弹出【视图管理器】对话框，单击【添加】按钮。

Step 6 弹出【添加视图】对话框，在【名称】文本框中输入"shouji"，单击【确定】按钮即可完成设置。

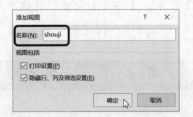

Step 7 取消筛选状态，然后切换到【视图】选项卡，再次单击【工作簿视图】组中的【自定义视图】按钮。

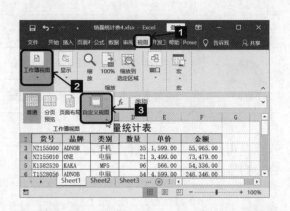

Step 8 弹出【自定义视图】对话框，在【视图】列表框中选择【shouji】选项，然后单击【显示】按钮。

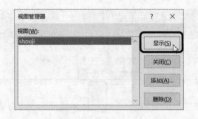

Step 9 Excel会自动关闭【视图管理器】对话框，同时显示出筛选结果。

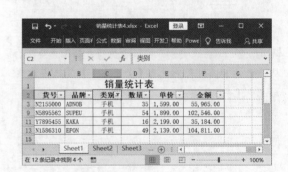

020 多条件筛选

	原始文件	第7章\销量业绩表3.xlsx
	最终效果	第7章\销量业绩表3.xlsx

本实例原始文件和最终效果所在位置如下。

扫码看视频

如果需要筛选同时满足多个条件的数据记录，就可以使用自定义筛选功能，并进行多次筛选，从而得到想要的筛选结果。

本实例假设要从一张业绩奖金计算表中筛选出销售区域为"A区"或"B区"，并且业绩奖金额大于等于350而小于等于600的数据记录，就可以使用自定义筛选功能来实现。具体的操作步骤如下。

Step 1 打开本实例的原始文件，在数据区域中选中任意一个单元格，切换到【数据】选项卡，单击【排序和筛选】组中的【筛选】按钮。

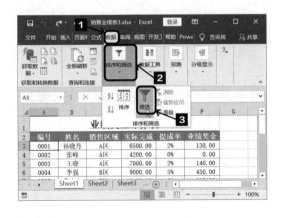

Step 2 进入筛选状态，单击"销售区域"字段右侧的自动筛选按钮，从弹出的下拉列表中撤选【C区】复选框，单击【确定】按钮。

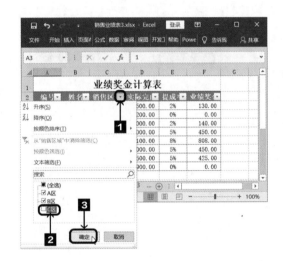

Step 3 可以看到筛选出销售区域为"A区"或"B区"的数据。

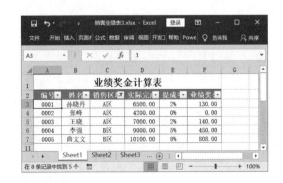

Step 4　在前面筛选的基础上继续对数据进行下一个条件的筛选。单击"业绩奖金"字段右侧的自动筛选按钮，从弹出的下拉列表中选择【数字筛选】➤【自定义筛选】选项。

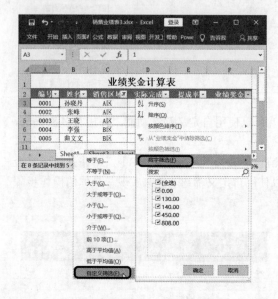

Step 5　弹出【自定义自动筛选方式】对话框，设置第1个条件为大于或等于350，第2个条件为小于或等于】600，选中【与】单选钮（表示两个条件之间的逻辑关系为"与"），然后单击【确定】按钮。

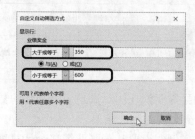

Step 6　返回工作表即可看到最终的筛选结果。

第 8 章

数据排序

Excel 2016 中提供了强大的数据排序功能，可以按照多种方式对数据进行排序，掌握一些必要排序的技巧，可以完成快捷地排序，让自己的数据更加规整。

教学资源

关于本章的知识，本书配套教学资源中有相关的教学视频，路径为【本书视频\第8章】。

001 对选定区域进行排序

本实例原始文件和最终效果所在位置如下。

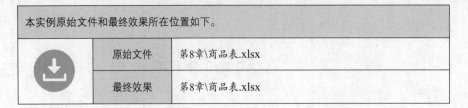

	原始文件	第8章\商品表.xlsx
	最终效果	第8章\商品表.xlsx

在 Excel 2016 中，一行或一列是一条记录，它们包含了一个事物的各项信息，所以 Excel 默认是对整个区域进行排序。有时我们只想对一列进行排序，而这一列也与其他列联系不大，这时就可以使用 Excel 的【以当前选定区域排序】功能进行排序。

Step 1 打开本实例的原始文件，对于商品表来说，想要对器名称按拼音的倒序进行排序，而序号不需要变动，这时就可以使用【以当前选定区域排序】功能进行排序了。

Step 2 想对商品名称这一列进行排序，首先选中单元格区域B2:B10，切换到【开始】选项卡，单击【编辑】组中的【排序和筛选】按钮，然后在下拉列表中单击【降序】选项。

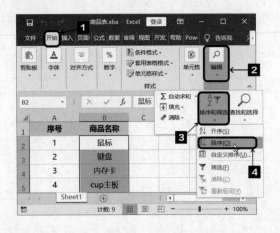

Step 3 弹出【排序提醒】对话框，选中【以当前选定区域排序】单选钮，然后单击【排序】按钮，进行降序排序。

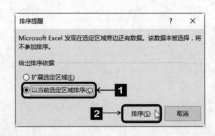

Step 4 返回Excel工作表，可以看到商品名称已经按照拼音的降序进行排列了。

002 按关键字排序

本实例原始文件和最终效果所在位置如下。

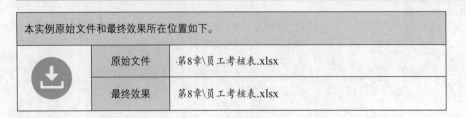

	原始文件	第8章\员工考核表.xlsx
	最终效果	第8章\员工考核表.xlsx

有时用户需要对多个信息进行排序，Excel 提供了提取信息中的关键字进行排序的功能。

Step 1 打开本实例的原始文件，对于员工考核表，用户想要以"年销售量"为主要关键字进行排序，在按照"年销售量"排序的同时，也要按照"顾客评分"进行排序，如果"顾客评分"也相同，就按照"上级评分"再进行排序。

	A	B	C	D	E
1	工号	姓名	年销售量	顾客评分	上级评分
2	101	张三	564	80	85
3	102	刘晓梅	486	72	89
4	103	马云峰	576	86	74
5	104	李一	678	73	75
6	105	赵小芳	592	86	84
7	106	李权	597	97	76
8	107	王信	756	81	72
9	108	李小小	673	85	85
10	109	高远	592	68	81
11	110	李四	673	78	75
12	111	杜文	810	76	82
13	112	刘云	645	84	91

Step 2 选中数据区域中的任意一个单元格，切换到【数据】选项卡，在【排序和筛选】组中单击【排序】按钮。

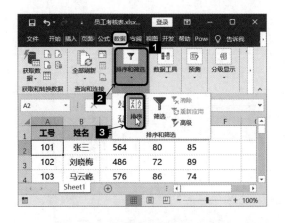

Step 3 弹出【排序】对话框。单击两次【添加条件】按钮，添加两个次要关键字。在【主要关键字】的下拉列表框中选择【年销售量】选项，在【次要关键字】的下拉列表框中分别选择【顾客评分】和【上级评分】选项，在【排序依据】的下拉列表框中选择【单元格值】选项，在【次序】下拉列表框中选择【降序】选项，最后单击【确定】按钮完成设置。

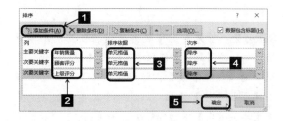

Step 4 返回Excel工作表，可以看到用户已经完成了对于含有多个关键字的数据区域的排序。

	A	B	C	D	E
1	工号	姓名	年销售量	顾客评分	上级评分
2	111	杜文	810	76	82
3	107	王信	756	81	72
4	104	李一	678	73	75
5	108	李小小	673	85	85
6	110	李四	673	78	75
7	112	刘云	645	84	91
8	105	赵小芳	592	86	84

003 无标题的数据区域排序

本实例原始文件和最终效果所在位置如下。		
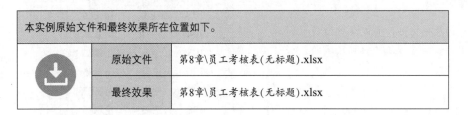	原始文件	第8章\员工考核表(无标题).xlsx
	最终效果	第8章\员工考核表(无标题).xlsx

扫码看视频

在日常工作中，用户有时需要对无标题的数据区域进行排序，排序的具体操作步骤如下。

Step 1　打开本实例的原始文件，下面以C列为主要关键字进行排序，当C列中的数值相同时，再按D列进行排序。

	A	B	C	D	E
1	101	张三	564	80	85
2	102	刘晓梅	486	72	89
3	103	马云峰	576	86	74
4	104	李一	678	73	75
5	105	赵小芳	592	86	84
6	106	李权	576	97	76
7	107	王信	756	81	72
8	108	李小小	673	85	85
9	109	高远	592	68	81
10	110	李四	673	78	75
11	111	杜文	810	76	82
12	112	刘云	645	84	91

Step 2　首先要选中数据区域的任意一个单元格，切换到【数据】选项卡，单击【排序和筛选】组中的【排序】按钮，弹出【排序】对话框。单击【添加条件】按钮，添加一个次要关键字。在【主要关键字】下拉列表中选择【列C】选项，在【次要关键字】下拉列表中选择【列D】选项，在【排序依据】下拉列表中选择【单元格值】选项，在【次序】下拉列表中选择【降序】选项，最后单击【确定】按钮完成设置。

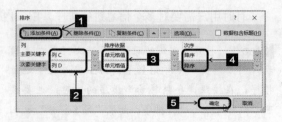

Step 3　返回Excel表格，即可看到已经完成了对于无标题的数据区域的排序。

	A	B	C	D	E
1	111	杜文	810	76	82
2	107	王信	756	81	72
3	104	李一	678	73	75
4	108	李小小	673	85	85
5	110	李四	673	78	75
6	112	刘云	645	84	91
7	105	赵小芳	592	86	84
8	109	高远	592	68	81
9	106	李权	576	97	76
10	103	马云峰	576	86	74
11	101	张三	564	80	85
12	102	刘晓梅	486	72	89

004　自定义序列排序

本实例原始文件和最终效果所在位置如下。

	原始文件	第8章\职员部门表.xlsx
	最终效果	第8章\职员部门表.xlsx

扫码看视频

有时用户想按照自己的想法来确定排序的规则，但使用默认排序方法已经不能满足用户的需求，这时可以使用 Excel 中自定义序列排序。具体的操作步骤如下。

Step 1　打开本实例的原始文件，自定义部门的序列为排序依据进行排序，首先要选中数据区域的任意一个单元格。

	A	B	C
1	编号	姓名	部门
2	101	李一	财务部
3	102	王其	市场部
4	103	张云信	保安部
5	104	李朝北	财务部
6	105	孙雪	工程部
7	106	王萌	研发部
8	107	贺路	人力资源部
9	108	常雨	企划部
10	109	李玫	信访部

Step 2 切换到【数据】选项卡，单击的【排序和筛选】组中的【排序】按钮，弹出【排序】对话框，将其主要关键字设置为【部门】，在【次序】的下拉列表框中单击【自定义序列】选项。

Step 3 弹出【自定义序列】对话框，在【自定义序列】中选择【新序列】选项，在【输入序列】中输入"财务部、企划部、市场部、研发部、工程部、信访部、人力资源部、保安部"，用【Enter】键隔开各关键字，然后单击右侧的【添加】按钮，即可看到新序列已经被添加到【自定义序列】列表框中，最后单击【确定】按钮。

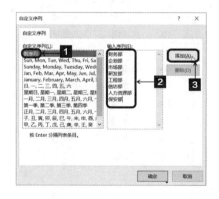

Step 4 在【排序】对话框中单击【确定】按钮，完成自定义排序，现在可以看到，表格已经按照自定义的序列进行排序了。

	A	B	C
1	编号	姓名	部门
2	101	李一	财务部
3	104	李朝北	财务部
4	108	常雨	企划部
5	102	王其	市场部
6	106	王萌	研发部
7	105	孙雪	工程部
8	109	李玫	信访部
9	107	贺路	人力资源部
10	103	张云信	保安部

005 不让指定列参与排序

本实例原始文件和最终效果所在位置如下。

	原始文件	第8章\职员部门表.xlsx
	最终效果	第8章\职员部门表1.xlsx

扫码看视频

在 Excel 2016 中，当我们对数据表进行排序操作后，通常位于第一列的编号也被打乱了，如何不让这个"编号"列参与排序呢？可以按照下述的步骤操作。

Step 1 打开本实例的原始文件，在"编号"列右侧插入一个空白列（B列），选中右侧数据区域的任意一个单元格。然后切换到【数据】选项卡，单击【排序和筛选】组中的【排序】按钮。

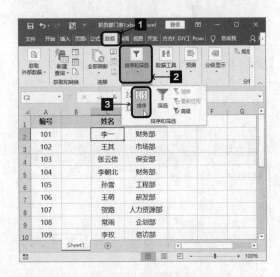

Step 2 弹出【排序】对话框。将其主要关键字设置为【姓名】，排序依据设置为【单元格值】，然后单击【确定】按钮。

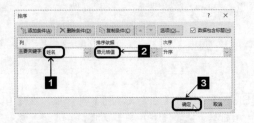

Step 3 返回Excel工作表，将B列隐藏，即可看到已经按照字母顺序进行排序了。

	A	C	D
1	编号	姓名	部门
2	101	常雨	企划部
3	102	贺路	人力资源部
4	103	李朝北	财务部
5	104	李玫	信访部
6	105	李一	财务部
7	106	孙雪	工程部
8	107	王萌	研发部
9	108	王其	市场部
10	109	张云信	保安部

006 对混合数据进行排序

	本实例原始文件和最终效果所在位置如下。	
	原始文件	第8章\商品数量表.xlsx
	最终效果	第8章\商品数量表.xlsx

扫码看视频

有时排序的数据区域中既有字母又有数字，使用 Excel 中的普通排序方法不能完成排序，这时就需要使用特殊的方法来实现对这些混合数据的排序。

Step 1 打开本实例的原始文件，如果想要根据商品序列号进行排序，要先按照字母的先后顺序进行排序，再按照字母后的数字大小进行排序。

	A	B
1	型号	数量
2	B568	12
3	C1233	5654
4	A54	97
5	A5	545
6	B3490	8898
7	A76	897
8	C865	5455
9	A0987	898
10	B7542	59
11	C347	595

Step 2 选中数据区域中的任意一个单元格，切换到【数据】选项卡，单击【排序和筛选】组中的【排序】按钮，弹出【排序】对话框。将其主要关键字设置为【型号】，排序依据设置为【单元格值】，次序设置为【升序】，然后单击【确定】按钮。

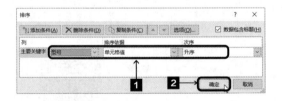

Step 3 返回Excel表格，即可看到序号已经按照字母进行排序了。

	A	B
1	型号	数量
2	A0987	898
3	A5	545
4	A54	97
5	A76	897
6	B3490	8898
7	B568	12
8	B7542	59
9	C1233	5654
10	C347	595
11	C865	5455

Step 4 接下来我们要对字母后面的数字进行排序。首先选中单元格区域A2:A11，切换到【数据】选项卡，单击【数据工具】组中的【分列】按钮。

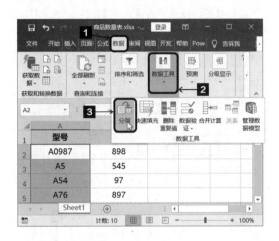

Step 5 弹出【文本分列向导—第1步，共3步】对话框，选中文件类型为【固定宽度】，然后单击【下一步】按钮。

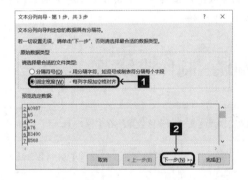

Step 6 弹出【文本分列向导—第2步，共3步】对话框，在【数据预览】列表中出现标尺，从标尺最左侧开始，按住鼠标，将竖线拖曳到字母与数字之间，然后松开鼠标，单击【下一步】按钮。

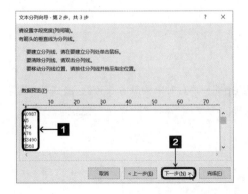

Step 7 弹出【文本分列向导—第1步，共3步】对话框，在【目标区域】文本框中填入"$C$2:$D$11"，这个区域是用来存放字母和数字分开后的位置，然后单击【完成】按钮，生成C、D两列数据。

Step 8 选中数据区域中的任意一个单元格，切换到【数据】选项卡，单击【排序和筛选】组中的【排序】按钮。

Step 9 弹出【排序】对话框，单击【添加条件】按钮，增加一个次要关键字。主要关键字设置为【（列C）】，次要关键字设置为【（列D）】，排序依据设置为【单元格值】，次序设置为【升序】，然后单击【确定】按钮，返回Excel表格，即可看到排序后的效果，如图所示。

	A	B	C	D
1	型号	数量		
2	A5	545	A	5
3	A54	97	A	54
4	A76	897	A	76
5	A0987	898	A	987
6	B568	12	B	568
7	B3490	8898	B	3490
8	B7542	59	B	7542
9	C347	595	C	347
10	C865	5455	C	865
11	C1233	5654	C	1233

007　制作成绩条

本实例原始文件和最终效果所在位置如下。

原始文件	第8章\月销售考核表.xlsx
最终效果	第8章\月销售考核表.xlsx

扫码看视频

当导出员工考核表以后，需要制作成绩条，将每个员工的成绩一一发放，这时就需要在每一个行记录上添加一个标题。使用Excel 2016的排序功能可以快速完成这项工作。

Step 1 在G列中按照首项为2、公差为2的等差数列。

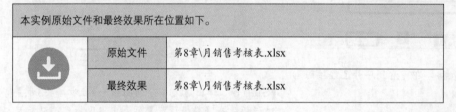

Step 2 复制标题行，粘贴到最后一个员工下面，拖曳填充柄，复制与员工个数相同的行数。在G列中填充首项为3、公差为2的等差数列。

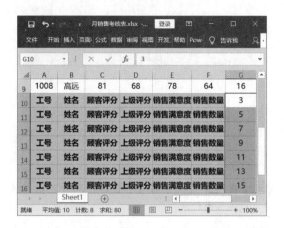

Step 3 切换到【数据】选项卡，单击【排序和筛选】组中的【排序】按钮，弹出【排序】对话框。将其主要关键字设置为【列G】，排序依据设置为【单元格值】，次序设置为【升序】，然后单击【确定】按钮。

Step 4 返回Excel工作表，可以看到每个员工的考核成绩都带了一个标题，现在就可以将右侧的G列删除了。

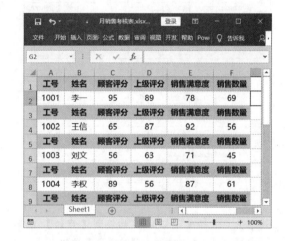

008 对合并的单元格进行排序

本实例原始文件和最终效果所在位置如下。

	原始文件	第8章\塔机销售表.xlsx
	最终效果	第8章\塔机销售表.xlsx

扫码看视频

当数据区域中包含合并单元格时，如果各个合并单元格的数量不一样，将无法进行排序操作。如图所示的数据表格，A列的合并单元格有由4个单元格合并的，有由6个合并的，也有由3个合并的，大小各不相同。

销售部门	产品型号	类别	销售地区	数量	单价	销售金额
销售一部	TC7013 (QTZ160)	锤头塔机	华南	9	692000	6228000
	TC6013 (QTZ100)	锤头塔机	华北	3	672000	2016000
	TC6015 (QTZ125)	锤头塔机	东北	7	681000	4767000
	TC5610 (QTZ80)	锤头塔机	西北	2	653000	1306000
销售二部	TC6010 (QTZ100A)	锤头塔机	华东	4	668000	2672000
	TC7013 (QTZ160)	锤头塔机	西北	3	692000	2076000
	TC6013 (QTZ100)	锤头塔机	华北	6	672000	4032000
	TC6015 (QTZ125)	锤头塔机	华南	4	681000	2724000
	TC7013 (QTZ160)	锤头塔机	东北	9	692000	6228000
销售三部	TC6025 (QTZ125)	平头塔机	华南	7	705000	4935000
	TC5610 (QTZ80)	锤头塔机	华东	8	653000	5224000
	TC7520 (QTZ250)	平头塔机	华中	3	715000	2145000
	TC6010 (QTZ100A)	锤头塔机	华北	5	668000	3340000

用户可以通过插入空行的方法调整数据的结构，使合并的单元格大小一致，具体的操作步骤如下。

Step 1　打开本实例的原始文件，在每一个合并区域的下方根据最大合并单元格的个数（本实例中最大为6个）插入空白行，效果如图所示。

销售部门	产品型号	类别	销售地区	数量	单价	销售金额
销售一部	TC7013(QTZ160)	锤头塔机	华南	9	692000	6228000
	TC6013(QTZ100)	锤头塔机	华北	3	672000	2016000
	TC6015(QTZ125)	锤头塔机	东北	7	681000	4767000
	TC5610(QTZ80)	锤头塔机	西北	2	653000	1306000
	TC6010(QTZ100A)	锤头塔机	华东	4	668000	2672000
	TC7013(QTZ160)	锤头塔机	西北	3	692000	2076000
销售二部	TC6013(QTZ100)	锤头塔机	华北	6	672000	4032000
	TC6015(QTZ125)	锤头塔机	华南	4	681000	2724000
	TC7013(QTZ160)	锤头塔机	东北	9	692000	6228000
	TC6025(QTZ125)	平头塔机	华南	7	705000	4935000
	TC5610(QTZ80)	锤头塔机	华东	8	653000	5224000
销售三部	TC7520(QTZ250)	平头塔机	华中	3	715000	2145000
	TC6010(QTZ100A)	锤头塔机	华北	5	668000	3340000

Step 2　选择单元格A8，切换到【开始】选项卡，在【剪贴板】组中单击【格式刷】按钮。

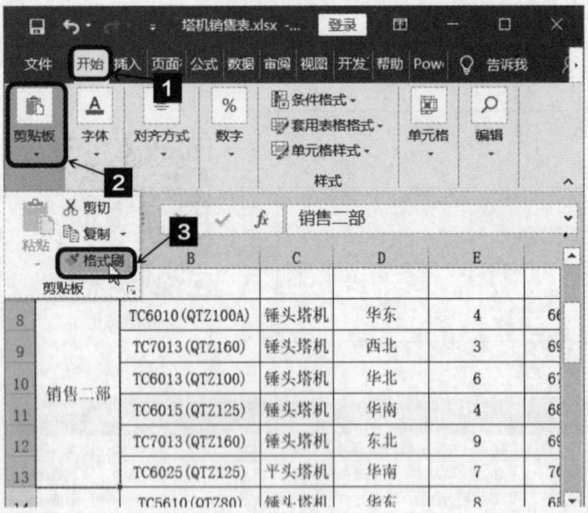

Step 3　选中单元格区域A2:A7，即可看到"销售三部"的表格已被合并居中，重复上述步骤，单击【格式刷】按钮，选中单元格区域B2:G19，效果如图所示。

销售部门	产品型号	类别	销售地区	数量	单价	销售金额
销售一部	TC7013(QTZ160)	锤头塔机	华南	9	692000	6228000
销售二部	TC6010(QTZ100A)	锤头塔机	华东	4	668000	2672000
销售三部	TC5610(QTZ80)	锤头塔机	华东	8	653000	5224000

Step 4　对"销售部门"字段按照升序进行排序，效果如图所示。

销售部门	产品型号	类别	销售地区	数量	单价	销售金额
销售二部	TC6010(QTZ100A)	锤头塔机	华东	4	668000	2672000
销售三部	TC5610(QTZ80)	锤头塔机	华东	8	653000	5224000
销售一部	TC7013(QTZ160)	锤头塔机	华南	9	692000	6228000

Step 5　选中单元格区域H2:H7，再次单击【开始】选项卡中的【格式刷】按钮，然后选中单元格区域B2:G19，取消单元格区域B2:G19合并，效果如图所示。

销售部门	产品型号	类别	销售地区	数量	单价	销售金额
销售二部	TC6010(QTZ100A)	锤头塔机	华东	4	668000	2672000
	TC7013(QTZ160)	锤头塔机	西北	3	692000	2076000
	TC6013(QTZ100)	锤头塔机	华北	6	672000	4032000
	TC6015(QTZ125)	锤头塔机	华南	4	681000	2724000
	TC7013(QTZ160)	锤头塔机	东北	9	692000	6228000
	TC6025(QTZ125)	平头塔机	华南	7	705000	4935000
	TC5610(QTZ80)	锤头塔机	华东	8	653000	5224000
销售三部	TC7520(QTZ250)	平头塔机	华中	3	715000	2145000
	TC6010(QTZ100A)	锤头塔机	华北	5	668000	3340000
	TC7013(QTZ160)	锤头塔机	华南	9	692000	6228000
销售一部	TC6013(QTZ100)	锤头塔机	华北	3	672000	2016000
	TC6015(QTZ125)	锤头塔机	东北	7	681000	4767000
	TC5610(QTZ80)	锤头塔机	西北	2	653000	1306000

销售部门	产品型号	类别	销售地区	数量	单价	销售金额
	TC6010 (QTZ100A)	锤头塔机	华东	4	668000	2672000
	TC7013 (QTZ160)	锤头塔机	西北	3	692000	2076000
销售二部	TC6013 (QTZ100)	锤头塔机	华北	6	672000	4032000
	TC6015 (QTZ125)	锤头塔机	华南	4	681000	2724000
	TC7013 (QTZ160)	锤头塔机	东北	9	692000	6228000
	TC6025 (QTZ125)	平头塔机	华南	7	705000	4935000
	TC5610 (QTZ80)	锤头塔机	华东	8	653000	5224000
销售三部	TC7520 (QTZ250)	平头塔机	华中	3	715000	2145000
	TC6010 (QTZ100A)	锤头塔机	华北	5	668000	3340000
	TC7013 (QTZ160)	锤头塔机	华南	9	692000	6228000
销售一部	TC6013 (QTZ100)	锤头塔机	华北	3	672000	2016000
	TC6015 (QTZ125)	锤头塔机	东北	7	681000	4767000
	TC5610 (QTZ80)	锤头塔机	西北	2	653000	1306000

Step 6 删除单元格区域B2:G19中的空白行，效果如图所示。

009　按笔画排序

	本实例原始文件和最终效果所在位置如下。	
	原始文件	第8章\业绩奖金计算表.xlsx
	最终效果	第8章\业绩奖金计算表.xlsx

扫码看视频

默认情况下，Excel 中对文本是按照字母顺序进行排序的，但在某些情况下，可能需要对中文字符按照笔画的多少进行排序。

在 Excel 中按照笔画排序的规则通常是：
- 先按照字的笔画数多少排列；
- 如果笔画数相同，则按照起笔顺序排列（横、竖、撇、捺、折）；
- 如果笔画数和起笔顺序都相同，则按照字形结构排列，即先左右、再上下，最后整体字。

Step 1 打开本实例的原始文件，选中单元格区域A2:E25，切换到【数据】选项卡，在【排序和筛选】组中单击【排序】按钮。

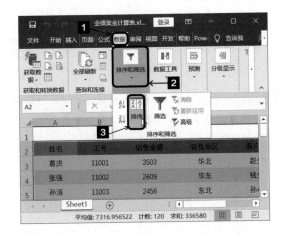

Step 2 弹出【排序】对话框，在【主要关键字】下拉列表框中选择【姓名】，在右侧的【次序】下拉列表框中选择【升序】，单击【选项】按钮。

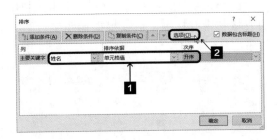

Step 3　弹出【排序选项】对话框，选中【笔画排序】单选钮，单击【确定】按钮（Excel软件中的"笔划"应为"笔画"）。

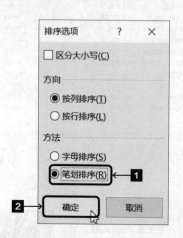

Step 4　返回【排序】对话框，再次单击【确定】按钮，返回Excel表格，即可看到按笔画排序的设置效果。

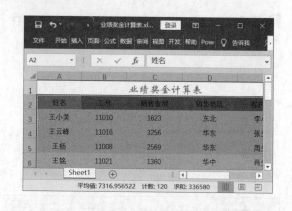

⚠️ 提示

　　Excel默认的排序方式为按照字母顺序排序，但是当中文字符的拼音字母组成完全相同时，例如，当"李""丽""礼"等字在一起作为比较对象时，Excel就会自动地依据笔画方式进一步进行排序。

010　有标题数据表排序

本实例原始文件和最终效果所在位置如下。		
⬇	原始文件	第8章\工资表.xlsx
	最终效果	第8章\工资表.xlsx

扫码看视频

　　在 Excel 工作表中，一般情况下用户制作的表格都带有标题，可以根据标题字段进行排序。

姓名	部门	基本工资	奖金	加班费	应发工资
刘小龙	销售部	3,000	500	100	3600
赵文杰	采购部	3,000	300	200	3500
李丽	采购部	2,500	500	75	3075
张华	财务部	2500	450	150	3,100
王美丽	财务部	2,500	350	245	3095
王楠	销售部	2,500	300	500	3300
孙小小	行政部	2,000	600	450	3050
刘倩倩	销售部	2,000	500	320	2820

　　例如，本实例中展示了一张工资表，用户想要先按照基本工资的降序排列，再按照奖金的降序排列，操作步骤如下。

Step 1　打开本实例的原始文件，选中数据区域中的任意一个单元格，切换到【数据】选项卡，单击【排序和筛选】组中的【排序】按钮。

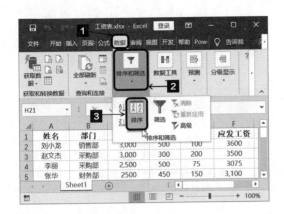

添加一个【次要关键字】条件，在【次要关键字】下拉列表框中选择【奖金】选项，在【次序】下拉列表框中选择【降序】选项，单击【确定】按钮。

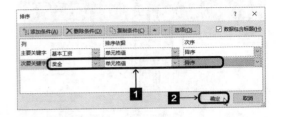

Step 2 弹出【排序】对话框，在【主要关键字】下拉列表框中选择【基本工资】选项，在【次序】下拉列表框中选择【降序】选项，然后单击【添加条件】按钮添加排序条件。

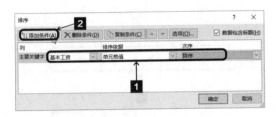

Step 4 返回Excel工作表，可以看到工作表根据"基本工资"的降序排列效果。当"基本工资"相同时，就根据"奖金"进行降序排列。

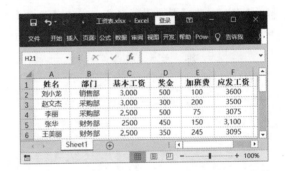

011 按行排序

	原始文件	第8章\区域销售表.xlsx
	最终效果	第8章\区域销售表.xlsx

本实例原始文件和最终效果所在位置如下。

扫码看视频

在数据表中不仅可以按列进行排序，也可以按行进行排序。

Step 1 打开本实例的原始文件，选中单元格区域B2:F5，切换到【数据】选项卡，单击【排序和筛选】组中的【排序】按钮。

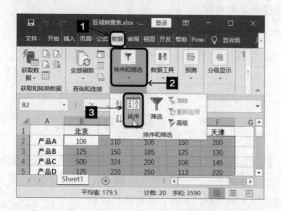

Step 2 弹出【排序】对话框，单击【选项】按钮。

Step 3 弹出【排序选项】对话框，在【方向】组合框中选中【按行排序】单选钮，单击【确定】按钮。

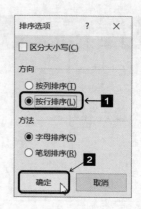

Step 4 返回【排序】对话框，在【主要关键字】和【次要关键字】下拉列表框中分别选择【行2】和【行3】选项，在【次序】下拉列表框中均选择【升序】选项，单击【确定】按钮。

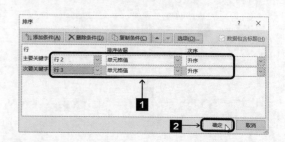

Step 5 返回Excel工作表，可以看到排序结果，如图所示。

012　按颜色排序

本实例原始文件和最终效果所在位置如下。

	原始文件	第8章\产品销售表.xlsx
	最终效果	第8章\产品销售表.xlsx

扫码看视频

在实际工作中，用户经常会遇到为单元格设置背景颜色或者字体颜色来标注表格中比较特殊的数据。

Excel 能够在排序的时候识别单元格背景颜色或字体颜色，从而帮助用户更加灵活地进行数据整理操作。

1. 按背景颜色排序

图中所示为某公司数码产品的销售出库数量表，在数据列表中部分产品的"出库单据号"所在单元格设置了黄色的背景颜色。

出库单据号	产品名称及类别	编号	单位	数量
111	32寸液晶电视LED	L010182	台	100
135	数码相机	C70D	台	150
113	SX手机	SE60	个	300
165	35Q空调	KFR-35	台	270
231	CW电脑	H19	台	500
116	MP4	M01256	个	50
96	DV电脑	PV26	台	50
158	KJ手机	HR8	个	500
128	36Q空调	KER26	台	300

如果用户希望将这些特别的数据排列到表格的最前面，具体的操作步骤如下。

▌**Step 1** 打开本实例的原始文件，选中表格中的任意一个有背景颜色的单元格，单击鼠标右键，在弹出的快捷菜单中选择【排序】➤【将所选单元格颜色放在最前面】选项。

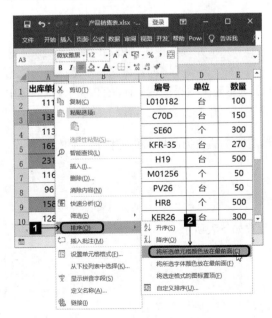

▌**Step 2** 返回Excel工作表，可以看到带有背景颜色的单元格已经排列到表格的最前面了。

2. 按多种背景颜色排序

如果在一个数据表格中被用户手动设置了多种单元格背景颜色，而又希望按照颜色的次序来排列数据。

图中所示数据表中"数量"的部分数据如果要按照"红色"和"蓝色"的分布排序，具体的操作步骤如下。

出库单据号	产品名称及类别	编号	单位	数量
135	数码相机	C70D	台	
165	35Q空调	KFR-35	台	270
231	CW电脑	H19	台	500
158	KJ手机	HR8	个	
111	32寸液晶电视LED	L010182	台	100
113	SX手机	SE60	个	300
116	MP4	M01256	个	50
96	DV电脑	PV26	台	
128	36Q空调	KER26	台	300

▌**Step 1** 打开本实例的原始文件，选中表格中的任意一个单元格，切换到【数据】选项卡，单击【排序和筛选】组中的【排序】按钮。

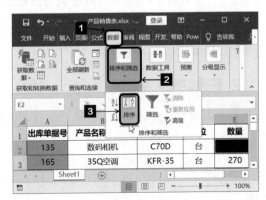

Step 2 弹出【排序】对话框，在【主要关键字】下拉列表框中选择【数量】，在【排序依据】下拉列表框中选择【单元格颜色】，在右侧的【次序】下拉列表框中选择【红色】在顶端，单击【复制条件】按钮。

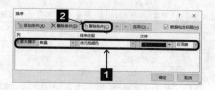

Step 3 此时，即可添加一个条件，在【次要关键字】下拉列表框中选择【数量】，在【排序依据】下拉列表框中选择【单元格颜色】，在右侧的【次序】下拉列表框中选择【蓝色】在顶端，单击【确定】按钮。

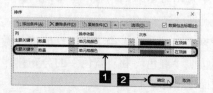

Step 4 返回Excel工作表，即可看到排序结果已经按照设定的颜色进行排列，效果如图所示。

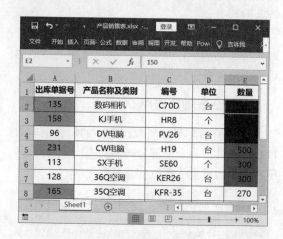

3. 按字体颜色和图标排序

除了按背景颜色排序外，Excel还能根据字体颜色和由条件产生的单元格图标进行排序，具体的操作方法与背景颜色排序方法相同，这里不再赘述。

013 常见的排序故障

在排序的过程中，有时会出现一些错误，造成排序操作不成功或无法达到预期的效果，下面针对用户可能遇到的一些排序故障及处理方法一一进行介绍。

1. 数据中包含空行或空列

通常情况下，如果用户单击数据区域中的任意一个单元格并进行排序，Excel都会自动识别选中的整个数据区域，使得排序操作可以正常进行。但是，如果需要排序的数据区域不是标准的数据列表，并且包含空行或空列，那么若在排序前没有手工选定整个数据区域，而是只选定数据区域中的任意一个单元格，Excel就无法准确地识别整个数据区域，排序就会产生错误的结果。

因此，当数据区域存在空行或空列时，需要先选定完整的数据区域后再进行相关的排序操作，避免出现错误。

2. 多种数据类型混排

对于不同数据类型的排序规则，Excel中的默认设置如下表所示。

数据类型	规则
数值型数据	以整个数值（包含正负号）的大小排序，数值由小到大为升序
文本型数据	英文字母：按26个字母的顺序排序，由A至Z为升序，不区分大小写
	中文字符：以拼音的字母顺序作为升序依据，字母的排序与英文相同
	数字字符：以单个数字的大小作为升序依据，从0到9位升序
混合型	对于多个字符组成的字符串，依次比较每个字符的排序顺序
	在英文字母、中文字符、数字字符和符号之间，其升序的顺序为"数字字符"→"符号"→"英文字母"→"中文字符"
逻辑值	以 FALSE~TRUE 为升序
错误值	所有错误值的优先级相同

以上这些不同的数据类型之间，其升序顺序如下：数值型数据→文本型数据→逻辑值→错误值。

由于数字存储到 Excel 工作表时，有可能以数值型的格式存在，也有可能以文本型的格式存在，因此，当数据区域中同时存在两种格式类型的数值混排时，排序便无法得到预期的结果。

		本实例原始文件和最终效果所在位置如下。
⬇	原始文件	第8章\数码产品入库表.xlsx
	最终效果	无

扫码看视频

如图所示的数据表格中的单元格区域 A8:A12 是文本型数字，而单元格区域 A2:A7 是数值型数字，此时，如果按照"入库单据号"字段进行排序，就会出现"96"排在"111"后面的错误结果，正确的排序方法操作步骤如下。

Step 1 打开本实例的原始文件，选中任意一个单元格，切换到【数据】选项卡，在【排序和筛选】组中单击【排序】按钮，弹出【排序】对话框，在【主要关键字】下拉列表框中选择【入库单据号】，在【次序】下拉列表框中选择【升序】，单击【确定】按钮。

入库单据号	产品名称及类别	编号	单位	数量
111	32寸液晶电视LED	L010182	台	100
135	数码相机	C70D	台	150
113	SX手机	SE60	个	300
165	35Q空调	KFR-35	台	270
231	CW电脑	HI9	台	500
116	MP4	M01256	个	50
96	DVJ电脑	PV26	台	50
158	KJ手机	HR8	个	500
126	26Q空调	KFR-26	台	300
160	LOV电脑	E3580	台	120
189	42寸液晶电视LED	N020296	台	210

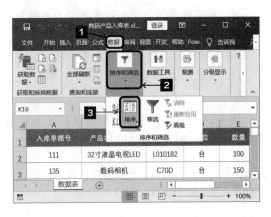

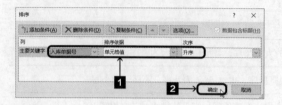

Step 2 弹出【排序提醒】对话框，提示用户数据中包含文本格式的数字，需要用户进一步确认，在该对话框中单击【将任何类似数字的内容排序】单选钮，单击【确定】按钮，即可完成对"入库单据号"字段的排序。

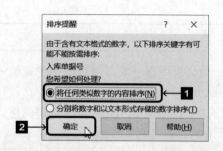

提示

如果需要保留文本形式数字和数值形式数字分开排序的默认方式，则可以在【排序提醒】对话框中单击【分别将数字和以文本形式存储的数字排序】单选钮。

此外，还可以先将文本型数字转换为数值型数字再进行排序。具体的操作步骤如下。

Step 1 打开本实例的原始文件，选中任意一个空白单元格，按【Ctrl】+【C】组合键。

Step 2 选中单元格区域A8:A12，单击鼠标右键，在弹出的快捷菜单中选择【选择性粘贴】选项。

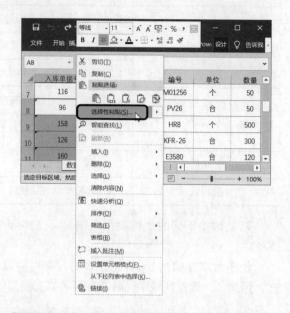

Step 3 弹出【选择性粘贴】对话框，在【运算】组合框中单击【加】单选钮，单击【确定】按钮。

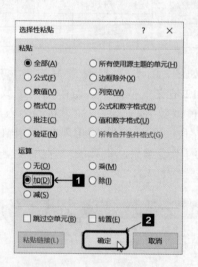

设置完成后即可看到 A 列数据均以数值形式存在，然后按照常规的排序方法即可完成操作。

提示

　　文本型数字转换为数值型数字，除了以上介绍的方法外，还可以先选择包含文本型数字的区域，单击弹出的【错误检查选项】按钮，并选择【转换为数字】命令；或者使用"分列"的方法，在【文本分列向导—第3步，共3步】对话框中，选择下方列表中文本型数字的列，然后单击【常规】单选钮。用户可以根据自己的操作习惯和具体的问题，选择不同的操作方法。

014　快速根据指定分类项汇总

本实例原始文件和最终效果所在位置如下。		
	原始文件	第8章\员工销售业绩表.xlsx
	最终效果	第8章\员工销售业绩表.xlsx

扫码看视频

　　分类汇总是一种常用的数据分析工具，能够快速地针对数据列表中指定的分类项进行关键指标的汇总计算。

　　图中所示为某公司员工在各个销售地区每个季度的销售额列表，用户需对分类项进行汇总计算，具体的操作步骤如下。

编号	姓名	销售地区	销售产品	第1季度	第2季度	第3季度	第4季度
0001	王辉	西南	电脑	1200	1545	1890	1780
0002	李雪	华北	手机	1300	1570	1644	1620
0003	刘阳	华东	音响	1256	1545	1571	1521
0004	张成	华东	数码相机	1380	1225	1583	1546
0005	孙梅	华南	手机	1540	2251	2055	1878
0006	孙筱小	西北	电视	1564	1464	1334	1433
0007	刘新艳	西南	音响	1955	2531	1885	1647
0008	李雅	华南	MP4/MP5	2088	2098	1857	1920
0010	赵非	华中	手机	1864	1346	1686	1584
0011	徐慧慧	西北	电脑	1624	1874	2558	1690
0012	马露	华北	电视	1722	2058	1933	2455
0014	胡杰	西南	手机	2011	1987	1679	2153

Step 1　打开本实例的原始文件，选中任意一个单元格，切换到【数据】选项卡，单击【排序和筛选】组中的【排序】按钮，弹出【排序】对话框，在【主要关键字】下拉列表框中选择【销售地区】，在【次序】下拉列表框中选择【升序】。

Step 2　单击【确定】按钮，可以看到数据按照销售地区的升序进行排列。

Step 3　将光标定位到数据区域的任一单元格中，单击【分级显示】组中的【分类汇总】按钮。

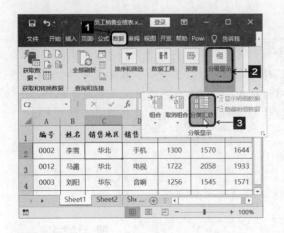

Step 4 弹出【分类汇总】对话框，在【分类字段】下拉列表框中选择【销售地区】选项，在【汇总方式】下拉列表框中选择【求和】选项，在【选定汇总项】列表框中分别选中【第1季度】【第2季度】【第3季度】和【第4季度】复选框，单击【确定】按钮。

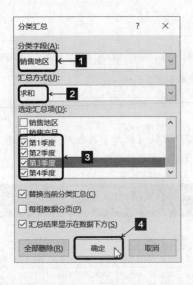

Step 5 返回Excel工作表，此时即可汇总各个销售区域的各个季度的销售量。

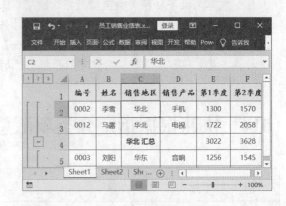

Step 6 单击左侧的分级显示控制按钮中的"2"按钮，即可隐藏表中的明细数据，只显示所有的汇总行。

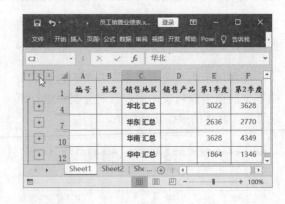

💡 **提示**

要正确地对数据进行分类汇总，首先必须要对分类项字段进行排序操作，然后再进行分类汇总。

015 多重分类汇总

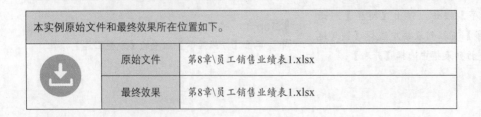

本实例原始文件和最终效果所在位置如下。

	原始文件	第8章\员工销售业绩表1.xlsx
	最终效果	第8章\员工销售业绩表1.xlsx

扫码看视频

在某些情况下，用户需要同时按照两个或更多个分类项来对字段进行汇总计算。用户使用分类汇总功能时，需要遵循以下几条规则。

①首先按分类项的优先级别顺序来对表格中的相关字段排序。

②按分类项的优先级顺序多次进行分类汇总，并设置详细参数。

③从第二次分类汇总开始，在【分类汇总】对话框中务必要撤选【替换当前分类汇总】复选框。

Step 1 打开本实例的原始文件，首先选中数据区域中的任意一个单元格，切换到【数据】选项卡，在【排序和筛选】组单击【排序】按钮。

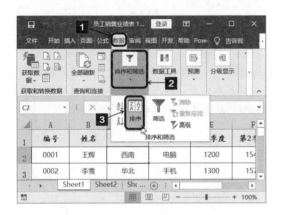

Step 2 弹出【排序】对话框，单击【添加条件】按钮，添加次要条件，在【主要关键字】下拉列表框中选择【销售地区】选项，在【次要关键字】下拉列表框中选择【姓名】选项，在【次序】下拉列表框中均选择【升序】选项，单击【确定】按钮。

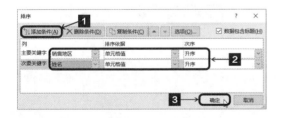

Step 3 可以看到数据列表按照"销售地区"和"姓名"字段进行升序排序，并且"销售地区"优先级先于"姓名"。

Step 4 根据"销售地区"字段对数据列表进行分类汇总。

Step 5 再次打开【分类汇总】对话框，在【分类字段】下拉列表中选择【姓名】选项，在【汇总方式】下拉列表框中选择【求和】选项，在【选定汇总项】列表框中选中【总计】复选框，然后撤选【替换当前分类汇总】复选框，单击【确定】按钮。

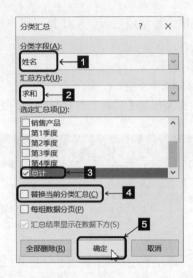

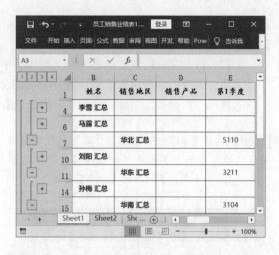

Step 6 返回Excel工作表，即可按照"销售地区"和"姓名"进行多重分类汇总。

Step 8 如果想要取消多重分类汇总，恢复到原始数据列表状态，用户可以再次打开【分类汇总】对话框，单击【全部删除】按钮即可。

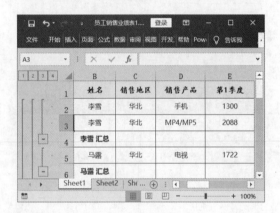

Step 7 单击分级显示控制按钮"3"，即可看到多重分类汇总结果。

016　自动建立分级显示

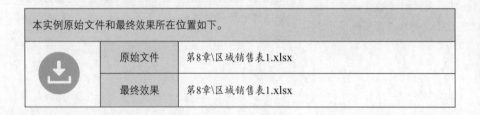

本实例原始文件和最终效果所在位置如下。

	原始文件	第8章\区域销售表1.xlsx
	最终效果	第8章\区域销售表1.xlsx

扫码看视频

如图所示，如果用户在数据表中设置了汇总行或列，并使用了如 SUM 函数等的公式，那么 Excel 可以自动判断分级的位置，从而自动分级显示数据表。

销售区域	第1季度	第2季度	第3季度	第4季度	合计
北京	3,568	2,513	4,400	2,834	13,315
天津	3,656	4,650	3,544	4,500	16,350
石家庄	4,500	6,025	3,078	3,650	17,253
华北地区 合计	11,724	13,188	11,022	10,984	46,918
杭州	3,650	3,589	4,500	4,810	16,549
上海	4,560	4,680	3,950	3,360	16,550
华东地区 合计	8,210	8,269	8,450	8,170	33,099
广东	3,320	4,800	3,652	4,321	16,093
广西	4,105	5,100	5,500	5,000	19,705
海南	5,200	3,465	4,340	4,739	17,744
华南地区 合计	12,625	13,365	13,492	14,060	53,542
总计	32,559	34,822	32,964	33,214	133,559

本实例工作表的第 5 行、第 8 行、第 12 行、第 13 行和 F 列中均使用了 SUM 函数进行了求和运算，所以此表可以自动建立分级显示，具体的操作步骤如下。

Step 1 打开本实例的原始文件，选中数据区域中的任意一个单元格，切换到【数据】选项卡，单击【分级显示】组中的【组合】按钮的下半部分按钮，从弹出的下拉列表中选择【自动建立分级显示】选项。

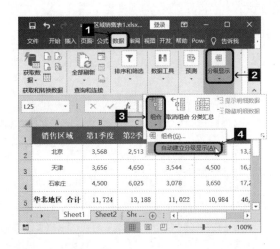

Step 2 此时即可在数据列表的行方向和列方向上自动生成分级显示的样式。

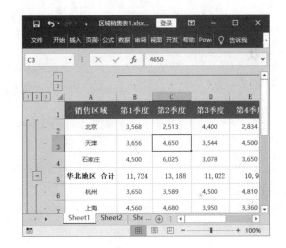

第 9 章

数据透视表与透视图

数据透视表是一个功能强大的数据分析工具，用户通过简单的鼠标拖曳操作，就可以快速分类汇总大量的数据。利用透视表可以使许多复杂问题简单化，从而极大地提高工作效率。

 教学资源

关于本章的知识，本书配套教学资源中有相关的教学视频，路径为【本书视频\第9章】。

001　更改数据透视表整体布局

	原始文件	第9章\产品销售分析表.xlsx
本实例原始文件和最终效果所在位置如下。		
	最终效果	第9章\产品销售分析表.xlsx

扫码看视频

　　为数据透视表设计不同的布局之后，用户即可按照不同的方式查看数据并计算不同的汇总值，从而制作出各种不同用途的报表。

Step 1　打开本实例的原始文件，在工作表Sheet4的数据透视表中选中页字段"销售地区"，按住鼠标左键后指针变成"🖳"形状。

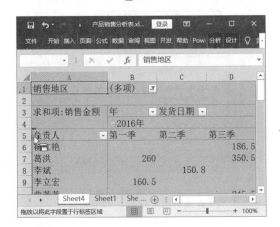

Step 2　将其拖曳至行字段"负责人"的左侧并释放鼠标，就将页字段"销售地区"移至行区域了。

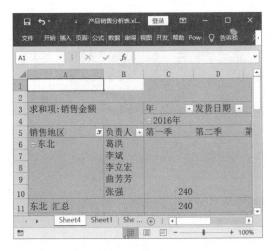

Step 3　移动字段的操作也可以在【数据透视表字段】任务窗格中进行。打开【数据透视表字段】任务窗格，在列表框中选中需要移动的字段名称，单击鼠标右键，在弹出的快捷菜单中选择要添加到的行或列，例如单击【添加到列标签】选项即可将【负责人】添加到列字段。

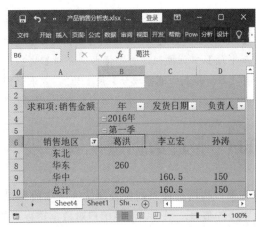

002 水平并排显示报表筛选字段

	原始文件	第9章\产品销售分析表01.xlsx
	最终效果	第9章\产品销售分析表01.xlsx

本实例原始文件和最终效果所在位置如下。

扫码看视频

数据透视表创建完成后，报表筛选器区域如果有多个筛选字段，系统会默认筛选字段的显示方式为垂直并排显示。为了使数据透视表更具可读性和易于操作，可以采用以下方法水平并排显示。

Step 1 打开本实例的原始文件，选中数据透视表中的任意单元格，例如选中B6，在选中的单元格上单击鼠标右键，在弹出的菜单中选择【数据透视表选项】选项，如图所示。

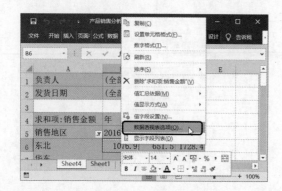

Step 2 弹出【数据透视表选项】对话框，切换到【布局和格式】选项卡，单击【在报表筛选区域显示字段】下拉按钮，选择【水平并排】选项；再将【每行报表筛选字段数】设置为2，效果如图所示。

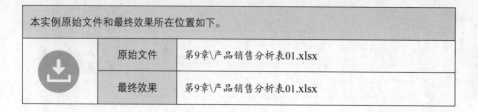

Step 3 单击【确定】按钮，效果如图所示。

003 整理数据透视表字段

整理数据透视表的报表筛选区域字段可以从一定角度来反映数据的内容，而对数据透视表其他字段的整理，则可以满足用户对数据透视表的格式上的需求。

本实例原始文件和最终效果所在位置如下。

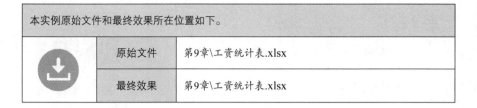		
	原始文件	第9章\工资统计表.xlsx
	最终效果	第9章\工资统计表.xlsx

扫码看视频

Step 1 打开本实例的原始文件，在数据透视表列字段的标题单元格中，选中单元格区域B4:F4，在【开始】选项卡的【编辑】组中选择【查找和选择】选项，在下拉菜单中选择【替换】选项。

Step 2 在弹出的【查找和替换】对话框中的"查找内容"文本框中输入"财务部"，在【替换为】文本框中输入一个空格，然后单击【全部替换】按钮。

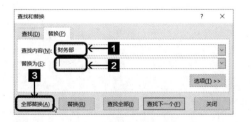

Step 3 此时，弹出Microsoft Excel提示框，提示"全部完成，完成1处替换"。

Step 4 返回Excel工作表，可以看到空格替换的单元格中替换完毕。

004 活动字段的折叠与展开

数据透视表工具栏中的折叠与展开按钮可以使用户在不同的场合显示或隐藏一些数据信息。

本实例原始文件和最终效果所在位置如下。

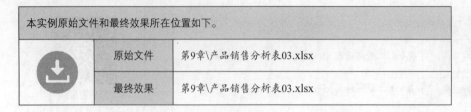

	原始文件	第9章\产品销售分析表03.xlsx
	最终效果	第9章\产品销售分析表03.xlsx

扫码看视频

Step 1 打开本实例的原始文件，在数据透视表中的"负责人"字段上单击鼠标右键，在弹出的菜单中选择【展开/折叠】➤【折叠到"销售地区"】命令。

Step 2 此时，即可将"负责人"字段中的姓名隐藏，如图所示。

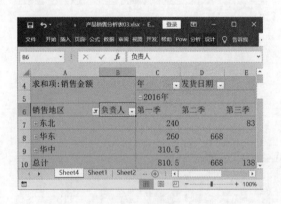

Step 3 如果想要显示隐藏的数据或显示指定的明细数据，则可单击其前的"+"按钮，例如单击地区前的"+"按钮，即可显示数据。

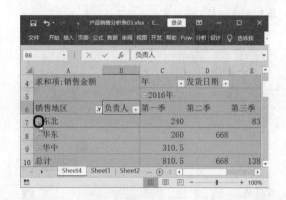

Step 4 如果想要去掉数据表中各字段项的"+/-"按钮，则在【在数据透视表工具】的【分析】选项卡下【显示】选项组中单击【+/-按钮】按钮即可。

注意

在数据透视表中各项所在的单元格上双击鼠标左键也可以显示或隐藏该项的明细数据。

005 显示与隐藏数据透视表中的数据

本实例原始文件和最终效果所在位置如下。

	原始文件	第9章\工资统计表02.xlsx
	最终效果	第9章\工资统计表02.xlsx

扫码看视频

用户可以根据实际工作需要显示或隐藏数据透视表中的数据，例如显示或隐藏明细数据、总计项和自定义的公式等。

Step 1 用户想要显示列区域中的明细数据，首先打开原始文件，然后切换到工作表Sheet4中，双击数据透视表列区域中的项目【财务部】。

Step 2 此时，打开【显示明细数据】对话框，在【请选择待要显示的明细数据所在的字段】列表框中选择【姓名】选项，然后单击【确定】按钮。

Step 3 此时，即可在列区域中显示出"财务部"统计的每个员工的"实发工资"的明细数据。

Step 4 如果想要隐藏数据，则再次双击【财务部】所在的单元格，即可将"财务部"统计的每个员工"实发工资"的明细数据隐藏起来。

Step 5 用户想要显示数据区域中的明细数据时，首先将"姓名"字段拖至行区域中，然后在数据透视表的数据区域中双击需要显示明细数据的单元格，在此双击单元格C5。

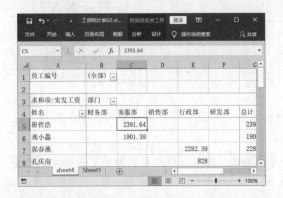

Step 6 此时系统会自动创建一个新的工作表Sheet3，并将单元格C5中的明细数据显示在该工作表。

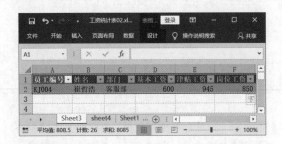

注意

由于数据区域中的明细数据是在新的工作表中显示的，因此，如果需要隐藏数据区域中的明细数据，就只能将明细数据的工作表删除。

Step 7 如果用户想要隐藏总计项，首先切换到工作表Sheet4中，选中数据透视表中的任意一个单元格，单击鼠标右键，在弹出的菜单中选择【数据透视表选项】选项。

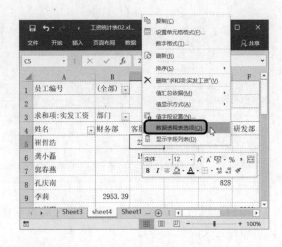

Step 8 此时打开【数据透视表选项】对话框，在【汇总和筛选】组合框中撤选【显示列总计】复选框，然后单击【确定】按钮。

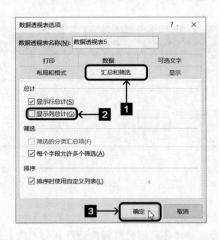

Step 9 返回Excel工作表，此时即可看到数据透视表中的列"总计"项已经被取消了。

如果在【数据透视表选项】对话框中的【汇总和筛选】组合框中撤选【显示行总计】复选框，单击【确定】按钮之后，数据透视表中的行"总计"项也会被取消。如果要重新显示列"总计"和行"总计"项，只需在【数据透视表选项】对话框中的【汇总和筛选】组合框中再次选中【显示列总计】和【显示行总计】复选框即可。

006 使用数据透视表的总计和分类汇总功能

本实例原始文件和最终效果所在位置如下。

⬇	原始文件	第9章\工资统计表03.xlsx
	最终效果	第9章\工资统计表03.xlsx

扫码看视频

如果在数据透视表中添加了两个或两个以上的行字段或者列字段，Excel 会自动显示外部行和列字段的分类汇总数据，而对于内部的行和列字段，用户则需要手动为其添加分类汇总信息。

Step 1 打开本实例的原始文件，切换到工作表 Sheet4中，将"部门"字段拖曳至行区域中的"姓名"字段的左侧。

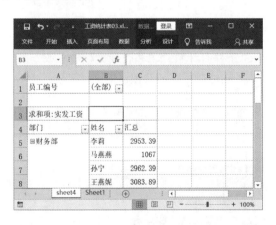

Step 2 在"部门"字段上单击鼠标右键，从弹出的快捷菜单中选择【字段设置】选项，或者双击"部门"字段。

Step 3 此时，打开【字段设置】对话框，在【分类汇总和筛选】组合框中选中【自定义】单选钮，接着在【选择一个或多个函数】列表框中选择【最大值】选项，然后单击【确定】按钮。

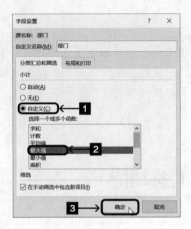

Step 4　此时，即可在数据透视表中显示各个部门的"实发工资"的"最大值"项。

007　分类汇总的显示方式

	本实例原始文件和最终效果所在位置如下。	
	原始文件	第9章\工资统计表04.xlsx
	最终效果	第9章\工资统计表04.xlsx

扫码看视频

分类汇总把所有记录根据要求条件进行汇总，汇总条件有计数、求和、最大、最小或方差等，比如选择的条件是计数，目标关键字是日期，则汇总结果就是把所有记录按日期进行汇总。

Step 1　例如，在数据透视表中，"部门"字段应用了分类汇总，用户可以通过多种方法将分类汇总删除，首先，可以利用工具栏中的按钮删除，单击数据透视表中的任意一个单元格，切换到【数据透视表工具】的【设计】选项卡，在【布局】组中单击【分类汇总】按钮，在弹出的下拉列表中选择【不显示分类汇总】选项。

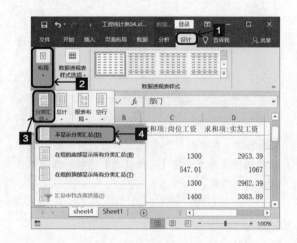
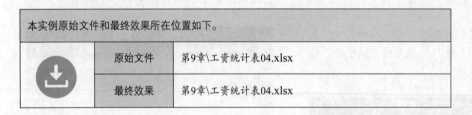

Step 2 此外，利用右键快捷菜单也可以删除分类汇总。在数据透视表中的"部门"字段标题或其项下的任意单元格中单击鼠标右键，在弹出的快捷菜单中选择【分类汇总"部门"】选项。

Step 3 用户还可以通过字段设置删除分类汇总。单击数据透视表中"部门"字段标题或其项下的任意单元格，切换到【数据透视表工具】的【分析】选项卡，在【活动字段】组中单击【字段设置】按钮，弹出【字段设置】对话框，切换到【分类汇总和筛选】选项卡，在【小计】组合框中选择【无】单选钮，单击【确定】按钮，关闭【字段设置】对话框。

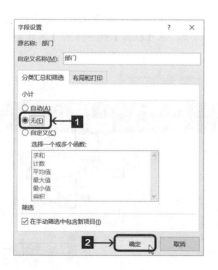

Step 4 对于以"大纲形式显示"和"以压缩形式显示"的数据透视表，用户还可以将分类汇总显示在每组数据的顶部。单击数据透视表中的任意单元格，切换到【在数据透视表工具】的【设计】选项卡，在【布局】组中单击【分类汇总】按钮，在弹出的菜单中选择【在组的顶部显示所有分类汇总】选项，效果如图所示。

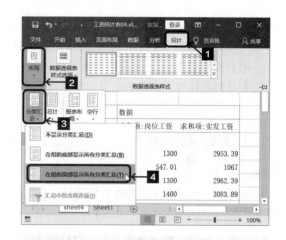

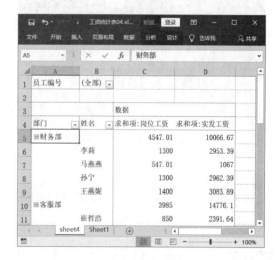

008 数据透视表的复制和移动

本实例原始文件和最终效果所在位置如下。

	原始文件	第9章\工资统计表05.xlsx
	最终效果	第9章\工资统计表05.xlsx

扫码看视频

　　如果用户对所创建的数据透视表不满意，除了可以重新创建一个新的数据透视表之外，还可以使用【数据透视表】工具栏对其进行各种编辑操作，使其达到满意的效果。

　　用户可以将数据透视表移动或者复制到同一个工作簿中的任意一个工作表中，但不能将其移动或者复制到其他工作簿中，否则数据透视表将无法正常使用。

　　移动与复制数据透视表的具体步骤如下。

1. 复制数据透视表

Step 1 打开本实例的原始文件，切换到工作表"Sheet4"中，选中数据透视表中A1:G31，单击鼠标右键，在弹出的快捷菜单中选择【复制】选项。

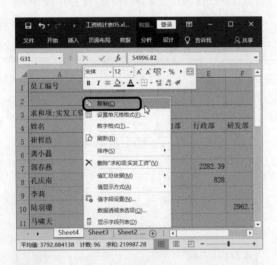

Step 2 在数据透视表区域以外的任意单元格（如I1）上单击鼠标右键，在弹出的快捷菜单中选择【粘贴】选项，即可快速复制一张数据透视表，如图所示。

Step 3 切换到【数据透视表工具】下的【分析】选项卡，在【操作】组中单击【选择】按钮，在弹出的下拉列表中选择【整个数据透视表】选项。

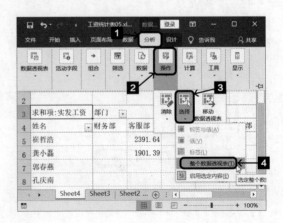

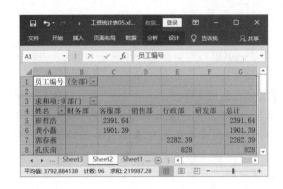

Step 4 此时即可选中整张数据透视表，按【Ctrl】+【X】组合键，切换到工作表Sheet2中，选中单元格A1，然后按【Ctrl】+【V】组合键，可将该数据透视表移动到Sheet2中。

2. 移动数据透视表

用户可以将已经创建好的数据透视表在同一个工作簿内的不同工作表中任意移动，还可以在打开的不同工作簿内的工作表中任意移动，来满足数据分析的需要。

Step 1 选中数据透视表中的任意一个单元格（如A7），切换到【数据透视表工具】的【分析】选项卡，在【操作】组中单击【移动数据透视表】选项。

Step 2 弹出【移动数据透视表】对话框。单击【移动数据透视表】对话框中【现有工作表】选项卡【位置】的折叠按钮，单击Sheet2工作表的标签，单击工作表中的A3单元格，效果如图所示。

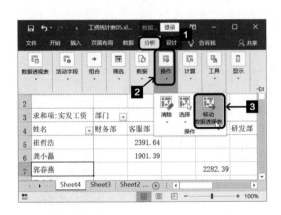

注意

如果要将数据透视表移动到新的工作表上，可以在【移动数据透视表】对话框中选择【新工作表】选项，单击【确定】按钮后，Excel将把数据透视表移动到一个新的工作表中。

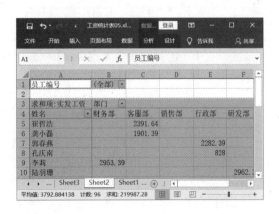

3. 删除数据透视表

如果用户不再需要使用数据透视表分析数据，可以将其删除。

Step 1 打开本实例的原始文件，切换到工作表Sheet4中，选中数据透视表中的任意一个单元格，切换到【数据透视表工具】下的【分析】选项卡，在【操作】组中单击【选择】按钮，在弹出的下拉列表中选择【整个数据透视表】选项。

Step 2 此时即可选中整个数据透视表，然后按【Delete】键删除数据透视表，效果如图所示。

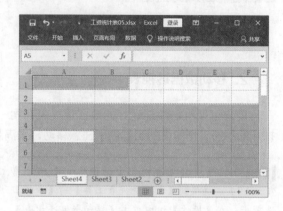

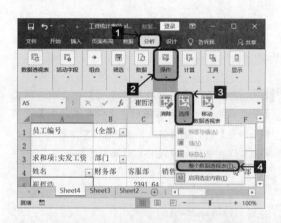

009　用二维表创建数据透视表

本实例原始文件和最终效果所在位置如下。		
	原始文件	第9章\创建数据透视表.xlsx
	最终效果	第9章\创建数据透视表.xlsx

扫码看视频

在实际工作中，用户使用较多的工作表通常是二维表，以这类二维表作为数据源创建数据透视表会有很多局限性。如果将二维表转换成一维表作为数据源创建数据透视表，则可以更加灵活地对数据透视表进行布局。

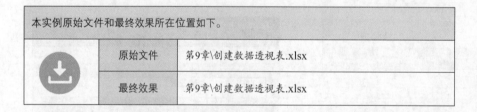

	A	B	C	D	E	F	G
1	组别	1月份	2月份	3月份	4月份	5月份	6月份
2	A组	40,537	46,475	54,354	46,477	40,231	45,402
3	B组	47,351	54,276	42,200	47,731	37,243	41,573
4	C组	41,733	53,077	37,552	43,360	53,571	41,777
5	D组	53,333	52,306	46,717	33,767	47,356	42,575
6	E组	41,357	46,403	45,373	43,750	51,762	50,343
7	F组	40,231	43,046	44,355	47,756	44,470	50,003
8	G组	44,041	54,767	44,052	41,737	40,400	44,137
9	H组	47,433	45,577	37,544	45,614	53,530	54,063

Step 1 打开本实例的原始文件，切换到工作表Sheet1中，依次按【Alt】键、【D】键、【P】键，即可弹出【数据透视表和数据透视图向导—步骤1（共3步）】对话框，在【请指定待分析数据的数据源类型】组合框中选中【多重合并计算数据区域】单选钮，在【所需创建的报表类型】组合框中选中【数据透视表】单选钮，单击【下一步】按钮。

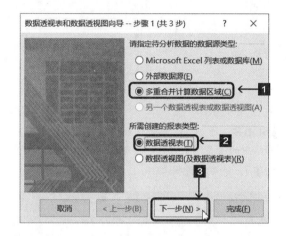

Step 2 弹出【数据透视表和数据透视图向导—步骤2a（共3步）】对话框，在【请指定所需的页字段数目】组合框中选中【创建单页字段】单选钮，单击【下一步】按钮。

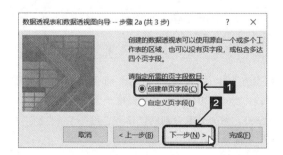

Step 3 弹出【数据透视表和数据透视图向导—第2b步，共3步】对话框，在【选定区域】文本框中输入"Sheet1!$A$1:$G$9"，然后单击【添加】按钮。

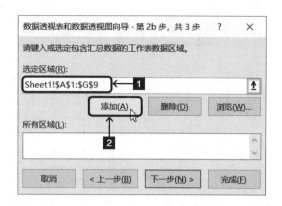

Step 4 此时，即可将选定的区域添加到【所有区域】列表框中，单击【下一步】按钮。

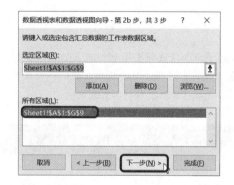

Step 5 弹出【数据透视表和数据透视图向导—步骤3（共3步）】对话框，在【数据透视表显示位置】组合框中选中【新工作表】单选钮，单击【完成】按钮。

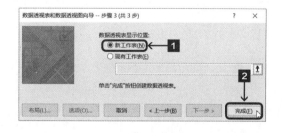

Step 6 此时，即可在Excel工作表中创建一个名为Sheet4的空白数据透视表，同时弹出【数据透视表字段】任务窗格。撤选【选择要添加到报表的字段】列表框中的4个复选框。

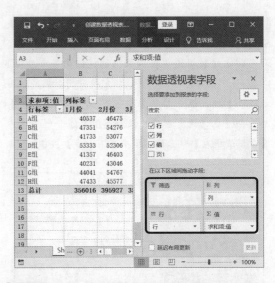

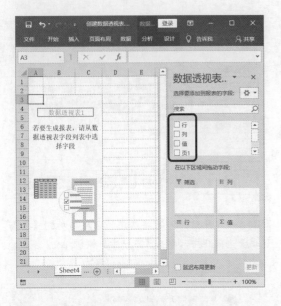

Step 7 在【选择要添加到报表的字段】列表框中选中【行】选项，单击鼠标右键，从弹出的快捷菜单中选择【添加到行标签】选项。

Step 8 此时，即可将【行】字段添加到【在以下区域间拖动字段】组合框中的【行标签】列表框中，按照相同的方法将【列】字段添加到【列标签】列表框中，将【值】字段添加到【值】列表框中。

Step 9 添加完毕单击【数据透视表字段】任务窗格中的【关闭】按钮，即可看到在空白数据表中创建了一个数据透视表。

Step 10 双击数据透视表的最后一个单元格H13，Excel 2016即可自动创建一个一维数据工作表Sheet5，该工作表分别以"行""列""值"和"页1"字段为标题纵向排列。

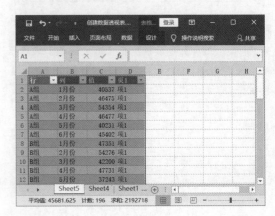

Step 11 以工作表Sheet5中的数据为数据源，用户可以创建不同的数据透视表。

010 批量设置汇总行格式

	本实例原始文件和最终效果所在位置如下。	
	原始文件	第9章\批量设置汇总行格式.xlsx
	最终效果	第9章\批量设置汇总行格式.xlsx

扫码看视频

　　为了使数据透视表中汇总行的数据更加直观醒目，可以对汇总行的单元格进行颜色填充或字体设置，利用数据透视表的"启用选定内容"功能可以快速地对汇总行进行批量设置，而不需要逐行设置，具体的操作步骤如下。

Step 1 打开本实例的原始文件，切换到数据透视表，选中数据区域汇总行中的任意一个单元格，例如选择单元格A10，切换到【数据透视表工具】工具栏中的【分析】选项卡，单击【操作】组中的【选择】按钮，从弹出的下拉列表中选择【启用选定内容】选项。

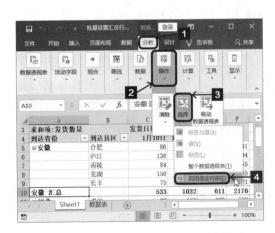

Step 2 此时，数据透视表中的所有汇总行已经被全部选中。

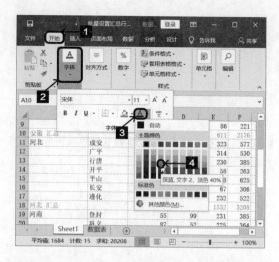

Step 3 切换到【开始】选项卡，在【字体】组中将字体颜色设置为"深蓝，文字2，淡色40%"。

Step 4 在【字体】组中单击【加粗】按钮，返回Excel表格，即可看到设置效果。

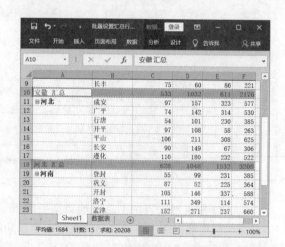

011　为数据透视表添加计算项

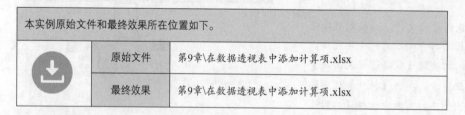

本实例原始文件和最终效果所在位置如下。

	原始文件	第9章\在数据透视表中添加计算项.xlsx
	最终效果	第9章\在数据透视表中添加计算项.xlsx

扫码看视频

　　数据透视表提供了强大的自动汇总功能，例如求和、计数、平均值、最大值和最小值等，可以满足用户多种多样的需求。如果这些功能仍然满足不了用户的需求，可以通过在数据透视表中添加计算项的方法来达到目的。

　　根据某公司销售部业务员2017年1月和2月的销售额表，计算该业务员2月销售额与1月销售额增减情况。具体的操作步骤如下。

Step 1 打开本实例的原始文件，切换到数据透视表Sheet2中，选中数据透视表列标签所在的单元格B1，切换到【数据透视表工具】工具栏中的【分析】选项卡，单击【计算】组中的【字段、项目和集】按钮，从弹出的下拉列表中选择【计算项】选项。

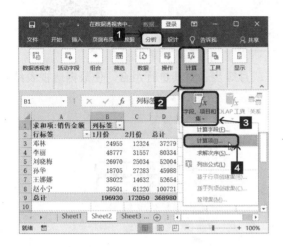

Step 2 弹出【在"月份"中插入计算字段】对话框，在【名称】文本框中输入"增减"，在【公式】文本框中输入"="，然后双击【项】列表框中的【1月份】选项，即可将"1月份"字段添加到【公式】文本框中。

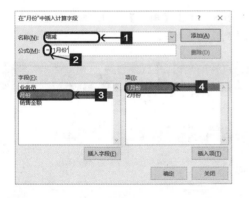

Step 3 在【公式】文本框中输入"－"，双击【项】列表框中的【2月份】选项，即可看到【公式】文本框中输入的公式。

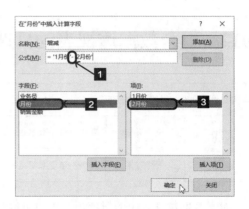

Step 4 单击【确定】按钮，即可看到数据透视表中新增加了一列"增减"字段。

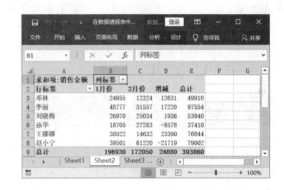

Step 5 添加"增减"字段之后，数据透视表中的"合计"字段就包含了"增减"字段的数据，因此"总计"字段就没有任何意义了，可以选中"总计"字段所在的单元格E2，单击鼠标右键，从弹出的快捷菜单中选择【删除总计】选项，即可删除"总计"字段。

012　组合数据透视表的日期项

本实例原始文件和最终效果所在位置如下。

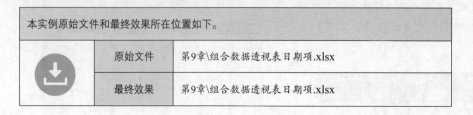	原始文件	第9章\组合数据透视表日期项.xlsx
	最终效果	第9章\组合数据透视表日期项.xlsx

扫码看视频

对于数据透视表中的日期项，用户可以按年、季或月等步长对其进行组合，使数据透视表结果更加直观。

Step 1　打开本实例的原始文件，切换到数据透视表Sheet1中，选中数据透视表日期字段中的任意一个单元格，例如选中单元格A2，单击鼠标右键，从弹出的快捷菜单中选择【组合】选项。

Step 2　弹出【组合】对话框，在【自动】组合框中的【起始于】文本框中输入"2017/1/1"，在【终止于】文本框中输入"2017/3/1"，在【步长】列表框中选中【月】选项。

Step 3　单击【确定】按钮返回数据透视表，即可看到设置的效果。

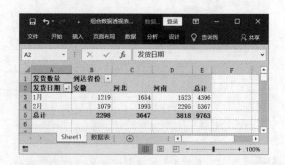

注意

　　数据源中的日期格式必须是系统可以识别的日期格式，否则在组合日期项时会弹出【Microsoft Excel】提示对话框，提示用户选定区域不能分组。

013 创建多重数据表

	原始文件	第9章\创建多重数据透视表.xlsx
	最终效果	第9章\创建多重数据透视表.xlsx

扫码看视频

默认情况下，Excel 2016 功能区中没有【数据透视表和数据透视图向导】按钮，如果用户需要创建多重合并计算数据区域的数据透视表，可以依次按【Alt】【D】【P】键，即可弹出数据透视表和数据透视图向导对话框，通过此向导创建多重数据透视表。

1. 创建单页字段

Step 1 打开本实例的原始文件，依次按【Alt】【D】【P】键，弹出【数据透视表和数据透视图向导—步骤1（共3步）】对话框，在【请指定待分析数据的数据源类型】组合框中选中【多重合并计算数据区域】单选钮，在【所需创建的报表类型】组合框中选中【数据透视表】单选钮，单击【下一步】按钮。

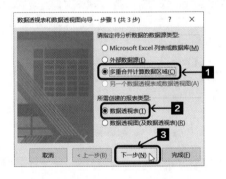

Step 2 弹出【数据透视表和数据透视图向导—步骤2a（共3步）】对话框，在【请指定所需的页字段数目】组合框中选中【创建单页字段】单选钮，单击【下一步】按钮。

Step 3 弹出【数据透视表和数据透视图向导—第2b步，共3步】对话框，将光标定位在【选定区域】文本框中，选中工作表"2014年1月"中的单元格区域A1:F45，然后单击【添加】按钮。

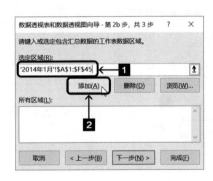

Step 4 此时，即可将选中区域添加到【所有区域】列表框中，按照相同的方法添加其余2个数据区域，单击【下一步】按钮。

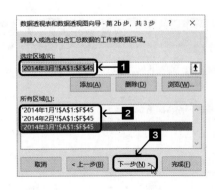

Step 5 弹出【数据透视表和数据透视图向导—步骤3（共3步）】对话框，在【数据透视表显示位置】组合框中选中【新工作表】单选钮，单击【完成】按钮。

Step 6 此时，即可在工作簿中插入一个数据透视表Sheet1，单击【列标签】字段右侧的下拉按钮，从弹出的下拉列表中撤选【(全选)】复选框，然后选中【销售数量】和【销售金额】复选框。

Step 7 单击【确定】按钮，即可看到列标签下的字段设置。

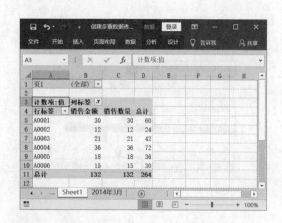

Step 8 选中"计数项:值"所在的单元格A3，单击鼠标右键，从弹出的快捷菜单中选择【值汇总依据】▷【求和】选项。

Step 9 此时，即可将"计数项：值"改为"求和项：值"，"销售金额""销售数量"和"总计"字段中的数据也发生相应的变化。

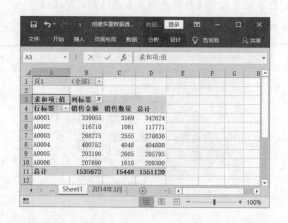

Step 10 "总计"字段为"销售金额"和"销售数量"之和，因此没有任何意义，可选中"总计"字段所在的单元格D4，单击鼠标右键，从弹出的快捷菜单中选择【删除总计】选项。

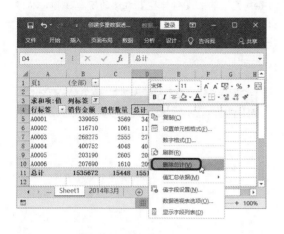

Step 11 在原始文件中即可看到删除"总计"字段。

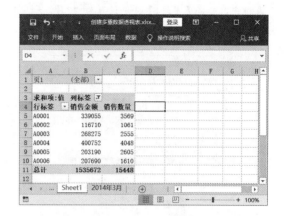

2. 自定义页字段

自定义字段是以事先定义的名称为待合并的各个数据源提前命名,创建数据透视表之后,自定义的页字段名称将出现在报表筛选字段的下拉列表中。

Step 1 依次按【Alt】【D】【P】键,弹出【数据透视表和数据透视图向导—步骤1(共3步)】对话框,在【请指定待分析数据的数据源类型】组合框中选中【多重合并计算数据区域】单选钮,在【所需创建的报表类型】组合框中选中【数据透视表】单选钮,单击【下一步】按钮。

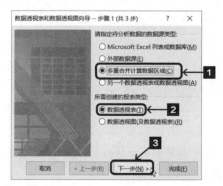

Step 2 弹出【数据透视表和数据透视图向导—步骤2a(共3步)】对话框,在【请指定所需的页字段数目】组合框中选中【自定义页字段】单选钮,单击【下一步】按钮。

Step 3 弹出【数据透视表和数据透视图向导—第2b步,共3步】对话框,在【选定区域】文本框中输入"'2014年1月'!$A$1:$F$45",然后单击【添加】按钮,即可将选中区域添加到【所有区域】列表框中。在【请先指定要建立在数据透视表中的页字段数目】组合框中选中【1】单选钮,在【字段1】下拉列表中输入"1月"。

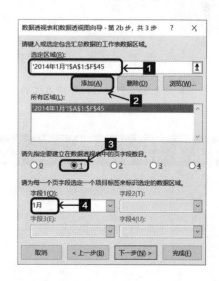

Step 4　按照相同的方法将"2014年2月"和"2014年3月"工作表数据区域添加到【所有区域】列表框中，并将【字段1】分别设置为"2月"和"3月"，单击【下一步】按钮。

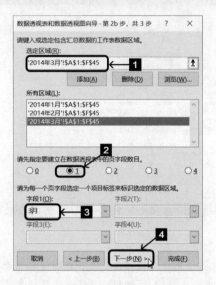

Step 5　弹出【数据透视表和数据透视图向导—步骤3（共3步）】对话框，在【数据透视表显示位置】组合框中选中【新工作表】单选钮。

Step 6　单击【完成】按钮，即可在工作簿中插入一个数据透视表Sheet2。

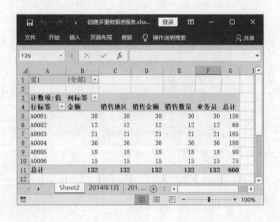

Step 7　单击【列标签】右侧的下拉按钮，从弹出的下拉列表中撤选【(全选)】复选框，选中【销售数量】和【销售金额】复选框，即可取消多余的字段显示。

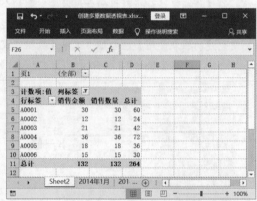

Step 8　按照前面介绍的方法更改数据透视表的计算类型并删除"总计"字段。

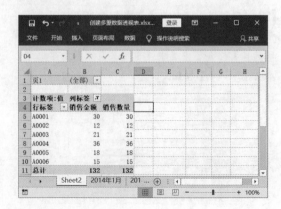

Step 9 切换到【数据透视表工具】工具栏中的【分析】选项卡，单击【显示】组中的【字段列表】按钮，打开【数据透视表字段】任务窗格，将【报表筛选】列表框中的【页1】字段移动到【列标签】列表框中。

Step 10 此时，即可看到数据透视表的布局发生了改变。

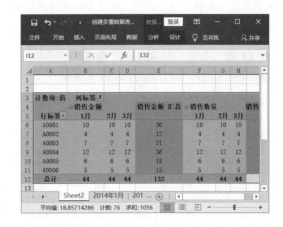

注意

创建多重合并计算数据区域的数据透视表，数据源可以是同一个工作簿的多个工作表，也可以是其他工作簿的多个工作表，但待合并的数据源工作表结构必须完全一致。

创建多重合并计算数据区域的数据透视表时，如果数据源有多个标题列，Excel 总是以各个数据源区域最左列作为合并的基准。

014 设置数据字段的数字格式

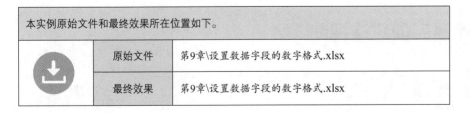

本实例原始文件和最终效果所在位置如下。

	原始文件	第9章\设置数据字段的数字格式.xlsx
	最终效果	第9章\设置数据字段的数字格式.xlsx

扫码看视频

在数据透视表中可以设置数据字段中单元格的数字格式。

Step 1 打开本实例的原始文件，切换到数据透视表中，在"求和项：金额"字段所在的单元格A3上单击鼠标右键，从弹出的快捷菜单中选择【值字段设置】选项。

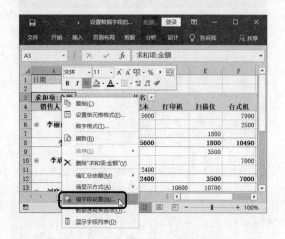

Step 2 弹出【值字段设置】对话框，单击【数字格式】按钮。

Step 3 弹出【设置单元格格式】对话框，在该对话框中用户可以根据需要设置数字格式。

Step 4 单击【确定】按钮，返回Excel工作表，即可看到数字格式的设置效果。

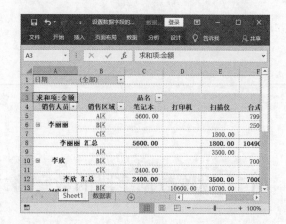

015 利用透视表创建透视图

本实例原始文件和最终效果所在位置如下。

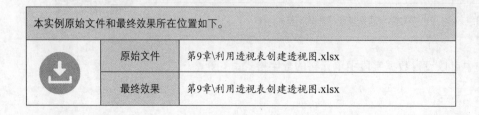

	原始文件	第9章\利用透视表创建透视图.xlsx
	最终效果	第9章\利用透视表创建透视图.xlsx

扫码看视频

数据透视图是以图形形式表示数据透视表中的数据。创建数据透视图的方法有两种：一种是利用原有的数据源创建数据透视图；另一种是在数据透视表的基础上创建数据透视图。

1. 在数据透视表的基础上创建透视图

下面介绍如何在数据透视表的基础上创建数据透视图。

Step 1 打开本实例的原始文件，切换到数据透视表，单击数据区域的任意单元格，然后切换到【数据透视表工具】下的【分析】选项卡，单击【工具】组中【数据透视图】按钮。

Step 2 弹出【插入图表】对话框，切换到【柱形图】选项卡，选择【簇状柱形图】选项。

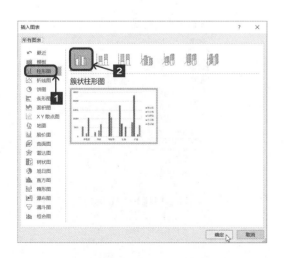

Step 3 单击【确定】按钮，即可在数据透视表中创建一个数据透视图，调整其大小和位置，效果如图所示。

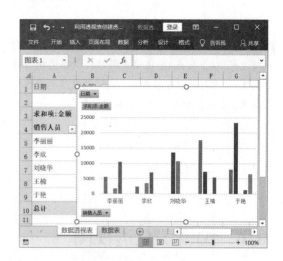

2. 编辑美化数据透视图

为了使数据透视图更加美观大方，用户可以对其图表区、绘图区、数据系列、坐标轴和图例等组成部分进行格式化设置。

Step 1 打开本实例的原始文件，单击图表区域，选中整张数据透视图，在【开始】选项卡的【字体】组中单击"字号"下拉按钮，在弹出的下拉列表中选择需要设置的字号。

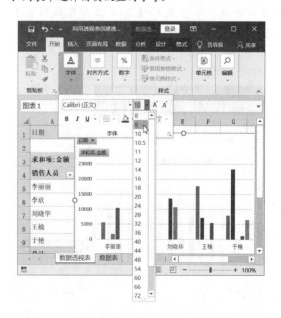

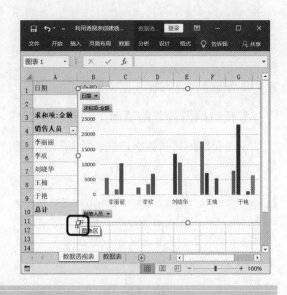

Step 2 选中数据透视图后，将鼠标指针移动到数据透视图4个角或4个边框中间时，数据透视图将会在这8个方向上出现操作柄，通过拖曳这些操作柄可以调整图表的大小，效果如图所示。

016 编辑美化透视图

1. 设置图表区格式

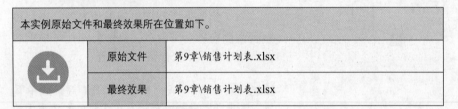

	原始文件	第9章\销售计划表.xlsx
	最终效果	第9章\销售计划表.xlsx

扫码看视频

Step 1 打开本实例的原始文件，选中数据透视图中的图表区，单击鼠标右键，在弹出的快捷菜单中选择【设置图表区域格式】选项。

Step 2 弹出【设置图表区格式】任务窗格，切换到【填充与线条】选项下，选择【填充】选项，选中【图案填充】单选项，选择一种合适的图案。

Step 3 选择【边框】选项，在下拉选项中选择【实线】选项，在【颜色】下拉列表中选择一种合适的颜色，在【透明度】【宽度】【复合类型】等选项中选择设置好合适的样式即可。

Step 4 切换到效果选项，随即打开效果选项任务列表。

Step 5 在【阴影】选项下选择【预设】，在下拉列表中选择【外部、偏移：下】选项。

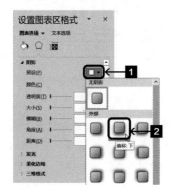

Step 6 在【颜色】选项下选择合适的颜色，再适当调整【透明度】【大小】【模糊】【角度】【距离】。

Step 7 设置完毕，效果如图所示。

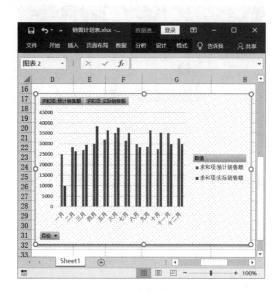

2. 显示并更改不可见系列数据的图表类型

	本实例原始文件和最终效果所在位置如下。	
	原始文件	第9章\销售计划表1.xlsx
	最终效果	第9章\销售计划表1.xlsx

扫码看视频

为了将"差异百分比"系列在数据透视图中显示出来，需要将其设置为次坐标。

Step 1 打开本实例的原始文件，选中数据透视图，切换到【数据透视图工具】的【设计】选项卡，单击【添加图表元素】按钮，在下拉列表中单击【坐标轴】▶【更多轴选项】选项。

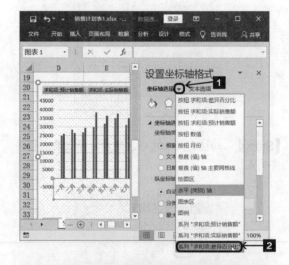

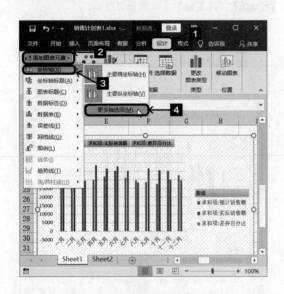

Step 2 此时数据透视图右侧打开【设置坐标轴格式】任务窗格。在【坐标轴选项】下拉列表中单击【系列"求和项：差异百分比"】选项，此时图中"差异百分比"系列显示为被选中状态。

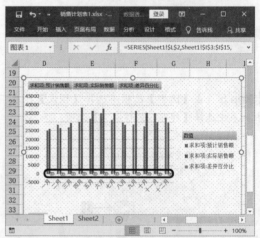

Step 3 在【设置数据系列格式】任务窗格的【系列绘制在】选项中单击【次坐标轴】，将"差异百分比"绘制在次坐标轴上。

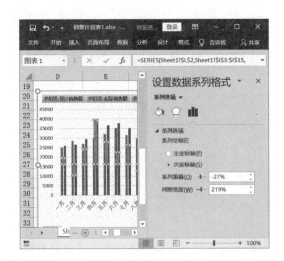

下侧的【为您的数据系列选择图表类型和轴】组合框中，"求和项：差异百分比"系列的"次坐标"选项也被自动勾选。单击"求和项：差异百分比"系列的【图表类型】列表框的下拉按钮，在打开的图表类型列表中单击【带数据标记的折线图】，单击【确定】按钮，设置操作及结果如图所示。

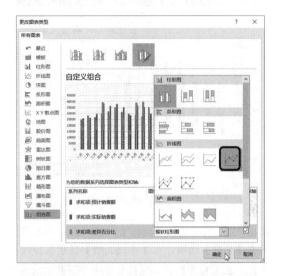

Step 4 选中数据透视图中的图表区，单击鼠标右键，在弹出的菜单中选择【更改图表类型】选项。

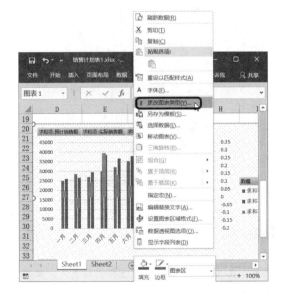

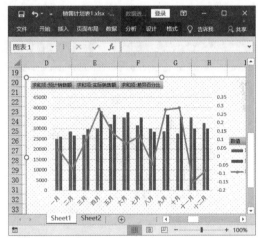

Step 5 打开【更改图表类型】对话框，此时，Excel自动选择了【组合图】图表类型，同时，在右

3. 修改数据图形的样式

本实例原始文件和最终效果所在位置如下。		
	原始文件	第9章\销售计划表2.xlsx
	最终效果	第9章\销售计划表2.xlsx

扫码看视频

　　为了使"差异百分比"系列图形更加突出和醒目，可以对图形样式进行进一步美化，包括修改图形的数据标记的外形、填充色和改变图形线条的颜色等。

Step 1 打开本实例的原始文件，选中"求和项：差异百分比"系列，单击鼠标右键，在弹出的快捷菜单中选择【设置数据系列格式】选项，效果如图所示。

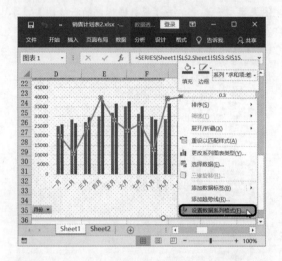

Step 2 打开【设置数据系列格式】任务窗格，单击【标记】选项，在【标记选项】区中选择【内置】，在【类型】下拉列表中选择"圆形"，将数据标记设置为圆形，效果如图所示。

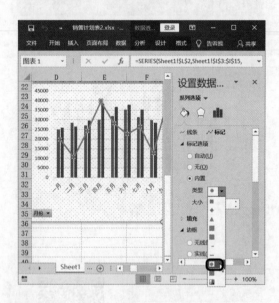

Step 3 在【设置数据系列格式】任务窗格中，向下移动滚动条至【填充】选项区，选择【纯色填充】，在【颜色】调色板中选择"白色，背景1"作为标志的底色，绘制成一个白色底色的空心圆，效果如图所示。

Step 4 继续向下移动滚动条至【边框】选项区，选择【实线】，在【颜色】调色板中选择"黑色，文字1"作为数据标记边框的颜色，效果如图所示。

Step 5 在【设置数据系列格式】任务窗格中，单击【线条】选项，在【线条】选项中选择【实线】，在【颜色】调色板中选择"红色"，效果如图所示。

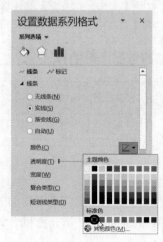

Step 6 设置完成的数据透视图中，"求和项：差异百分比"系列变为红色折线，数据标记为白底黑圈，这样，"差异百分比"系列线条比较醒目并且标记清晰，效果如图所示。

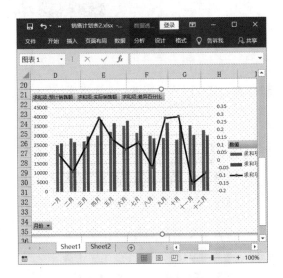

Step 7 选中"求和项：实际销售额"系列，打开【设置数据系列格式】任务窗格，在【填充】选项区域中选择"无填充"，在【边框】选项区域中选择"实线"，并选择一种合适的颜色，【宽度】设置为"2.25磅"，效果如图所示。

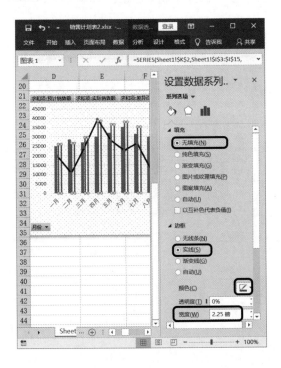

Step 8 设置系列重叠。在【设置数据系列格式】任务窗格中单击【系列选项】选项卡，将【系列重叠】设置为100%，设置后的效果如图所示。

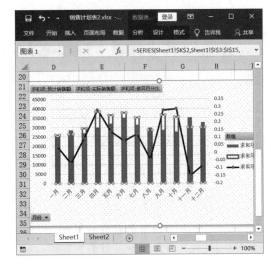

4. 设置图表区域及绘图区域底色

	本实例原始文件和最终效果所在位置如下。	
	原始文件	第9章\销售计划表3.xlsx
	最终效果	第9章\销售计划表3.xlsx

扫码看视频

用户可以直接在功能菜单中选择Excel 2016预置的样式，对数据透视图进行快速格式设置。

Step 1 选中数据透视图的"图表区域"，切换到【数据透视图工具】下的【格式】选项卡，在【形状样式】组中单击【其他】按钮，在弹出的下拉列表中单击【细微效果—金色，强调颜色4】样式，数据透视图"图表区域"底色立即发生变化，效果如图所示。

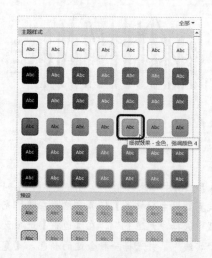

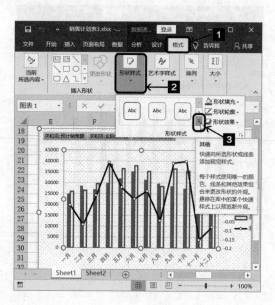

Step 2 设置后的数据透视图美化效果如图所示。

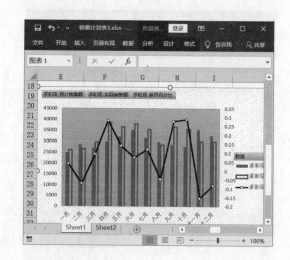

017 使用数据透视图向导创建数据透视图

本实例原始文件和最终效果所在位置如下。

	原始文件	第9章\工资统计表1.xlsx
	最终效果	第9章\工资统计表1.xlsx

扫码看视频

创建数据透视图的方法有很多种，可以使用 Excel 提供的"数据透视表和数据透视图向导"创建，也可以使用图表工具创建。

Step 1 打开本实例的素材文件，切换到工作表 Sheet1 中，选中【数据透视表和数据透视图向导】选项，如果没有可以按照以下操作添加【数据透视表和数据透视图向导】选项：单击功能区中的【自定义快速访问工具栏】按钮 ，在弹出的下拉列表中单击【其他命令】选项。

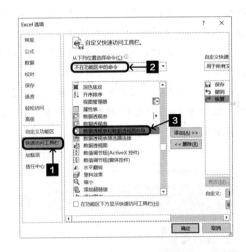

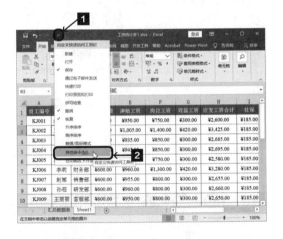

Step 2 弹出【Excel选项】对话框，单击【快速访问工具栏】选项，在【从下列位置选择命令】中选择【不在功能区中的命令】，在下拉列表中选择【数据透视表和数据透视图向导】选项。

Step 3 单击【添加】按钮，即可看到【数据透视表和数据透视图向导】添加到右侧的列表中，单击【确定】按钮。

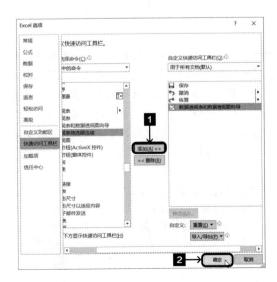

Step 4 返回Excel工作表，即可看到【数据透视表和数据透视图向导】添加到【自定义快速访问工具栏】中。

Step 5 单击【数据透视表和数据透视图向导】按钮，随即打开【数据透视表和数据透视图向导—步骤1（共3步）】对话框，在【请指定待分析数据的数据源类型】组合框中选中【Microsoft Excel列表或数据库】单选钮，在【所需创建的报表类型】组合框中选中【数据透视图（及数据透视表）】单选钮，然后单击【下一步】按钮。

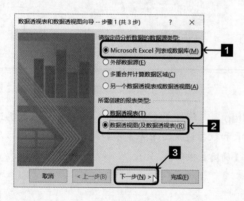

Step 6 此时，打开【数据透视表和数据透视图向导—第2步，共3步】对话框，在【选定区域】文本框中输入需要创建数据透视图的数据区域，这里输入"$A$1:$M$27"，用户也可以使用鼠标拖曳的方法在工作表中自定义选择数据源区域，选择完毕单击【下一步】按钮。

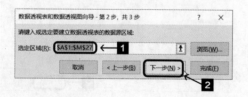

Step 7 打开【数据透视表和数据透视图向导—步骤3（共3步）】对话框，在【数据透视表显示位置】组合框中选中【新工作表】单选钮，然后单击【完成】按钮。

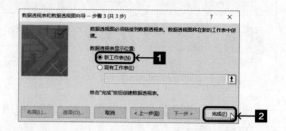

Step 8 此时，即可看到新创建的数据透视表，在新创建的数据透视表中添加好要设置的名称等内容。

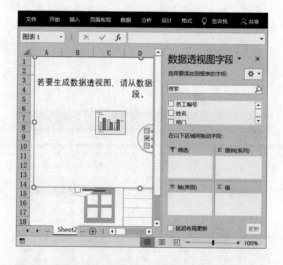

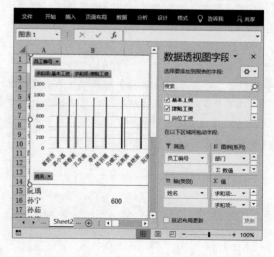

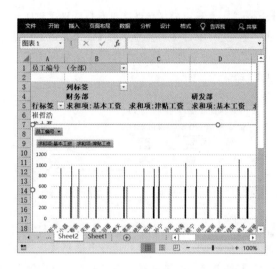

Step 9 此时，即可在新建的工作表中创建一个数据透视图和数据透视表，效果如图所示。

018 使用图表工具创建数据透视图

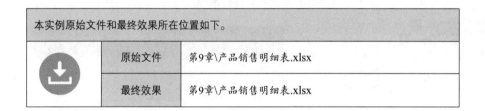 本实例原始文件和最终效果所在位置如下。		
	原始文件	第9章\产品销售明细表.xlsx
	最终效果	第9章\产品销售明细表.xlsx

扫码看视频

用户可以使用图表工具在已经创建的数据透视表的基础上创建数据透视图。

Step 1 打开本实例的原始文件，单击数据透视表区域以外的任意一个单元格，依次按【Alt】【D】【P】键。

Step 2 弹出【数据透视表和数据透视图向导—步骤1（共3步）】对话框，选中【数据透视图（及数据透视表）】单选钮，单击【下一步】按钮，如图所示。

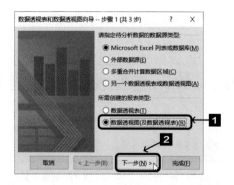

Step 3　在弹出的【数据透视表和数据透视图向导—第2步，共3步】对话框中的【选定区域】编辑框中已经自动添加了数据源表区域，单击【下一步】按钮。

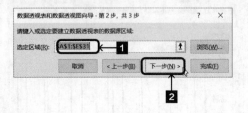

Step 4　在弹出的【数据透视表和数据透视图向导—步骤3（共3步）】对话框中选中【现有工作表】单选钮，在编辑框中选取输入"'4月份'!$G$12"，单击【完成】按钮，效果如图所示。

Step 5　弹出【数据透视图字段】任务窗格，按照需要进行设置。

Step 6　在【数据透视图字段】任务窗格中对数据透视表和数据透视图进行布局，最后创建的数据透视图如图所示。

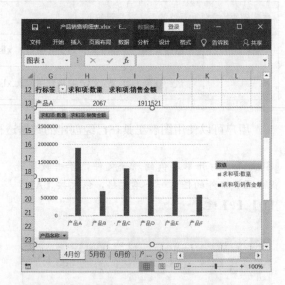

019　数据透视表与数据透视图之间的影响

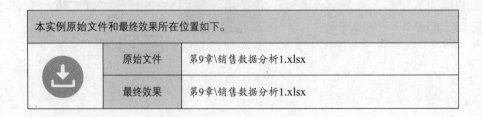

本实例原始文件和最终效果所在位置如下。			
	原始文件	第9章\销售数据分析1.xlsx	
	最终效果	第9章\销售数据分析1.xlsx	

扫码看视频

1.【筛选器】字段筛选的影响

数据透视表与数据透视图之间存在着密切的关系，数据透视图是在数据透视表基础之上创建的，在数据透视表或数据透视图中进行字段筛选都会引起两者的变化。

Step 1 在数据透视表筛选器字段"产品名称"的下拉列表中，勾选【选择多项】复选框，同时取消对【（全部）】复选框的勾选，勾选【电脑】复选框，单击【确定】按钮。

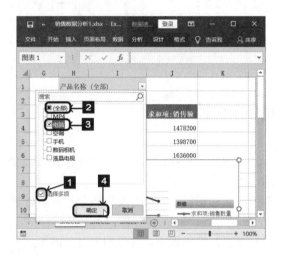

Step 2 可以看到数据透视表和数据透视图同时发生了改变，数据透视图中的"产品名称"字段筛选列表中的【选择多项】和"电脑"字段项的复选框也已经被勾选，效果如图所示。

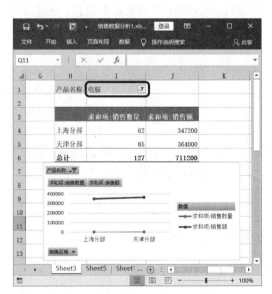

2.【轴（类别）】筛选的影响

在数据透视图中"轴（类别）"的【销售区域】字段的下拉列表中，取消全选，选择"青岛分部"，单击【确定】按钮，数据透视表和数据透视图也会同时发生相应变化，效果如图所示。

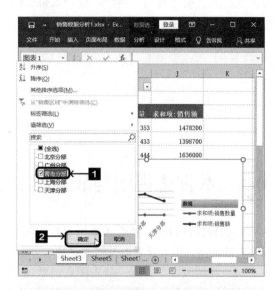

3. 字段调整的影响

如果将字段"销售区域"移动至【行】区域，数据透视表将形成双"行标签"字段，此时数据透视图立即发生变化，在【数据透视图字段】对话框中，【轴（类别）】字段也变为"销售区域"和"销售日期"两个字段，效果如图所示。

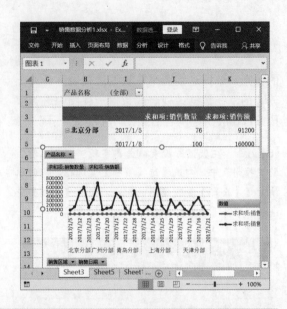

020　数据透视图与静态图表之间的区别

虽然数据透视图中的多数操作与常规图表中的一样，但是二者在图表类型、图表位置、创建图表、源数据、图表元素以及格式设置等方面还是有所区别的。

（1）在图表类型方面，静态图表的默认图表类型为簇状柱形图，它按分类比较数据。数据透视图的默认图表类型为堆积柱形图，它比较各个数据在整个分类中所占的比例。

（2）在图表位置方面，静态图表的默认图表位置是在当前工作表中，并以图表对象的形式插入当前工作表中。数据透视图的默认图表位置是在新建的工作表中，是以新工作表的形式插入当前工作簿中的。

（3）在创建图表方面，静态图表只能使用图表向导创建，数据透视图则既可以使用图表向导创建，又可以根据现有的数据透视表使用"数据透视表和数据透视图向导"创建。

（4）在源数据方面，静态图表显示的是用户所选择的数据区域中的全部数据信息，不能单独显示其中的某项数据信息。数据透视视图则既可以显示全部的源数据信息，用户又可以根据需要只显示源数据中的某一部分数据信息。

（5）在图表元素方面，静态图表中包含图表区、绘图区、图例、坐标轴、数据系列和标题等基本的图表元素。数据透视图中除了包含这些基本的图表元素之外，还包含了页、行、列以及数据字段等按钮，用户可以单击字段按钮右侧的下拉按钮，然后从弹出的下拉列表中选择需要显示的数据内容。

（6）在格式设置方面，静态图表主要是对图表的各个组成元素进行相应的格式设置，而在数据透视图中，除了对各个基本组成元素进行格式设置之外，还可以对字段按钮进行格式设置。

1. 将数据透视图转为图片形式

将数据透视图转为静态图表最直接的方法是将数据透视图转为图片形式。

Step 1 选中数据透视图，单击鼠标右键，在弹出的快捷菜单中选择【复制】选项。

Step 2 　在需要存放图片的单元格上单击鼠标右键，在弹出的快捷菜单中选择【选择性粘贴】选项。

Step 3 　在打开的【选择性粘贴】对话框中的【方式】中选择所需的图形格式，然后单击【确定】按钮，关闭对话框。

2. 直接删除数据透视表

另一种方法是，全部选中数据透视表，直接按【Delete】键，删除数据透视表，此时数据透视图仍然存在，但数据透视图的系列数据被转为常量数组形式，从而形成静态的图表。

这种方法的优点是，保留了数据透视图的图表形态，操作同样便捷。

缺点是与数据透视图相关的数据透视表被删除，破坏了数据透视表数据的完整性。

021　隐藏数据透视图中多余的系列

本实例原始文件和最终效果所在位置如下。

	原始文件	第9章\销售汇总表.xlsx
	最终效果	第9章\销售汇总表.xlsx

扫码看视频

为了更好地反映数量和价格之间的关系，需要将"金额"系列从数据透视图中删除，但这样一来数据透视表就不能完整地反映量、价和金额的数据关系。用户可以通过采用隐藏的方法来处理多余的图表系列，本例将"金额"系列设置在"次坐标轴"上，并将图表类型改为"带数据标记的折线图"，具体方法如下。

Step 1 　选中"金额"系列，切换到【数据透视图工具】的【设计】选项卡，在【类型】组中单击【更改图表类型】按钮。

Step 2 　弹出【更改图表类型】对话框，效果如图所示。

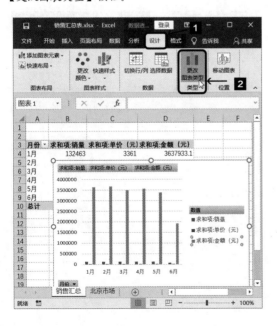

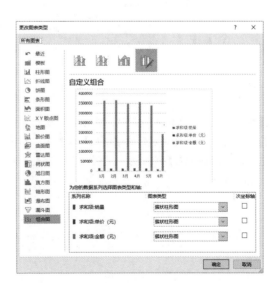

Step 3 此时，Excel自动选择了【组合】图表类型，在右下侧的【为您的数据系列选择图表类型和轴】组合框中，勾选"求和项：金额"系列的"次坐标轴"选项。单击"求和项：金额"系列的【图表类型】列表框的下拉按钮，在打开的图表类型列表中单击【带数据标记的折线图】，单击【确定】按钮，设置操作及结果如图所示。

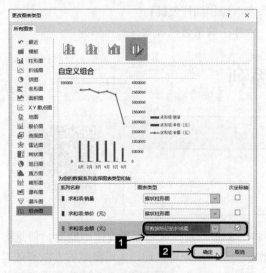

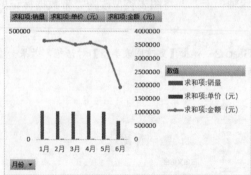

Step 4 选中"销量"系列，将【系列重叠】设置为"100%"，并将系列的【填充】设置为"无填充"，【边框颜色】设置为"无线条"，设置后的效果如图所示。

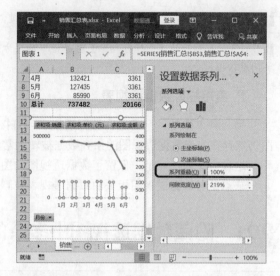

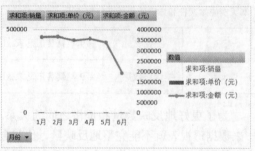

Step 5 选中"坐标轴"系列，在【设置坐标轴格式】任务窗格中，将【坐标轴选项】中的【最小值】设置为固定"2000"，将【最大值】设置为"4002000"，设置后的效果如图所示。

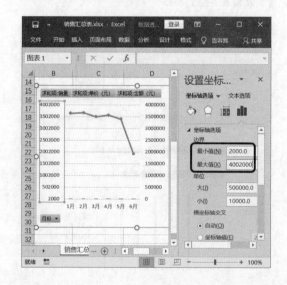

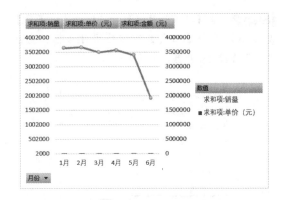

Step 6 在"图例"中删除"金额"系列的图例，最终得到的量价图形结果如图所示。

022 使用切片器控制数据透视表

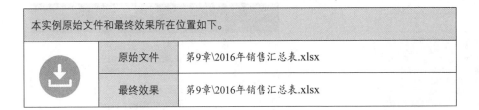

	本实例原始文件和最终效果所在位置如下。	
	原始文件	第9章\2016年销售汇总表.xlsx
	最终效果	第9章\2016年销售汇总表.xlsx

扫码看视频

切片器是 Excel 2016 的特色功能，用户可以使用切片器功能对数据透视图进行有效的控制。

下图中的"数据源"工作表中展示了某公司 2016 年销售情况数据，并在"数据透视表"工作表中按分公司和品类两个角度创建了同源数据透视表，最后在"数据透视图"工作表中分别创建了数据透视图。

用户可以在"数据透视图"工作表中使用切片器功能对数据透视图实施联动控制，具体操作步骤如下。

Step 1 在"数据透视图"工作表中选中"数据透视图（按公司）"，在【插入】选项卡的【筛选器】命令组中单击【切片器】命令，打开【插入切片器】对话框，效果如图所示。

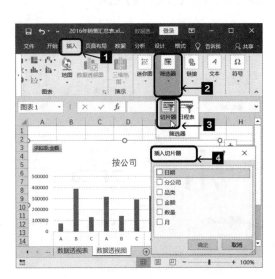

Step 2　在【插入切片器】对话框中选中【月】复选框，单击【确定】按钮关闭对话框。生成"月"字段的切片器，如图所示。

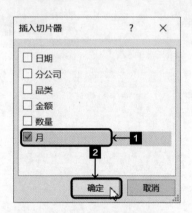

Step 3　选中切片器，单击鼠标右键，在弹出的快捷菜单中单击【报表连接】选项。

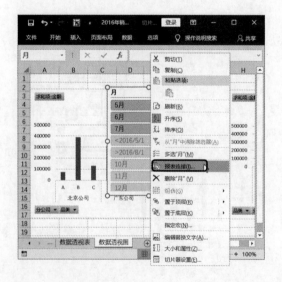

Step 4　打开【数据透视表连接（月）】对话框，勾选"数据透视表3"，单击【确定】按钮创建"数据透视表2"与"数据透视表3"之间的连接，如图所示。

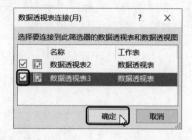

Step 5　选中"月"切片器，单击鼠标右键，在弹出的快捷菜单中单击【大小和属性】选项。

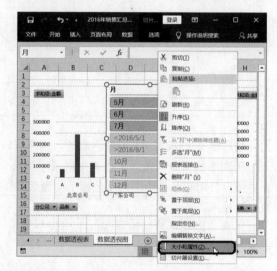

Step 6　在弹出的【格式切片器】任务窗格中，单击【位置和布局】选项，在【框架】选项组中将【列数】设置为"3"，单击【关闭】按钮完成设置，效果如图所示。

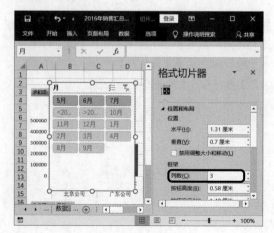

Step 7 设置"月"切片器的大小及显示外观，完成的效果如图所示。

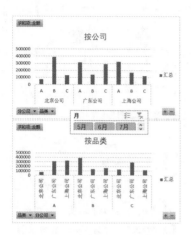

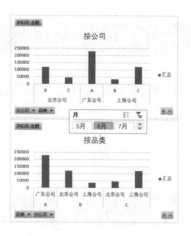

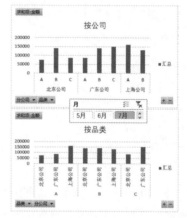

Step 8 当在"月"切片器中单击"6月"选项，两个数据透视图发生相应的联动变化。当在"月"切片器中单击"7月"选项，两个数据透视图再次发生相应的联动变化，效果如图所示。

023 在数据透视表中插入迷你图

	本实例原始文件和最终效果所在位置如下。	
	原始文件	第9章\超市糖果销售表01.xlsx
	最终效果	第9章\超市糖果销售表01.xlsx

扫码看视频

　　迷你图是 Excel 2016 的一个方便快捷的功能，它可以在工作表的单元格中创建出一个微型图表，用于展示数据序列的趋势变化或用于一组数据的对比。迷你图主要包括折线图、柱形图和盈亏图。用户可以将迷你图插入数据透视表内，以图表形式展示数据透视表中的数据。

　　如图展示了某北京市 2019 年 4 月、5 月、6 月各超市销售情况数据，并根据数据创建了分析用的数据透视表。用户可以在这张数据透视表中插入迷你图，更形象地反映 4 月、5 月、6 月各种食品销售的趋势变化情况，具体设置步骤如下。

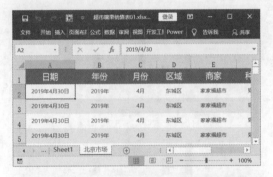

Step 1 在"Sheet1"工作表中，选中数据透视表B4单元格的"月份"字段名称，切换到【数据透视表工具】下的【分析】选项卡，在【计算】组中单击【字段、项目和集】下拉按钮，在弹出的下拉列表中选择【计算项】选项。

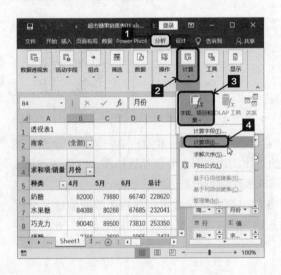

Step 2 弹出【在"月份"中插入计算字段】对话框，在"名称"编辑框中输入"分析图"，公式设置为空，字段选择"月份"，单击【确定】按钮。

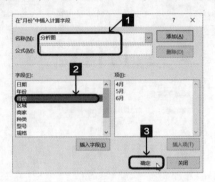

Step 3 将插入的空白计算项"分析图"移动到B列，选中【分析图】字段，单击鼠标右键，在弹出的快捷菜单中选择【移动】▶【将"分析图"移至开头】选项。

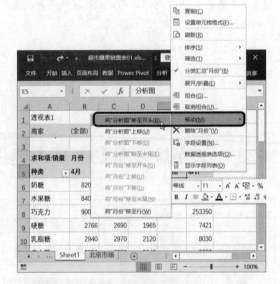

移动后的效果如图所示。

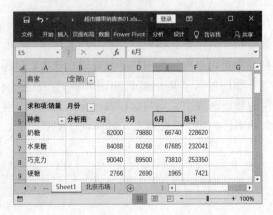

Step 4 选中数据透视表的单元格区域B6:B11，切换到【插入】选项卡，在【迷你图】组中单击【折线】选项。

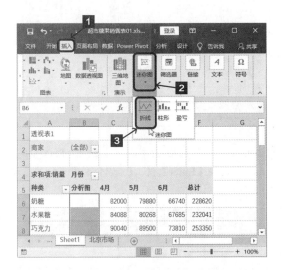

Step 5 在打开的【创建迷你图】对话框中，设置【数据范围】为C6:E11，效果如图所示。

Step 6 在【创建迷你图】对话框中单击【确定】按钮完成设置，效果如图所示。

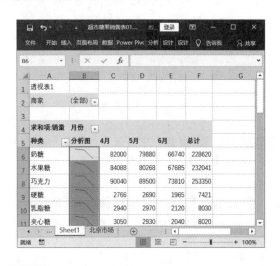

Step 7 在数据透视表中选择"种类"字段中不同的字段项，分析图也会随"种类"字段中不同的选择进行相应的变动，效果如图所示。

024　按星期和小时双维度透视查看天猫服装上下架分布

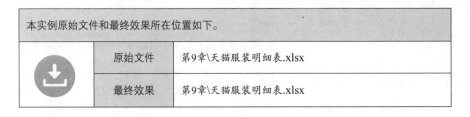

本实例原始文件和最终效果所在位置如下。

	原始文件	第9章\天猫服装明细表.xlsx
	最终效果	第9章\天猫服装明细表.xlsx

扫码看视频

　　图中展示的是某天猫女装类目下部分产品的上下架日期和时间的记录表，为了便于运营人员查看和分析数据，需要将其按照星期和小时双维度展示女装产品的上下架分布情况。

商品ID	商品名称	下架日期	下架时间	规格型号	颜色	进价	售价	尺码	数量
1506556354	男装	2017/3/6	8:25:34	男装-白色	白色	230	298	XS	9
1506556355	男装	2017/3/7	9:45:34	男装-红色	红色	230	298	S	15
1506556356	男装	2017/3/8	10.35.35	男装-白色	白色	230	298	XS	7
1506556357	男装	2017/3/9	21.25.34	男装-蓝色	蓝色	230	298	M	24
1506556358	女装	2017/3/10	12.25.14	女装-白色	白色	340	399	XS	11
1506556359	女装	2017/3/11	13.15.44	女装-黄色	黄色	340	399	S	20
1506556360	女装	2017/3/12	14.25.34	女装-红色	红色	340	399	M	22
1506556361	女装	2017/3/13	15.05.34	女装-黑色	黑色	340	399	XS	18
1506556362	女装	2017/3/14	16.25.04	女装-紫色	紫色	340	399	M	25

Step 1　单击数据源中的任意一个单元格（如A5），按【Ctrl】+【T】组合键创建表。

	A	B	C	D	E	F
1	商品ID	商品名称	下架日期	下架时间	规格型号	颜色
2	1506556354	男装	2017/3/6	8:25:34	男装-白色	白色
3	1506556355	男装	2017/3/7	9:45:34	男装-红色	红色
4	1506556356	男装	2017/3/8	10.35.35	男装-白色	白色
5	1506556357	男装				蓝色
6	1506556358	女装				白色
7	1506556359	女装				黄色
8	1506556360	女装				黑色
9	1506556361	女装				黑色
10	1506556362	女装	2017/3/14	16.25.04	女装-紫色	紫色
11	1506556363	女装	2017/3/15	7.25.34	女装-粉色	粉色

创建表　？　×
表数据的来源(W):
=$A$1:$J$21　↑
☑表包含标题(M)
确定　　取消

Step 2　在弹出的【创建表】对话框中，Excel会自动选择连续的数据区域$A$1:$J$21作为表数据的来源，单击【确定】按钮，效果如图所示。

	A	B	C	D	E	F
1	商品ID	商品名称	下架日期	下架时间	规格型号	颜色
2	1506556354	男装	2017/3/6	8:25:34	男装-白色	白色
3	1506556355	男装	2017/3/7	9:45:34	男装-红色	红色
4	1506556356	男装	2017/3/8	10.35.35	男装-白色	白色
5	1506556357	男装	2017/3/9	21.25.34	男装-蓝色	蓝色
6	1506556358	女装	2017/3/10	12.25.14	女装-白色	白色
7	1506556359	女装	2017/3/11	13.15.44	女装-黄色	黄色
8	1506556360	女装	2017/3/12	14.25.34	女装-红色	红色
9	1506556361	女装	2017/3/13	15.05.34	女装-黑色	黑色
10	1506556362	女装	2017/3/14	16.25.04	女装-紫色	紫色
11	1506556363	女装	2017/3/15	7.25.34	女装-粉色	粉色

Step 3　选中E列，单击鼠标右键，在弹出的快捷菜单中选择【插入】选项，然后单击数据源区域单元格E1，输入"星期"作为字段名称。

	A	B	C	D	E	F
1	商品ID	商品名称	下架日期	下架时间		星期	规格型
2	1506556354	男装	2017/3/6	8:25:34		男装-白
3	1506556355	男装	2017/3/7	9:45:34		男装-红
4	1506556356	男装	2017/3/8	10.35.35		男装-白
5	1506556357	男装	2017/3/9	21.25.34		男装-蓝
6	1506556358	女装	2017/3/10	12.25.14		女装-白
7	1506556359	女装	2017/3/11	13.15.44		女装-黄
8	1506556360	女装	2017/3/12	14.25.34		女装-红
9	1506556361	女装	2017/3/13	15.05.34		女装-黑
10	1506556362	女装	2017/3/14	16.25.04		女装-紫
11	1506556363	女装	2017/3/15	7.25.34		女装-粉

Step 4　在单元格E2中输入公式"=TEXT(C2, "aaa")"，按【Enter】键。Excel会利用表特性自动填充公式。

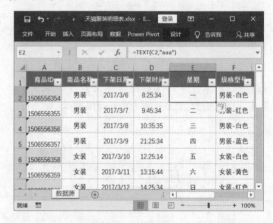

Step 5　单击数据源中的任意一个单元格（如E3），切换到【插入】选项卡，在【表格】组中单击【数据透视表】按钮，在弹出的【创建数据透视表】对话框中单击【确定】按钮。

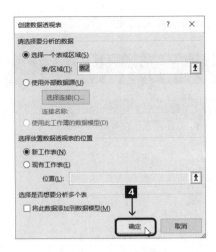

Step 6 可以创建一个数据透视表，在【数据透视表字段】列表中勾选"下架时间"复选框，Excel会将该字段添加至行标签区域内，效果如图所示。

Step 7 在任意行字段（如A5）上单击鼠标右键，在弹出的快捷菜单中单击【组合】选项。

Step 8 在弹出的【组合】对话框中的【步长】中取消对"月"的选择，选中"小时"，单击【确定】按钮，创建以小时为单位的字段项。

设置后的效果如图所示。

Step 9　将"星期"设置为数据透视表的列字段，将"商品ID"设置为值字段计数，美化数据透视表，效果如图所示。

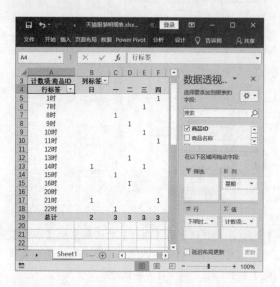

Step 10　默认生成的列字段"星期"的顺序是从周日开始到周六，为了便于查看，将其调整为从周一开始到周日。选中周日列，单击鼠标右键，在弹出的快捷菜单中选择【移动】➤【将"日"移至末尾】选项。

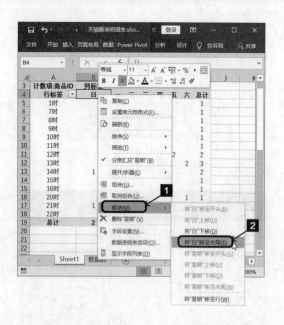

设置后的效果如图所示。

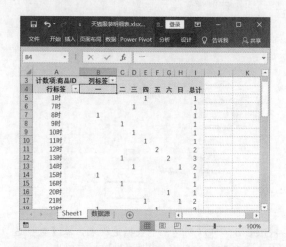

Step 11　为了便于直观地查看数据，在数据透视表中使用条件格式的数据条功能，具体方法如下。单击数据透视表值区域中的任意单元格（如B7），在【开始】选项卡中的【样式】选项中单击【条件格式】下拉按钮，在弹出的下拉列表中选择【新建规则】选项。

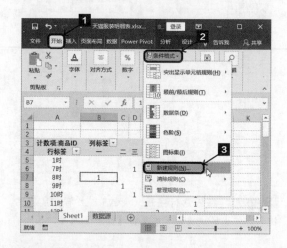

Step 12　弹出【新建格式规则】对话框，在【规则应用于】中选择【所有为"下架时间"和"星期"显示"计数项：商品ID"值的单元格】，在【选择规则类型：】中选择【基于各自值设置所有单元格的格式】，在【编辑规则说明：】的【格式样式】下拉列表中选择【数据条】选项。

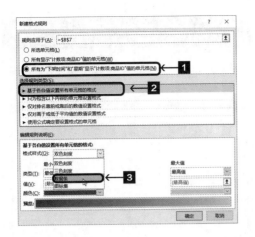

Step 13 单击【填充】下拉按钮,设置数据条的填充方式为【渐变填充】,选择合适的颜色,单击【确定】按钮,效果如图所示。

完成数据透视表中条件格式的设置后,可以直观、清晰地查看天猫女装按星期和小时双维度的分布情况,效果如图所示。

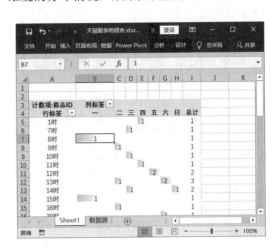

025 将数据按明细归类并放置在列字段下方排列

本实例原始文件和最终效果所在位置如下。

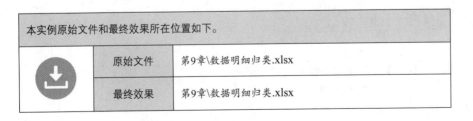

	原始文件	第9章\数据明细归类.xlsx
	最终效果	第9章\数据明细归类.xlsx

扫码看视频

图中在 Excel 报表的 A 列和 B 列中是数据源,放置的数据为人物名对应的著作,现在需求将人物名按著作归类放置在列字段下方,具体步骤如下。

Step 1 根据数据源创建数据透视表，将"人物名"拖曳至行区域，将"著作"拖曳至列区域，再将"人物名"拖曳至值区域统计人物名的计数项，效果如图所示。

Step 2 选中数据透视表中任意单元格（如F5），切换到【数据透视表工具】下的【设计】选项卡，在【布局】组中依次单击【总计】按钮，在弹出的下拉列表中选择【对行和列禁用】选项。

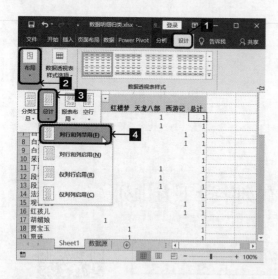

Step 3 选中A2单元格，按【Ctrl】+【A】组合键选中连续的单元格区域（如A3:E48），按【Ctrl】+【C】组合键复制已选中区域，选中G2单元格，单击鼠标右键，在弹出的快捷菜单中单击【粘贴选项】下的【值】按钮，效果如图所示。

Step 4 选中单元格区域G2:K48，按【Ctrl】+【G】组合键，在弹出的【定位】对话框中单击【定位条件】按钮。

Step 5 在弹出的【定位条件】对话框中单击【常量】单选钮，勾选【公式】选项组中【数字】复选框，单击【确定】按钮，效果如图所示。

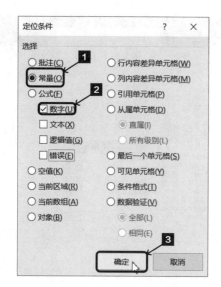

Step 6 批量定位区域中的数字后光标停在J5单元格上，在编辑栏输入公式"=$G5"后按【Ctrl】+【Enter】组合键，批量填充公式，效果如图所示。

Step 7 区域中的数字批量填充为G列对应的人物名，效果如图所示。

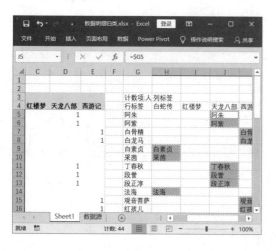

Step 8 将单元格区域H5:K48的公式结果转化为值。选中单元格区域H5:K48，单击鼠标右键，在弹出的快捷菜单中选择【复制】选项。再次单击鼠标右键，在弹出的快捷菜单中选择【值】选项。

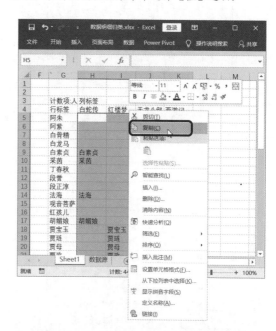

Step 9 按【Ctrl】+【G】组合键，在弹出的【定位】对话框中单击【定位条件】按钮，在弹出的【定位条件】对话框中单击【空值】单选钮，单击【确定】按钮，效果如图所示。

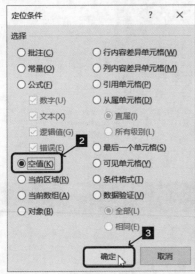

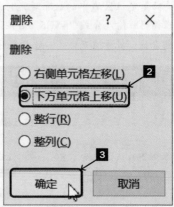

Step 10 单击鼠标右键，在弹出的快捷菜单中单击【删除】选项，在弹出的【删除】对话框中单击【下方单元格上移】单选钮，单击【确定】按钮，效果如图所示。

Step 11 删除"人物名"所在的G列单元格，清空G1单元格。删除后的效果如图所示。

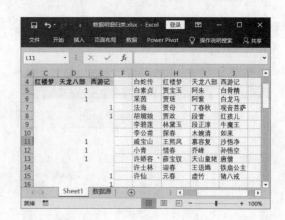

EXCEL

第 10 章

合并计算的运用

日常生活中，经常需要将结构相似或内容相同的多张数据表进行合并汇总，使用 Excel 中的"合并计算"功能可以轻松地完成这项任务。

教学资源

关于本章的知识，本书配套教学资源中有相关的教学视频，路径为【本书视频 \ 第 10 章】。

001 了解合并计算

本实例原始文件和最终效果所在位置如下。

	原始文件	第10章\认识合并计算.xlsx
	最终效果	第10章\认识合并计算.xlsx

扫码看视频

合并计算功能通常用于对多个工作表中的数据进行计算汇总，并将多个工作表中的数据合并到一个工作表中，合并计算分为按分类合并计算和按位置合并计算两种。

1. 按类别合并

两个结构相同的数据表"人事部"和"财务部"，利用合并计算可以轻松地将这两个表进行合并汇总，具体操作步骤如下。

编号	商品名称	规格型号	单位	数量	单价	金额
001	笔记本	sl-5048	本	10	¥6.00	60
002	复印纸	A4	包	2	¥25.00	50
003	铅笔	2HB	支	20	¥1.00	20
004	订书机	SW01	个	6	¥20.00	120
005	钢笔	MF	支	6	¥25.00	150
006	固体胶	SG-K1	包	3	¥6.50	19.5
007	档案盒	2cm	个	5	¥6.00	30
008	纸杯	200ml	包	2	¥5.00	10
009	文件夹	F/C, 2寸	个	30	¥3.00	90
010	计算器	837ES	盒	8	¥15.00	120
011	大头针	4mm	盒	6	¥2.50	15

编号	商品名称	规格型号	单位	数量	单价	金额
001	钢笔	MF	支	16	¥25.00	400
002	订书机	SW01	个	3	¥20.00	60
003	铅笔	2HB	支	9	¥1.00	9
004	文件夹	F/C, 2寸	个	50	¥3.00	150
005	档案盒	2cm	个	21	¥6.00	126
006	纸杯	200ml	包	3	¥5.00	15
007	计算器	837ES	盒	7	¥15.00	105
008	笔记本	sl-5048	本	23	¥6.00	138
009	大头针	4mm	盒	10	¥2.50	25
010	复印纸	A4	包	11	¥25.00	275
011	固体胶	SG-K1	包	12	¥6.50	78

Step 1 打开本实例的原始文件，切换到"人事部"工作表，选中单元格C14作为合并计算后结果的存放起始位置，切换到【数据】选项卡，在【数据工具】组中单击【合并计算】选项。

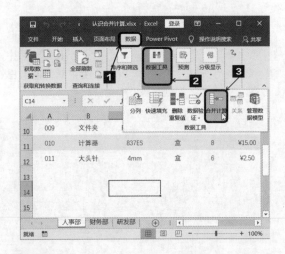

Step 2 弹出【合并计算】对话框，在【函数】列表框中选择【求和】选项，在【引用位置】列表框中选择数据区域"人事部!$B$1:$G$12"，然后单击【添加】按钮，所引用的单元格区域就会出现在【所有引用位置】列表框中。使用同样的方法将数据区域"财务部!$B$1:$G$12"添加到【所有引用位置】列表框中。在【标签位置】组合框下方依次勾选【首行】和【最左列】复选框，单击【确定】按钮。

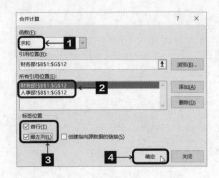

Step 3 返回Excel工作表，即可看到生成合并计算的结果。

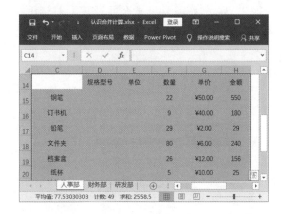

> **提示**
>
> 在使用按类别合并的功能时，数据源列表必须包含行或列标题，并且在【合并计算】对话框的【标签位置】组合框中勾选相应的复选框。
>
> 合并计算过程不能复制数据源表的格式。

2. 按位置合并

合并计算功能除了可以按类别合并计算外，还可以按数据表的数据位置进行合并计算。

按数据表的数据位置进行合并计算，还包含行列标题相同位置的合并以及行列标题不同位置的合并。

（1）行列标题相同位置的合并。

Step 1 打开本实例的原始文件，切换到"财务部"工作表中，选中单元格C14作为合并计算后结果的存放起始位置，在执行合并计算功能时，在弹出的【合并计算】对话框中勾选【标签位置】组合框的【最左列】复选框，单击【确定】按钮。

Step 2 返回Excel工作表，即可看到生成合并计算的结果。

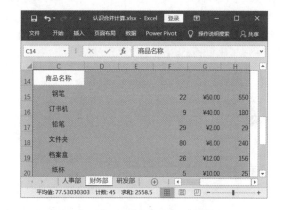

使用按位置合并的方式，Excel不关心多个数据源表的行列标题内容是否相同，而只是将数据源表格相同位置上的数据进行简单合并计算。这种合并计算多用于数据源表结果完全相同情况下的数据合并。

（2）行列标题不同位置的合并。

以"财务部"与"研发部"工作表为例，当数据表的数据行列标题在不同位置时，用户进行合并计算，会默认将两个表格中的数据按照"最左列"的列标题进行单独汇总。

编号	商品名称	规格型号	单位	数量	单价	金额
001	钢笔	MF	支	16	¥25.00	400
002	订书机	SW01	个	3	¥20.00	60
003	铅笔	2HB	支	9	¥1.00	9
004	文件夹	F/C, 2寸	个	50	¥3.00	150
005	档案盒	2cm	个	21	¥6.00	126
006	纸杯	200ml	包	3	¥5.00	15
007	计算器	837ES	盒	7	¥15.00	105
008	笔记本	sl-5048	本	23	¥6.00	138
009	大头针	4mm	盒	10	¥2.50	25
010	复印纸	A4	包	11	¥25.00	275
011	固体胶	SG-K1	包	12	¥6.50	78

编号	规格型号	商品名称	单位	单价	数量	金额
001	SW01	订书机	个	¥20.00	2	40
002	4mm	大头针	盒	¥2.50	7	17.5
003	sl-5048	笔记本	本	¥6.00	13	78
004	837ES	计算器	盒	¥15.00	12	180
005	A4	复印纸	包	¥25.00	5	125
006	F/C, 2寸	文件夹	个	¥3.00	13	39
007	5034H	中性笔	支	¥4.20	33	138.6
008	300ml	纸托	包	¥2.10	3	6.3
009	2cm	档案盒	个	¥6.00	7	42
010	SG-K1	固体胶	包	¥6.50	5	32.5
011	35cm	直尺	把	¥2.60	6	15.6

这样的汇总结果显然不是用户希望看到的结果，出现此类问题的原因是没有相同的"列标题"，用户只需要将【合并计算】对话框中的引用位置更改一下即可，如图所示。

Step 1 切换到"研发部"工作表中，在执行合并计算功能时，在弹出的【合并计算】对话框中，勾选【标签位置】组合框的【首行】和【最左列】复选框，单击【确定】按钮。

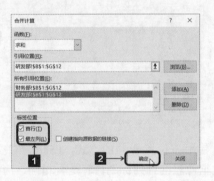

Step 2 返回Excel工作表，即可看到生成合并计算的结果。

002 选择性合并计算

本实例原始文件和最终效果所在位置如下。

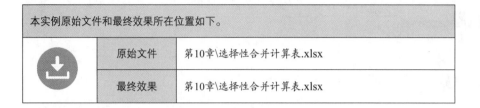

	原始文件	第10章\选择性合并计算表.xlsx
	最终效果	第10章\选择性合并计算表.xlsx

扫码看视频

下图展示了某公司 2017 年 1 月~3 月的办公用品领用明细，源表中的"领用数量"和"金额"两列之间包含有其他文本型数据列，如果希望汇总 1 月~3 月办公用品的"领用数量"和"金额"，需要用到"合并计算"功能来进行选择性计算。

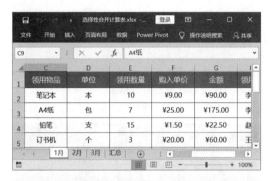

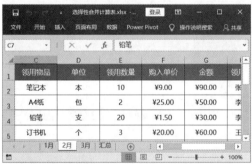

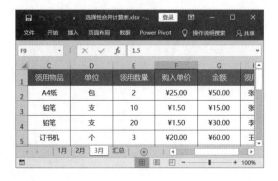

Step 1 打开本实例的原始文件，切换到"汇总"表中，在单元格区域A1:C1中分别输入所需汇总的列字段名称"日期""领用数量"和"金额"，然后选中单元格区域A1:C1。

Step 2 切换到【数据】选项卡，在【数据工具】组中单击【合并计算】按钮。

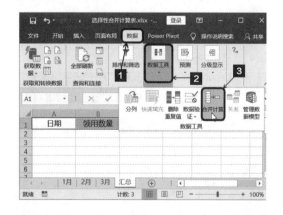

Step 3 弹出【合并计算】对话框，在【函数】列表框中选择【求和】选项，在【所有引用位置】列表框分别添加"1月""2月"和"3月"工作表中的单元格区域A1:H17，在【标签位置】组合框下方依次勾选【首行】和【最左列】复选框。

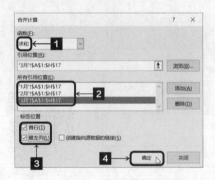

Step 4 单击【确定】按钮，返回Excel工作表，即可看到生成的合并计算结果。

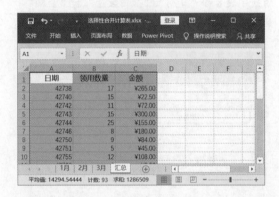

Step 5 在"汇总"表中可以看到在A列生成的"日期"是数字样式，选中A列，单击鼠标右键，在弹出的菜单列表中选择【设置单元格格式】选项。

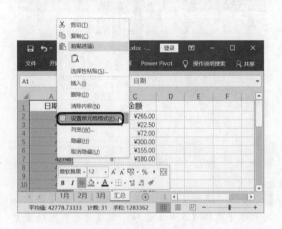

Step 6 弹出【设置单元格格式】对话框，切换到【数字】选项卡，在【分类】组合框中选择【日期】选项，在右侧【类型】组合框中选择合适的样式。

Step 7 单击【确定】按钮，返回Excel工作表，即可看到修改格式后的日期结果。

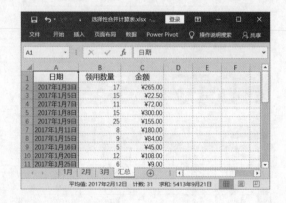

003 自定义顺序合并计算

本实例原始文件和最终效果所在位置如下。

	原始文件	第10章\自定义顺序合并计算表.xlsx
	最终效果	第10章\自定义顺序合并计算表.xlsx

扫码看视频

如图所示，要求用户根据"人事部""销售表"和"财务部"的工资表，在"汇总表"工作表中最左列"姓名"字段所列的姓名顺序，汇总"工资"和"年终奖"两个字段，具体的操作步骤如下。

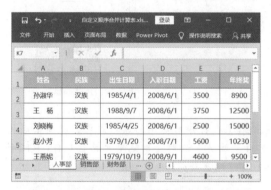

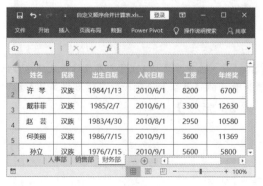

Step 1 打开本实例的原始文件，切换到"汇总表"工作表中，选中单元格区域A1:C16，切换到【数据】选项卡，在【数据工具】组中单击【合并计算】按钮。

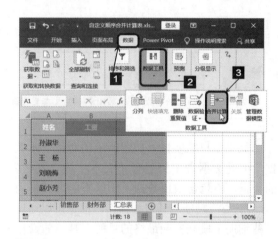

Step 2 弹出【合并计算】对话框，在【函数】列表框中选择【求和】选项，在【所有引用位置】列表框分别添加数据区域"人事部!\$A\$1:\$F\$6""销售部!\$A\$1:\$F\$6"和"财务部!\$A\$1:\$F\$6"，在【标签位置】组合框下方依次勾选【首行】和【最左列】复选框，单击【确定】按钮。

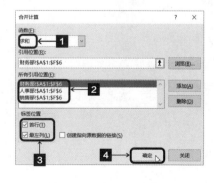

Step 3 返回Excel工作表，即可看到生成的合并计算结果如图所示。

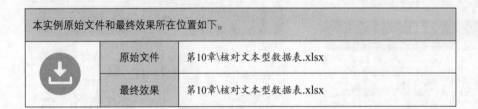

004 核对文本型数据

本实例原始文件和最终效果所在位置如下。		
	原始文件	第10章\核对文本型数据表.xlsx
	最终效果	第10章\核对文本型数据表.xlsx

扫码看视频

如果用户需要核对如图所示的两组文本数据，但是数据表中只包含了文本字段"姓名"的数据，不包含数值数据，所以不能直接使用"合并计算"功能对其进行操作，但也可以通过一些辅助手段来实现最终的目的。具体的操作步骤如下。

Step 1 打开本实例的原始文件，将新旧数据中的"姓名"分别复制到单元格区域B3:B12和E3:E13，并添加列标题"旧表"和"新表"。

Step 2 选中单元格A16作为存放结果表的起始位置，切换到【数据】选项卡，在【数据工具】组中单击【合并计算】按钮。

Step 3 弹出【合并计算】对话框，在【函数】列表框中选择【计数】选项，在【所有引用位置】列表框分别添加"旧数据"表的单元格区域A2:B12和"新数据"表的单元格区域D2:E13，在【标签位置】组合框下方依次勾选【首行】和【最左列】复选框。

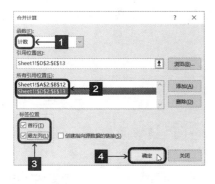

Step 4 单击【确定】按钮，返回Excel工作表，即可看到生成核对的结果如图所示。

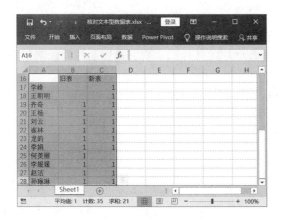

Step 5 为了进一步显示出新旧数据的不同之处，能让用户更直观地了解，可在单元格D17中输入公式"=N(B17<>C17)"，并向下复制填充至单元格D28。

Step 6 切换到【数据】选项卡，在【排序和筛选】组中单击【筛选】按钮。

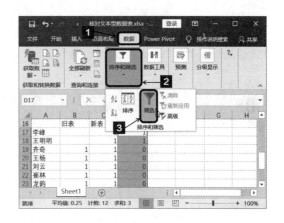

Step 7 单击单元格D17右侧的下拉列表，在弹出的快捷菜单中取消勾选"0"复选框，单击【确定】按钮。

本例运用了合并计算统计方式为"计数"的运算，该运算支持对文本数据进行计数运算。请注意它与"数值计数"的区别。"计数"适用于数值和文本数据计数，而"数值计数"仅适用于数值型数据计数。

Step 8 返回Excel工作表，即可看到新旧数据对比的结果。

N函数用于将不是数值形式的值转换为数值形式，日期转换成序列值，TRUE转换成1，其他值转换成0。

N(value)

参数 value 为要转换的值。

005　多个工作表筛选不重复值

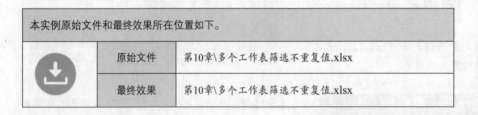

本实例原始文件和最终效果所在位置如下。		
	原始文件	第10章\多个工作表筛选不重复值.xlsx
	最终效果	第10章\多个工作表筛选不重复值.xlsx

扫码看视频

　　在多个工作表的数据中筛选出不重复的数值，是数据处理过程中常常会遇到的问题，利用合并计算功能可以方便、快捷地解决这类问题。

　　工作表"1""2""3"和"4"中的 A 列各有一批编号，现在要在"汇总"表格中将这 4 个工作表中不重复的编号全部找出来并列示出来。

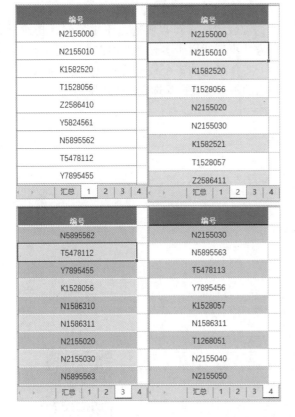

合并计算的按类别求和功能不能对不包含任何数值数据的数据区进行合并操作，但只要选择合并的区域内包含一个数值即可进行合并计算的相关操作，利用这一特性，可在源表中添加辅助数据来实现多表筛选不重复值的目的，具体操作步骤如下。

Step 1 打开本实例的原始文件，切换到工作表"1"，在单元格B2中输入任意一个数值，例如"0"。

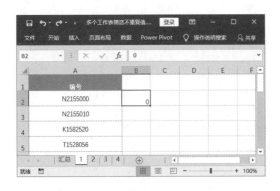

Step 2 切换到"汇总"工作表中，选中单元格A2，切换到【数据】选项卡，在【数据工具】组中单击【合并计算】按钮。

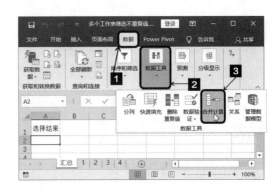

Step 3 弹出【合并计算】对话框，在【函数】列表框中选择【求和】选项，在【所有引用位置】列表框分别添加"1""2""3"和"4"4张工作表的数据区域，在【标签位置】组合框下方勾选【最左列】复选框。

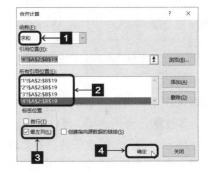

Step 4 单击【确定】按钮，返回Excel工作表，即可看到生成合并计算的结果，如图所示。

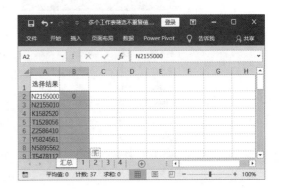

Step 5 在"汇总"表中删除单元格B2中添加的辅助数据所产生的汇总数据"0",完成设置,效果如图所示。

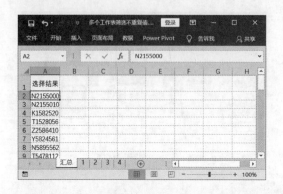

参照此方法,对于源数据为数值型数据的数据源表也同样可以筛选出不重复值。此外,该方法不仅适用于多表筛选不重复数据,对于同一工作表内的多个数据区域以及单个数据区域内的不重复数据筛选也同样适用。

006   使用多种方式合并计算

本实例原始文件和最终效果所在位置如下。		
	原始文件	第10章\多种方式合并计算表.xlsx
	最终效果	第10章\多种方式合并计算表.xlsx

扫码看视频

通常情况下,对数据源表进行合并计算时,结果数据表中只能使用一种方式。而通过适当的设置,分多次进行合并计算,可以实现合并计算中使用多种计算方式的目的。

图中所示为销售部的业务员在各个地区的销售明细表,要求用户使用"合并计算"功能将各地区的"最大值""平均值"和"最小值"在"统计表"中统计出来,具体的操作步骤如下。

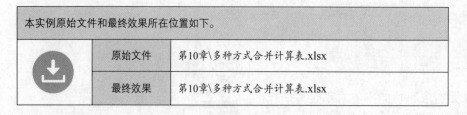

销售区域分布表							
部门	业务员	北京	上海	济南	天津	广州	长沙	深圳
销售部	齐奇	8850	2960	5008	9800	5974	6349	9502
销售部	赵洁	9638	3964	6027	9458	4762	6019	9478
销售部	王杨	10238	3226	4961	8532	4076	6849	9108
销售部	刘云	8928	2369	4122	7965	4189	5209	8469
销售部	孙琳琳	7381	3896	6335	9183	5203	4025	8218
销售部	卢娟	9008	4529	5237	9536	4308	4326	8734
销售部	李峰	6325	1983	5068	8794	6412	6667	9201
销售部	何丽	7506	2369	6166	8625	6358	6543	8655
销售部	刘元	7963	2131	5143	9385	7760	5974	9673
销售部	崔林	10583	2634	4122	9696	4680	5279	9458

Step 1 打开本实例的原始文件，切换到工作表"统计表"中选中单元格A3，切换到【开始】选项卡，单击【数字】组右侧的【对话启动框】按钮，或者单击鼠标右键，在弹出的快捷菜单中选择【设置单元格格式】选项。

Step 2 弹出【设置单元格格式】对话框，切换到【数字】选项卡，在【分类】列表框中选择【自定义】选项，并在右侧的【类型】文本框中输入";;;最大值"，单击【确定】按钮；使用自定义单元格格式，将单元格A4和A5分别设置为";;;平均值"和";;;最小值"，效果如图所示。

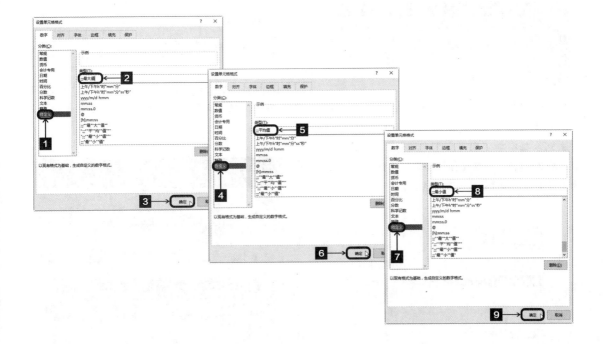

Step 3 在单元格A5中输入"销售部"，由于单元格已经被设置为自定义的格式，A5单元格中显示为"最小值"。

Step 4 选中单元格区域A2:H5，切换到【数据】选项卡，在【数据工具】组中单击【合并计算】按钮。

Step 5 弹出【合并计算】对话框，在【函数】列表框中选择【最小值】选项，在【所有引用位置】列表框添加"数据表"中的数据区域"数据表!$A$2:$I$12"，在【标签位置】组合框下方依次勾选【首行】和【最左列】复选框。

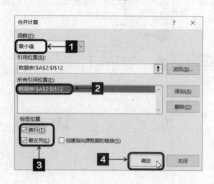

Step 6 单击【确定】按钮，返回Excel工作表，即可看到生成的"最小值"合并计算结果，效果如图所示。

Step 7 在单元格A4中输入"销售部"，由于单元格已经被设置为自定义的格式，A4单元格中显示为"平均值"。

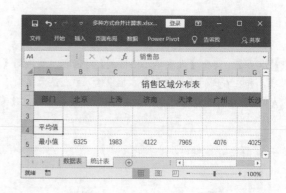

Step 8 选中单元格区域A2:H4，切换到【数据】选项卡，在【数据工具】组中单击【合并计算】按钮。

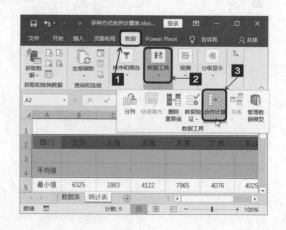

Step 9 弹出【合并计算】对话框，在【函数】列表框中选择【平均值】选项，在【所有引用位置】列表框添加"数据表"中的数据区域"数据表!$A$2:$I$12"，在【标签位置】组合框下方依次勾选【首行】和【最左列】复选框。

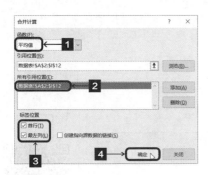

Step 10 单击【确定】按钮，返回Excel工作表，即可看到生成的"平均值"合并计算结果，效果如图所示。

Step 11 在单元格A3中输入"销售部"，由于单元格已经被设置有自定义的格式，A3单元格中显示为"最大值"。

Step 12 选中单元格区域A2:H3，切换到【数据】选项卡，在【数据工具】组中单击【合并计算】按钮。

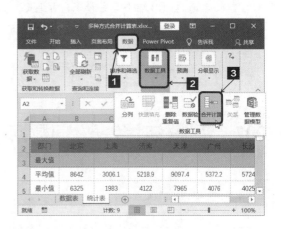

Step 13 弹出【合并计算】对话框，在【函数】列表框中选择【最大值】选项，在【所有引用位置】列表框添加"数据表"中的数据区域"数据表!$A$2:$I$12"，在【标签位置】组合框下方依次勾选【首行】和【最左列】复选框，单击【确定】按钮。

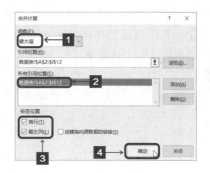

Step 14 返回Excel工作表，即可看到生成的"最大值"合并计算结果，效果如图所示。

> ⚠ 提示
>
> 本例的操作要点如下。
>
> （1）通过逐步缩小合并计算结果区域，使用不同的计算方式，分次进行合并计算。这样可以在一个统计汇总表中反映多个合并计算的结果。
>
> （2）通过设置自定义单元格格式的方法，将原"部门"字段，分别显示为统计汇总的方式，这样既能满足"合并计算"最左列的条件要求，又能显示实际统计汇总方式。

007 快速核对多表之间数据

本实例原始文件和最终效果所在位置如下。

⬇	原始文件	第10章\快速核对多表之间数据.xlsx
	最终效果	第10章\快速核对多表之间数据.xlsx

扫码看视频

在实际工作中，用户需要经常进行多表数据之间的稽核，对于比较简单的数据列表，完全可以使用合并计算来处理。

本实例两个工作表中展示了两组数据，日期不完全一致，数据也存在差异，要快速核对这两组数据的操作步骤如下。

日期	A数据	日期	B数据
1月5日	5481.67	1月5日	5481.67
1月6日	2897.83	1月8日	3010.62
1月9日	8541.57	1月9日	8541.57
1月10日	1411.66	1月10日	1410.66
1月11日	1619.17	1月11日	1619.17
1月12日	7862.69	1月12日	7962.69
1月13日	3313.33	1月13日	3313.33
1月14日	3319.84	1月15日	8780.37
1月15日	8788.37	1月16日	9410.08
1月17日	6300.44	1月17日	6322.44
1月18日	7432.20	1月18日	7432.20
1月19日	4581.26	1月19日	4581.26
1月20日	6372.43	1月20日	6372.43
1月21日	2217.76	1月21日	2217.76
1月23日	1274.88	1月23日	1274.88
1月24日	6843.87	1月24日	6843.87
1月25日	5373.99	1月25日	5373.99
		1月26日	8731.70
		1月27日	2189.90

Step 1 打开本实例的原始文件，切换到工作表"汇总表"中，选中单元格A1，切换到【数据】选项卡，在【数据工具】组中单击【合并计算】按钮。

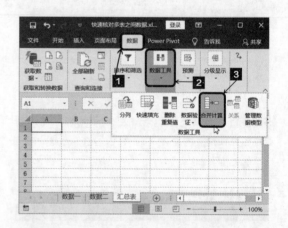

Step 2 弹出【合并计算】对话框，在【所有引用位置】列表框中添加"数据一""数据二"的数据区域，在【标签位置】组合框中选中【首行】和【最左列】复选框，单击【确定】按钮。

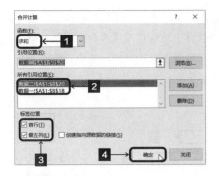

Step 3 返回Excel工作表，即可得到汇总结果，并对日期列进行相应设置，效果如图所示。

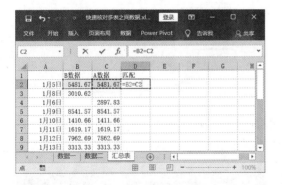

Step 4 在单元格D1中输入列标题"匹配"，然后在单元格D2中输入公式"=B2=C2"。

Step 5 输入完毕按【Enter】键即可看到单元格D2中显示"TRUE"。

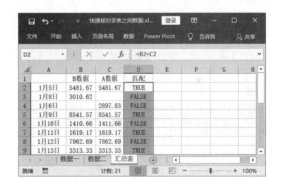

提示

该公式计算A数据与B数据是否匹配，TRUE表示匹配，FALSE表示不匹配。

Step 6 将单元格D2中的公式填充至单元格区域D3:D22，然后对工作表进行美化即可。

008　快速合并多张明细表

本实例原始文件和最终效果所在位置如下。

⬇	原始文件	第10章\快速合并多张明细表.xlsx
	最终效果	第10章\快速合并多张明细表.xlsx

扫码看视频

用户喜欢使用多个工作表管理不同类别的明细数据，工作表的结构和内容基本相同，如果需要对其进行合并汇总，就需要使用合并计算功能。

产品	数量	金额
唇彩	100	2000
睫毛膏	80	2100
眼线液	90	3450
BB霜	110	6000

产品	数量	金额
眼线液	30	4050
眼影	60	2000
眉笔	100	9000
唇膏	90	3000
唇彩	100	3500

产品	数量	金额
睫毛膏	30	4050
眼线液	60	2000
BB霜	100	9000
粉底液	90	3000

Step 1　打开本实例的原始文件，单击【新工作表】按钮，插入工作表Sheet1，并将其重命名为"按类别合并"，在该工作表中选中单元格A1，切换到【数据】选项卡，单击【数据工具】组中的【合并计算】按钮。

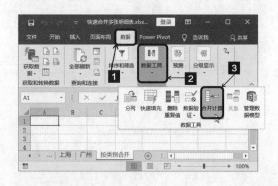

Step 2　弹出【合并计算】对话框，在【函数】下拉列表框中默认设置【求和】选项，将光标定位在【引用位置】文本框中，选中工作表"北京"中的单元格区域A1:C5，单击【添加】按钮。

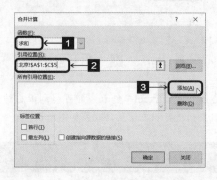

Step 3　此时，即可将引用位置添加到【所有引用位置】列表框中，按照相同方法将其他2个单元格区域添加到【所有引用位置】列表框中，在【标签位置】组合框中选中【首行】和【最左列】复选框，单击【确定】按钮。

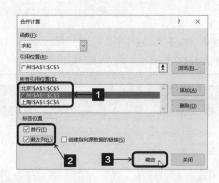

Step 4　返回Excel工作表，即可看到按类别合并汇总后的效果。

009 合并计算多个分类字段

本实例原始文件和最终效果所在位置如下。

	原始文件	第10章\合并计算多个分类字段.xlsx
	最终效果	第10章\合并计算多个分类字段.xlsx

扫码看视频

本实例中前两列为"品种"和"规格型号"两个文本型分类字段，对于这样的数据表，不能用合并计算操作直接进行合并，需要先借助一些辅助操作。

品种	规格型号	北京销售额
A产品	10M	5000
B产品	5M	7000
C产品	15M	1000
F产品	30M	6000

品种	规格型号	上海销售额
B产品	5M	6650
C产品	15M	8000
D产品	10M	1000

品种	规格型号	天津销售额
A产品	10M	6650
C产品	15M	5000
E产品	10M	8000

Step 1 打开本实例的原始文件，选中工作表标签"北京"，然后按【Shift】键不放，依次选中工作表标签"上海"和"天津"，此时即可同时选中这3个工作表，即工作组。

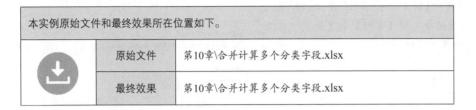

Step 2 在工作表"北京"中的A列前插入一个空白列，在单元格A2中输入公式"=B2&","&C2"，输入完毕，按【Enter】键，并将公式向下填充至单元格A6。

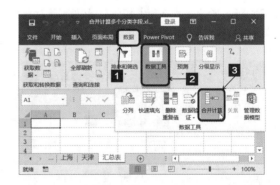

Step 3 单击【新工作表】按钮，插入工作表，并将其重命名为"汇总表"，在该工作表中选中单元格A1，切换到【数据】选项卡，单击【数据工具】组中的【合并计算】按钮。

Step 4 弹出【合并计算】对话框，在【函数】下拉列表框中默认设置【求和】选项，在【所有引用位置】列表框中添加"北京!$A$1:$D$5""上海!$A$1:$D$4"和"天津!$A$1:$D$4"3个引用位置，在【标签位置】组合框中选中【首行】和【最左列】复选框，单击【确定】按钮。

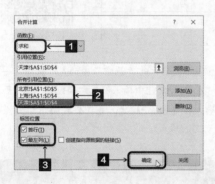

Step 5 返回Excel工作表，即可得到初步合并计算结果。

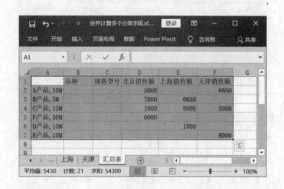

Step 6 选中单元格区域A2:A7，切换到【数据】选项卡，单击【数据工具】组中的【分列】按钮。

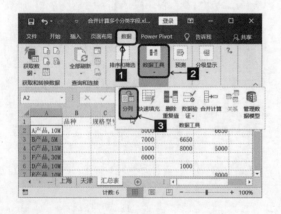

Step 7 弹出【文本分列向导—第1步，共3步】对话框，在【原始数据类型】组合框中选中【分隔符号】单选钮，单击【下一步】按钮。

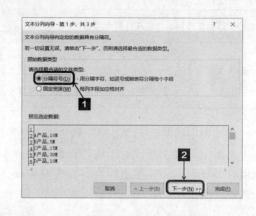

Step 8 弹出【文本分列向导—第2步，共3步】对话框，在【分隔符号】组合框中选择【逗号】复选框，在【数据预览】列表框中显示了数据分列线，显示数据分隔后的效果，单击【下一步】按钮。

Step 9 弹出【文本分列向导—第3步，共3步】对话框，在【数据预览】列表框中选中第1列数据，在【列数据格式】组合框中选中【文本】单选钮，在【目标区域】文本框中输入"$A$2"。

Step 10 在【数据预览】组合框中选中第2列数据，在【列数据格式】组合框中选中【文本】单选钮，在【目标区域】文本框中输入"$B$2"，单击【完成】按钮。

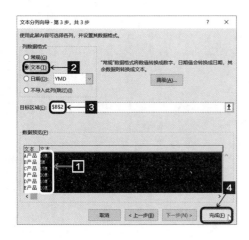

Step 11 返回Excel表格，即可看到"品种"和"规格型号"已经分列。

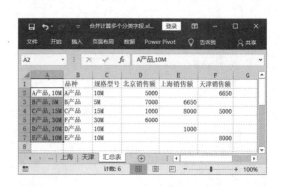

Step 12 删除辅助列A列，并对表格进行美化，汇总效果如图所示。

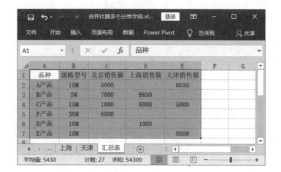

第 11 章

函数与公式

Excel 2016 中提供了多种公式和函数可以直接使用，灵活地使用这些公式和函数，可以让我们在处理数据时更加快捷更加条理。

教学资源

关于本章的知识，本书配套教学资源中有相关的教学视频，路径为【本书视频\第 11 章】。

001 Excel 函数介绍

Excel 2016 中的函数是 Excel 中内置的一些公式模块，用户可以直接调用这些内置的函数，用户使用这些函数时，只需要把函数需要的参数提供给系统，系统就可以利用这些参数来进行相关的函数运算了。

1. 函数介绍

使用 Excel 中自带的函数处理数据可以简化很多操作。比如要计算单元格区域 B2:B9 中数值的总和，要是自己输入公式计算的话，要输入公式：=B2+B3+B4+B5+B6+B7+B8+B9。但是如果要计算 30 个单元格求和，那样一个一个的输入将会很麻烦，很费时间。Excel 中自带了求和函数，上面的公式可以简化为 =SUM(B2:B9)，这样就会很轻松地计算出大量数据的和了。

Excel 函数一共有 13 类：财务、日期与时间、数学和三角函数、统计、查询和引用、数据库、文本、逻辑、信息、工程、多维数据集、兼容性和 Web。

常用的函数主要有求和函数（SUM）、平均值函数（AVERAGE）、计数函数（COUNT）、最大值函数（MAX）、最小值函数（MIN）和查找函数（VLOOKUP）等。熟练掌握这些常用函数，会极大地提高工作效率。

2. 函数中的数据

Excel 中的数据分为文本、数值、日期、逻辑值、错误值等类型。

在公式中的文本都要包含在英文输入状态下的双引号中，公式中所有要用到的符号都要使用处于英文输入状态下的半角的符号。

Excel 中的逻辑值有 TRUE 和 FALSE 两个，分别表示真和假。

Excel 公式有时会因为一些问题，导致公式不能正常运行，就会返回一个错误的值，不同的错误会有不同的值。

002 运算符在 Excel 函数中的使用方法

1. 运算符的类型

Excel 中主要包含了 4 种运算符，分别是算数运算、比较运算符、文本运算符和引用运算符。

算数运算符：主要包含了加、减、乘、除等常规的运算符。

文本运算符：用作文本字符的连接与合并。

比较运算符：用于比较数据之间的大小。

引用运算符：主要用于单元格的引用，设置公式的作用范围。

2. 运算符的优先级

函数中运算符都是有先后顺序的，而运算符的先后顺序是由运算符的优先级决定的。不同的运算符有不同的顺序，当公式中有多个运算符时，就会按照运算符的优先级来进行运算。运算符优先顺序如下。

优先级	运算符
1	:（空格）,
2	−
3	%
4	^
5	* 和 /
6	+ 和 −
7	&
8	= > < >= <= <>

003　函数中的"单元格引用"

1. Excel 中用于引用的运算符

公式中需要用到的参数有时需要从单元格中获取，就需要使用引用运算符，从单元格中获取需要的内容。Excel 中使用的引用运算符主要有以下 3 类。

（1）冒号（:）。区域运算符，两个单元格之间用英文冒号连接，表示引用这两个单元格之间所有单元格的区域。例如单元格区域 A1:D3，表示以 A1 单元格和 D3 单元格为对角的区域，如公式 =SUM(A1:D3)，表示计算单元格区域 A1:D3 中所有单元格数值的和。

另外，"A:A"表示引用 A 列，"A:C"表示引用 A 列至 C 列，"1:1"表示引用第一行，"1:3"表示引用第 1 行至第 3 行，其余依此类推。

（2）空格。交集运算符，生成对两个引用中共有的单元格的引用。例如公式 =SUM(A1:D3 B1:C5)，表示计算 A1:D3 和 B1:C5 两个单元格区域的交叉区域，即单元格区域 B1:C3 所有单元格数值的和。

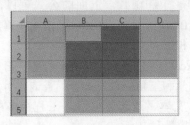

（3）逗号（,）。联合运算符，该运算符将多个引用合并为一个引用。例如公式 =SUM(A1:D3,B1:C5)，表示计算 A1:D3 和 B1:C5 两个单元格区域中所有单元格数值的和。

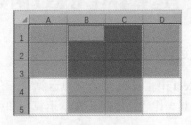

引用运算符的优先级高于其他运算符，即在 Excel 公式中将首先计算引用运算符。而上述 3 个引用运算符之间的优先顺序由高到低依次是：冒号、空格和逗号。

本实例原始文件和最终效果所在位置如下。		
	原始文件	第11章\员工月销售评分表.xlsx
	最终效果	无

2. 相对引用

相对引用是指在公式中使用单元格或单元格区域的地址时；当将公式向旁边复制时，地址也会根据相对位置进行变化。

在员工月销售评分表中，右侧单元格中的"总评分"是由左侧"顾客评分""上级评分""员工互评""自我评分"四项求和得出的。在单元格 G2 中输入"=C2+D2+E2+F2"，按【Enter】键后，就可以求出第一个同学的总成绩了。

按住填充柄向下拖曳，就可以自动计算出所有员工的总评分了。

选中单元格 G3，查看单元格公式，发现公式是"=C3+D3+F3+F3"，单元格中的公式已经自动进行了调整。因为它引用的行序没变，所以行序的数值也没有发生改变；但是列序向下增一了，因为是相对引用，所以公式中的单元格引用随着求和的单元格的位置发生变化，公式的列序的数值自动增一。

在成绩表中，右侧单元格中的"平均分"是由左侧的"总评分"除以"评分项个数"得出的。在单元格 H2 中输入"=G2/$E$10"，就可以求出第一个员工的平均分了，由于评分项总数是放在单元格 E10 里面的，是不需要动态改变的，这里就需要使用绝对引用，所以要在"E10"的字母和数字前面都加上"$"符号。

按住填充柄向下拖曳，就可以自动计算出所有员工的平均分了。

选中单元格 H3，查看单元格公式，发现公式是"=G3/$E$10"，单元格中的公式已经自动进行了调整。相对引用的单元格的位置发生了变化，由 G2 变为 G3；而绝对引用的单元格是保持不变的。

4. 混合引用

除了相对引用和绝对引用之外，还有混合引用。混合引用是相对引用和绝对引用的混合引用。当用户需要固定某行引用而改变列的引用，或者固定列的引用而改变行的引用时，就可以使用混合引用。

3. 绝对引用

在指定位置引用单元格。如果公式所在单元格的位置改变，绝对引用保持不变。如果多行或多列地复制公式，绝对引用将不作调整。

例如 F$1 表示对列 F 是相对引用，对行 1 是绝对引用，在单元格 F10 中输入公式"=F$1"，拖曳填充柄到单元格 H10，然后从 H10 向下拖曳填充柄，发现使用此公式复制的内容都是第一行中的字段。

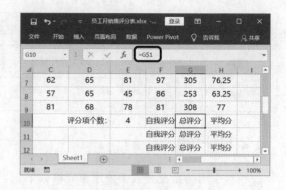

004 复杂公式分布看

本实例原始文件和最终效果所在位置如下。

	原始文件	第11章\复杂公式分步看.xlsx
	最终效果	第11章\复杂公式分步看.xlsx

扫码看视频

为了更好地理解某个公式，可以使用【公式求值】对话框来逐步查看公式的计算过程。

Step 1 打开本实例的原始文件，选中单元格 E5，切换到【公式】选项卡，单击【公式审核】组中的【公式求值】按钮。

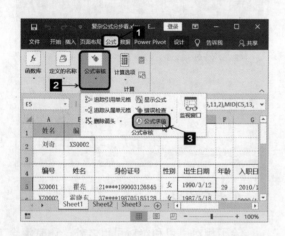

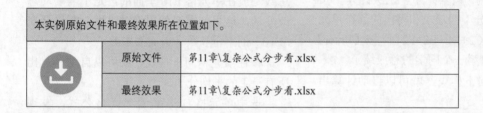

Step 3 此时，即会显示表达式"C5"的求值结果，并以斜体表示。

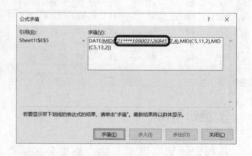

Step 2 弹出【公式求值】对话框，此时在【求值】文本框中，表达式"C5"带有下划线，单击【求值】按钮。

Step 4 继续单击【求值】按钮，随即会显示表达式 "MID("21****199003126845",7,4)" 的结果为 "1990"。

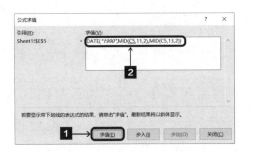

Step 5 继续单击【求值】按钮，可以看到该公式每一步的计算结果，直到求出最终结果。如果想要再次查看求值过程，则可以单击【重新启动】按钮；如果想要关闭该对话框，则单击【关闭】按钮。

005 快捷键【F4】和【F9】的妙用

下面分别介绍【F4】键和【F9】键在公式编辑中的使用技巧。

1.【F4】键

在 Excel 中，用户可以使用【F4】快捷键，在编辑栏中快速切换单元格的引用类型。

例如，在单元格 B2 和 B3 中输入任意数字（例如数字 5），在单元格 B4 中输入公式 "=B2+B3"，然后在编辑栏中选中 "B2"，按【F4】键，即可使其变成绝对引用形式 "$B$2"。如果连续按【F4】键，可以在相对引用、绝对引用、行绝对引用和列绝对引用之间进行切换。

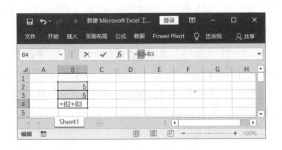

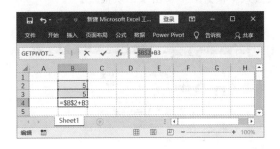

2.【F9】键

除了可以使用【公式求值】对话框来分步查看计算结果外，用户也可以使用【F9】键。

例如，在编辑栏中选中表达式 "B2"，然后按【F9】键，即可显示表达式 "B2" 的值为 5。如果需要用计算结果替换原选中的表达式，可按【Enter】键（数组公式按【Ctrl】+【Shift】+【Enter】组合键），否则按【Esc】键取消计算结果的显示。

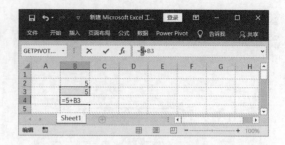

006　公式的审核与监控

1.错误检查

如果关闭了自动检查功能，还可以使用公式审核工具手动检查公式错误。

打开工作表，切换到【公式】选项卡，在【公式审核】组中单击【错误检查】按钮。

单击【错误检查】按钮，如果当前工作表中包含错误，Excel 就会根据错误所在的单元格的行列顺序依次定位到每一个错误单元格，同时显示如图所示的对话框。

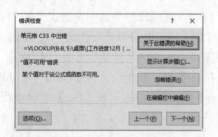

【错误检查】对话框中所显示的信息包括错误的单元格及其公式、错误的类型、关于此错误的帮助链接、显示计算步骤、忽略错误以及在公式编辑栏中编辑等选项，用户可以方便地选择下一步操作，也可以继续定位到下一个错误位置。

2.审核和监控

除了错误检查以外，【公式审核】工具中还包括追踪引用、从属单元格、切换显示公式、公式分步求值及监视窗口等功能。

使用【追踪引用单元格】和【追踪从属单元格】命令时，将在公式与其引用或从属的单元格之间用追踪箭头连接，方便用户看清楚公式与单元格之间的关系。

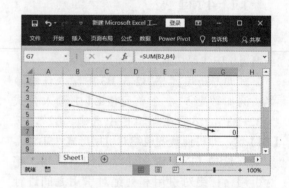

一般情况下，追踪箭头显示为蓝色，但如果单元格中包含循环引用错误，追踪箭头就会变为红色。检查完毕后，可单击【移去箭头】命令，以恢复正常视图。

当用户关注的数据分布在一个工作簿的不同工作表或一个大型工作表中的不同位置时，一次次地切换工作表或反复滚动定位去查看这些数据，是比较麻烦的事情。

利用【监视窗口】功能，可以把所关注的单元格添加到一个小窗口中，随时查看这些单元格的值、公式等变动情况，就像在监控室内查看各个楼道摄像头反馈的信息一样。具体的操作步骤如下。

Step 1 打开工作簿，切换到【公式】选项卡，在【公式审核】组中单击【监视窗口】按钮。

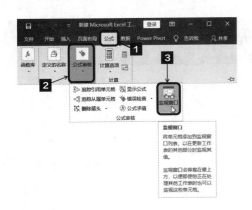

Step 2 弹出【监视窗口】对话框，在对话框中单击【添加监视】按钮。

Step 3 弹出【添加监视点】对话框，在【选择您想监视其值的单元格】文本框中输入需要监视的单元格或名称，或者直接单击目标单元格，并单击【添加】按钮。

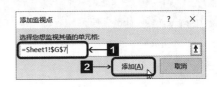

添加到【监视窗口】中的单元格，其中会显示所属的工作簿、工作表、名称、单元格、值以及公式等状况，并保持实时更新。监视窗口中可以添加和显示多个目标，但每个单元格只可以添加一次。

007　使用公式常出现的错误

在使用 Excel 时可能会遇到一些看起来似懂非懂的错误值信息：例如 # N/A！、#VALUE！、#DIV/O！等，出现这些错误的原因有很多种，下面对每种错误做出解释。

1.#####

如果单元格所含的数字、日期或时间比单元格宽，或者单元格的日期时间公式产生了一个负值，就会产生 #####。

解决方法：如果单元格所含的数字、日期或时间比单元格宽，可以通过拖曳列表之间的宽度来修改列宽。如果使用的是 1900 年的日期系统，那么 Excel 中的日期和时间必须为正值。如果公式正确，也可以将单元格的格式改为非日期和时间型来显示该值。

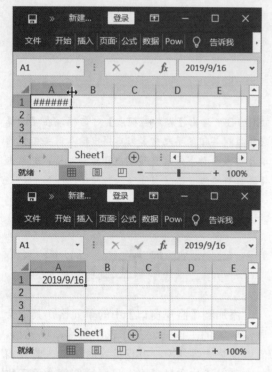

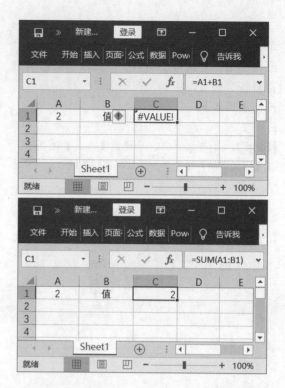

2.#VALUE!

当使用错误的参数或运算对象类型时，或者当公式自动更正功能不能更正公式时，将产生错误值 #VALUE!。主要包括 3 个原因。

（1）在需要数字或逻辑值时输入了文本，Excel 不能将文本转换为正确的数据类型。

解决方法：确认公式或函数所需的运算符或参数正确，并且公式引用的单元格中包含有效的数值。例如：如果单元格 A1 包含一个数字，单元格 B1 包含文本，则公式 ="A1+B1" 将返回错误值 #VALUE!。可以用 SUM 工作表函数将这两个值相加（SUM 函数忽略文本）：=SUM（A1:B1）。

（2）将单元格引用、公式或函数作为数组常量输入。

解决方法：确认数组常量不是单元格引用、公式或函数。

（3）赋予需要单一数值的运算符或函数一个数值区域。

解决方法：将数值区域改为单一数值。更改数值区域，使其包含公式所在的数据行或列。

3.#DIV/O!

当公式被零除时，将会产生错误值 #DIV/O!。在具体操作中主要表现为以下两种原因。

（1）在公式中，除数使用了指向空单元格或包含零值单元格的单元格引用（在 Excel 中如果运算对象是空白单元格，Excel 将此空值当作零值）。

解决方法：修改单元格引用，或者在用作除数的单元格中输入不为零的值。

（2）输入的公式中包含明显的除数零，例如：公式 =1/0。

解决方法：将零改为非零值。

4.#N/A

当在函数或公式中没有可用数值时，将产生错误值 #N/A。

解决方法：如果工作表中某些单元格暂时没有数值，可在这些单元格中输入数值或者更该公式引用单元格的数据。

5.#REF!

删除了由其他公式引用的单元格，或将移动单元格粘贴到由其他公式引用的单元格中。当单元格引用无效时将产生错误值 #REF！。

解决方法：更改公式或者在删除或粘贴单元格之后，立即单击"撤销"按钮，以恢复工作表中的单元格。

6.#NUM！

当公式或函数中某个数字有问题时将产生错误值 #NUM！。

（1）在需要数字参数的函数中使用了不能接受的参数。

解决方法：确认函数中使用的参数类型正确无误。

（2）由公式产生的数字太大或太小，Excel 不能表示。

解决方法：修改公式，使其结果在有效数字范围之间。

7.#NULL！

使用了不正确的区域运算符或不正确的单元格引用。当试图为两个并不相交的区域指定交叉点时将产生错误值 #NULL！。

解决方法：如果要引用两个不相交的区域，请使用联合运算符逗号（,）。公式要对两个区域求和，请确认在引用这两个区域时，使用逗号。

如果没有使用逗号，Excel 将试图对同时属于两个区域的单元格求和，由于单元格区域 A1:A13 和 C12:C23 并不相交，它们没有共同的单元格，所以就会出错。

008　认识数组

Excel 数组公式可实现对多个数据的计算操作，从而避免了逐个计算所带来的烦琐，使计算效率得到大幅度提高。

1. 数组简介

Excel 2016 中，数组是由一个或者多个元素按照行列排列组成的数据集合。

常量数组需要使用一对大括号将数据项括起来，各个数据项之间用半角的分号和半角的逗号分隔开，使用分号来分隔按行排列的元素，使用逗号来分隔每一行的元素。例如数组 {1,2,3;4,5,6}。

2. 数组纬度分类

Excel 中的数组主要有一维数组、二维数组和多维数组。

二维数组的大小由行列两个元素决定的，一个 i 行 j 列的二维数组是由 $i \times j$ 个元素构成的。

多维数组一般用得很少，它比较复杂，多个纬度的数组在分析时往往采用降维的方式，通常会把它转化为 2 维数组来分析。

009　数组的多单元格公式

使用 Excel 的数组公式进行多项计算后，有时会返回一组运算结果，单个单元格无法保存多个单元格的运算结果，使用数组的多单元格公式，可以将数组中的多个结果保存到多个单元格中。

本实例原始文件和最终效果所在位置如下。		
	原始文件	第11章\数组公式表.xlsx
	最终效果	第11章\数组公式表.xlsx

扫码看视频

Step 1　在单元格区域B1:B5中存入一个数组的数值，我们写公式时要将单元格区域B1:B5的单元格内容复制到单元格区域D1:D5中，首先应该选中单元格区域D1:D5，输入"=B1:B5"，同时按【Ctrl】+【Shift】+【Enter】组合键完成输入。

Step 2　现在可以看到，单元格区域B1:B5的内容已经复制到单元格区域D1:D5中了。

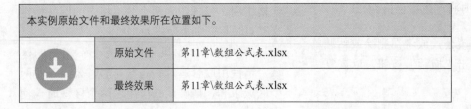

010 数组的基本运算

在 Excel 2016 中，可以执行多种类型的数组运算，解决各种问题。

1. 数组与单个数值的运算

数值可以与单个数值之间进行运算，最后得到的结果仍然是一个数组，数组的长度是不变的。

Step 1 例如计算6-{1;2;3}，首先选中存放数组结果的单元格区域B1:B3，然后输入公式"=6-{1;2;3}"。

Step 2 同时按【Ctrl】+【Shift】+【Enter】组合键完成输入，可以看到B1、B2、B3单元格中的内容分别是5、4、3，说明完成运算后数组变为{5;4;3}，而数组的长度不变。

2. 一维数组之间的运算

若是两个相同方向并且长度相同的一维数组之间进行运算，运算时会根据元素的位置一一对应进行运算。例如公式"={1;6;9}-{1;2;5}"，运算结果为 {0;4;4}。

若是两个不同方向的一维数组之间进行运算，就不需要保证长度相同了，运算时数组中的每一个元素分别与另一个数组中的每一个元素进行运算。若一个是 i 行的数组，另一个是 j 列的数组，运算结束后，将会得到一个 $i \times j$ 的二维数组。例如公式"={1,2}*{4;5;6}"，同时按【Ctrl】+【Shift】+【Enter】组合键完成输入，最终得到的结果是一个 3 行 2 列的二维数组，如下图所示。

3. 一维数组与二维数组之间运算

若一维数组与二维数组在同一方向上长度相同，就可以将一维数组与二维数组在同一方向对应位置的元素进行运算。例如公式"={1,2}*{2,3;1,2;3,2}"，同时按【Ctrl】+【Shift】+【Enter】组合键完成输入，运算结果为{2,6;1,4;3,4}，如下图所示。

4.二维数组之间运算

若两个二维数组的行和列的长度相同，可以对它们进行运算，运算时相同位置的元素之间进行运算，最后得到一个长宽相同的二维数组。例如公式"={3,4;6,7}*{1,2;3,4}"，同时按【Ctrl】+【Shift】+【Enter】组合键完成输入，运算结果是 {3,8;18,28}。

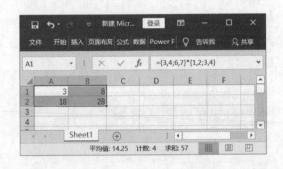

5.数组之间的逻辑运算

数组的运算除了数组之间常见的直接运算之外，还可以进行逻辑运算。

要计算单元格区域 B1:B5 中数值是 1 或者是 0 的单元格个数，可以使用公式："=SUM((B1:B5=1)+(B1:B5=0))"，同时按下【Ctrl】+【Shift】+【Enter】组合键完成输入，加法运算代表逻辑或运算，用乘运算代替逻辑与运算。

011 使用 Excel 自定义名称

Excel 中有一个特别好的工具就是定义名称，顾名思义，就是为一个区域、常量值或数组定义一个名称，定义名称后，在编写公式时可以很方便地用所定义的名称进行编写。我们可以使用多种方法自定义名称。

1.定义名称功能

Step 1 切换到【公式】选项卡，单击【定义的名称】栏中的【定义名称】按钮。

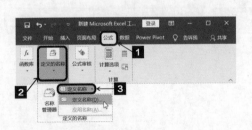

Step 2 由于用户要多次使用单元格区域A1:A5求和的数值，所以我们要定义一个求和的名称。在弹出的【新建名称】对话框中，将【名称】填入"求和"，在【引用位置】填入"=SUM($A$1:$A$5)"，单击【确定】按钮。

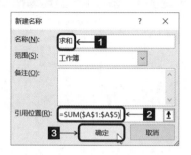

2. 修改名称框的名字

如果想把某一片单元格区域设置为某个名称，就可以直接对这个位置的名称框进行修改。

例如，想要将单元格区域 A1:D3 的名称设置为"数据区"。

首先要选中单元格区域 A1:D3，然后在名称框中输入"数据区"，最后按【Enter】键。

3. 批量创建名称

	本实例原始文件和最终效果所在位置如下。	
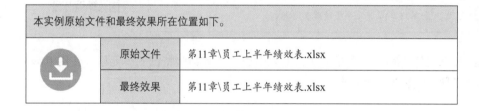	原始文件	第11章\员工上半年绩效表.xlsx
	最终效果	第11章\员工上半年绩效表.xlsx

扫码看视频

在员工上半年绩效评分表中，用户想为每一个列字段创建一个名称。

Step 1 选中单元格区域A1:H13，切换到【公式】选项卡，单击【定义的名称】组中的【根据所选内容创建】按钮。

Step 2 弹出【根据所选内容创建名称】对话框，选择【首行】复选框，然后单击【确定】按钮，完成名称创建。

Step 3 切换到【公式】选项卡,单击【定义的名称】组中的【名称管理器】按钮,弹出【名称管理器】对话框,就可以看到我们刚才创建的名称了,在这里我们可以对名称进行一些修改管理。

012 函数中的数据查询

本实例原始文件和最终效果所在位置如下。

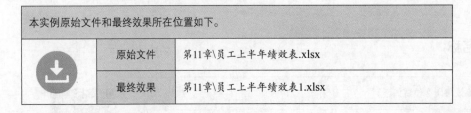

	原始文件	第11章\员工上半年绩效表.xlsx
	最终效果	第11章\员工上半年绩效表1.xlsx

扫码看视频

在使用 Excel 进行数据处理时,经常需要在数据表中查找具有某些特征的单元格,使用 Excel 中的函数,可以实现多种方式快速查询数据。

1. 单元格位置查询

要查找出绩效表中某个员工所在的行号,比如查找"王信"的记录,就可以在任意一个空白的单元格中输入公式"=MATCH(" 王信 ",A:A,0)"。按【Enter】键完成输入,运算结果显示为"8",表示找到王信所在的行是第 8 行。

2. 返回匹配的数值

如果我们想要找出匹配的单元格,并且将它的某一列字段的数值返回,这时就可以使用 VLOOKUP 函数进行提取匹配数据。

例如,要查找出王信 5 月的绩效,可以使用公式"=VLOOKUP(" 王信 ",A2:H13,6,0)"进行匹配。

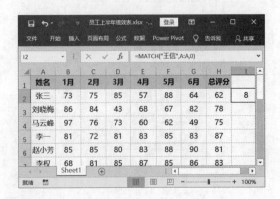

VLOOKUP 函数有 4 个参数：第一个参数为要匹配的值；第二个参数为匹配区域，要匹配的值需要处在要匹配区域的最左侧列中；第三个参数为要返回的值在所选的区域中所在的行序；第四个参数为匹配方式，值是零表示精确匹配，值是非零的数值表示相对匹配。

013 使用函数行列转置（COLUMN、ROW）

本实例原始文件和最终效果所在位置如下。		
	原始文件	第11章\上半年绩效评分整理表.xlsx
	最终效果	第11章\上半年绩效评分整理表.xlsx

扫码看视频

使用 Excel 可以对工作表中的数据进行处理，使数据更加规整，更具有规范性。

用户习惯将每个字段的属性名称放在第一行上，但有时表格中的这些属性是放在一列的，这时就需要将表格区域的数据进行转置。数据转置方法有两种：一种是直接使用【粘贴】选项中的【转置】功能；另一种是使用公式进行转置。

我们接下来要对下图的成绩表进行行列转置。

姓名	张三	刘晓梅	马云峰	李一	赵小芳	李权	王信
1月	73	86	97	81	85	68	78
2月	75	84	76	72	85	81	75
3月	85	43	73	81	80	85	89
4月	57	68	60	83	83	87	80
5月	88	67	62	85	88	85	89
6月	64	82	49	83	90	86	84
总评分	62	78	75	87	81	83	88

Step 1 选中单元格区域A1:H8，按【Ctrl】+【C】组合键，复制此数据区域的值。单击选定一个空白单元格A10，用来放置转置以后的单元格。切换到【开始】选项卡，在【剪贴板】组中单击【粘贴】按钮下的下拉按钮，在其下拉列表中单击【转置】选项，完成转置粘贴。

Step 2 此时，可以看到数据区域已完成了行列转置。

Step 3　其实用户也可以使用公式来进行单元格区域的转置，将上面方法做的结果撤销，选中单元格A10，在单元格A10中输入公式"=OFFSET($A$1,COLUMN(A1)-1,ROW(A1)-1)"，按【Enter】键完成输入，可以看到A1单元格的内容被复制过来了。

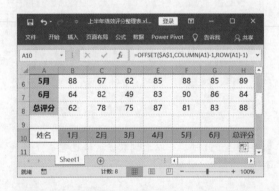

Step 4　原始数据区域中每列有8个字段，所以转置之后每行应该也有8个字段，先向右拖曳填充柄到H10单元格。

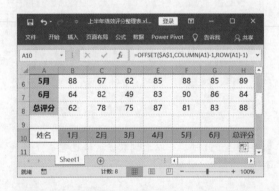

Step 5　向下拖曳填充柄到第17行，所有行都被填充过来了，这样就完成了整个单元格区域的转置了。

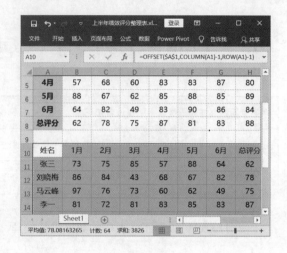

Step 3 中的公式解析：

（1）用 COLUMN 函数返回对应的列号，COLUMN(A1)-1 作为第二个参数，表示从 A1 向下移动的行数。

（2）用 ROW 函数返回相应的行数号，ROW(A1)-1 作为第三个参数，表示从 A1 向右移动的列数。

（3）用 OFFSET 函数获取对应的单元格数值。

014　数据统计公式（SUM、AVERAGE、MAX、COUNTA）

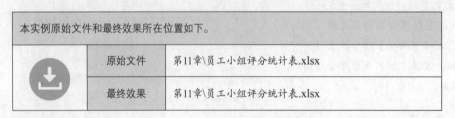

本实例原始文件和最终效果所在位置如下。		
	原始文件	第11章\员工小组评分统计表.xlsx
	最终效果	第11章\员工小组评分统计表.xlsx

扫码看视频

　　Excel 中提供了一些常见的数据处理的公式和函数，主要有求和、求平均值、求最大值、计数等。

1. 求和函数

在单元格 F2 中输入公式 "=SUM(B2:E2)"，按【Enter】键，然后拖曳填充柄到单元格 F9，完成对所有员工评分的求和。

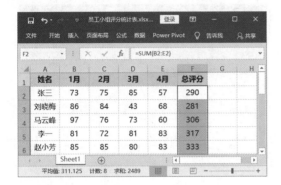

3. 求最大值函数

在 D11 单元格中输入 "最高评分"，在 E11 单元格中输入公式 "=MAX(F2:F9)"，然后按【Enter】键完成对总评分求最大值。

2. 求平均值函数

在 B11 单元格中输入 "平均分"，在 C11 单元格中输入公式 "=AVERAGE(F2:F9)"，然后按【Enter】键完成对总评分求平均值。

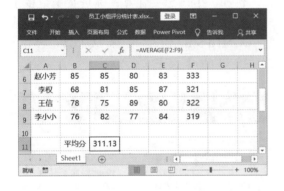

4. 计数函数

在 F11 单元格中输入 "员工总数"，在 G11 单元格中输入公式 "=COUNTA(F2:F9)"，然后按【Enter】键完成对学生总数的计数。

015 有特殊条件的统计（COUNTIF、SUMIF、AVERAGEIF、COUNTIFS、SUMIFS、AVERAGEIFS）

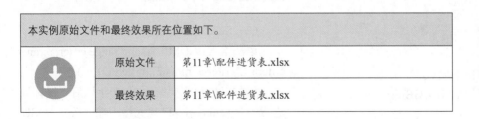

本实例原始文件和最终效果所在位置如下。

	原始文件	第11章\配件进货表.xlsx
	最终效果	第11章\配件进货表.xlsx

扫码看视频

Excel 中提供了按照一定的条件进行统计的公式和函数，灵活地使用这些公式与函数可以高效地进行数据统计和处理。

1. 单条件统计

（1）COUNTIF 函数。

COUNTIF 函数的功能是计算区域中满足给定条件的单元格的个数。

语法格式：COUNTIF(range,criteria)

例如，用户想要统计鼠标的进货次数，在 G2 单元格中输入公式 "=COUNTIF(B2:B13," 鼠标 ")"，然后按【Enter】键完成输入。

（2）SUMIF 函数。

SUMIF 函数的功能是根据指定条件对指定的若干单元格求和。

语法格式：SUMIF(rang,criteria,sum_range)

例如，用户想要统计鼠标总的进货数量，在 G3 单元格中输入公式 "=SUMIF(B2:B13," 鼠标 ",C2:C13)"，然后按【Enter】键完成输入。

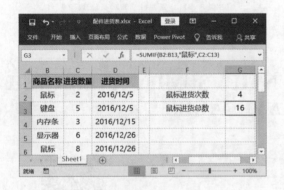

（3）AVERAGEIF 函数。

语法格式：AVERAGEIF(range, criteria, average_range)

例如，用户想要统计 "鼠标" 平均每次进货的个数，在 G4 单元格中输入公式 "=AVERAGEIF(B2:B13," 鼠标 ",C2:C13)"，然后按【Enter】键完成输入。

2. 多条件统计

（1）COUNTIFS 函数。

语法格式：COUNTIFS(criteria_range1, criteria1,[criteria_range2],[criteria2],…)

例如，用户想要计算鼠标进货个数多于 5 个的进货次数，在 G6 单元格中输入公式 "=COUNTIFS(B2:B13," 鼠 标 ",C2:C13,">5")"，然后按【Enter】键完成输入。

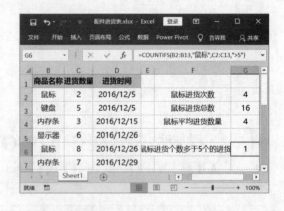

（2）SUMIFS 函数。

语法格式：SUMIFS(sum_range,criteria_range1, criteria1,[criteria_range2],[criteria2],…)

例如，用户想要统计 2017 年以后 "鼠标" 进货的总数量，在 G7 单元格中输入公式 "=SUMIFS(C2:C13,D2:D13,">2017/1/1",B2:B13," 鼠标 ")"，然后按【Enter】键完成输入。

（3）AVERAGEIFS 函数。

语法格式：AVERAGEIFS(average_range, criteria_range1,criteria1,[crileria_range2],[criteia2],…)

例如，用户想要统计 2017 年以后"鼠标"进货的平均数量，在 G8 单元格中输入公式"=AVERAGEIFS(C2:C13,D2:D13,">2017/1/1", B2:B13," 鼠标 ")"，然后按【Enter】键完成输入。

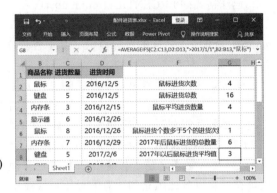

016　使用公式进行排名分析（RANK、PERCENTILE）

本实例原始文件和最终效果所在位置如下。

	原始文件	第11章\员工上半年绩效表.xlsx
	最终效果	第11章\员工上半年绩效表2.xlsx

扫码看视频

Excel 2016 中提供了多种对数据进行排名的公式和函数，高效地使用这些公式，将数据按照指定的方式进行排序，可以更加方便地对数据进行分析与总结。

1.RANK 函数

RANK 函数是最常用的对数据进行排序的函数，可以实现对指定区域中的某一数据进行快速排序。

语法格式：RANK(number,ref,[order])

其中，参数 number 为需要求排名的那个数值或单元格名称（单元格内必须为数字）；ref 为排名的参照数值区域；order 的值为 0 或 1，默认不用输入，得到的就是从大到小的排名；若是想求倒数第几，order的值置为1就可以了。

例如，用户想要对员工的总评分进行排序，在 I1 单元格新增字段"排名"，在 I2 单元格中输入公式"=RANK(G2,$G$2:$G$16)"，并使用填充柄填充复制所有的员工。

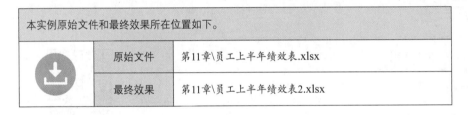

注意

需要注意的是，排名区域要使用单元格的绝对引用，因为要排序的区域是不变的。

2.PERCENTILE 函数

PERCENTILE 函数用于返回区域中数值的第 k 个百分点的值。

语法格式：PERCENTILE(ref,number)

其中，参数 ref 为排名的参照数值区域；number 为 0 ～ 1 之间的百分点值（其中包含 0 和 1）。

例如，用户想要求出每个员工的总评分是否在第 70 个百分比以上，在 J1 单元格中新增字段"排名百分比"，在 J2 单元格中输入公式"=IF(H2>PERCENTILE($H$2:$H$16,0.7),"是 ","否 ")"，输入完毕之后，按【Enter】键。并使用填充柄将百分比填充到所有的员工。现在所有超过 70 个百分点的员工都被标记为"是"。

提示

IF 函数有 3 个参数；第一个是条件项；第二个是满足条件时的项；第三个是不满足条件时的项。

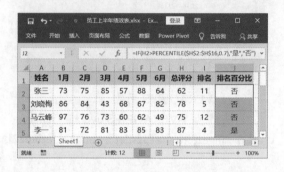

017 函数中的数据提取和筛选

	本实例原始文件和最终效果所在位置如下。	
	原始文件	第11章\员工销售统计表.xlsx
	最终效果	无

扫码看视频

使用 Excel 进行数据分析时，可能需要对数据进行筛选，将某些需要的数据提取出来。使用 Excel 2016 中的数据提取的相关公式，可以让我们更加高效地处理数据，对数据进行分析。

1. 提取满足一个或多个条件的数据

在员工销售表中，想对员工的信息进行分析，这时就需要使用 Excel 中的公式，对数据进行提取。

例如，想要找出销售区域在山东的员工的姓名，在空白单元格 G2 中输入数组公式"=IF(ROW(A1)>COUNTIF(E$2:E$9," 山 东 ")," ",

INDEX(B$1:B$12,SMALL(IF(E$2:E$12=" 山东 ",ROW($2:$9)),ROW(A1))))"，同时按【Ctrl】+【Shift】+【Enter】组合键，完成数组公式的输入，向下拖曳填充柄，所有满足条件的员工的姓名都会被列出。

2. 提取唯一数据

用户想要知道员工销售的地区有哪些，就可以使用 Excel 中的公式，将销售地区列中的各个地区名称筛选出来，并且每个名称只列出一遍。

例如，用户可以在空白单元格（例如 H2）中输入公式 "=IF(ROW(A1)>SUM(1/COUNTIF(E$2:E$9,E$2:E$9)),"",INDEX(E$1:E$9,SMALL(IF(MATCH(E$2:E$9,E$2:E$9,0)+1=ROW($2:$9),ROW($2:$9)),ROW(A1))))"，然后按【Ctrl】+【Shift】+【Enter】组合键完成数组公式的输入，向下拖曳填充柄完成复制填充。

3. 随机抽样提取满足条件的数据

对数据进行统计分析时，有时需要从工作表中随机抽样，分析样本的数据，总结数据的规律。

Excel 中有一些用于产生随机数的公式，比如 RAND 函数，可以随机产生一个在（0,1）范围内的数据。

RAND 函数产生的是随机数，只要在表格中点一下鼠标，函数产生的数据会随之发生改变。

用户可以使用随机抽样的方法，从销售数量表中随机抽取 3 个员工来进行采访。为了让抽取到的每个员工姓名都不相同，我们要在 G 列填入一个辅助数据列，在单元格 G2 中输入公式 "=RAND()"，按【Enter】键后向下填充到 G9 单元格，这样就填充了一列随机数。

例如，在 H2 中输入公式 "=INDEX($B$2:$B$9,RANK(G2,$G$2:$G$9))"，按【Enter】键后向下填充 3 个单元格，可以看到现在随机抽取出 3 个姓名不同的员工了。

INDEX 函数的参数讲解见第 3 章第 43 页。

018 多关键字排名（SUMPRODUCT）

本实例原始文件和最终效果所在位置如下。

	原始文件	第11章\员工考核表.xlsx
	最终效果	第11章\员工考核表.xlsx

扫码看视频

使用 Excel 2016 可以实现高效快捷的数据分析，数据分析中的一个最重要的方面就是对数据表中的数据进行排名。使用 Excel 中的公式可以让排序更加简洁，更有利于数据的分析与处理。

1. 多关键字优先级排名

有时用户需要根据多个关键字进行数据排序，这时就需要对关键字设置优先级，按优先级的先后进行排序。

用户要用到 SUMPRODUCT 函数来解决这个问题，在 F2 单元格中输入公式"=SUMPRODUCT(1*(C2*100^5+E2*60^3+D2*20^1<C\$2:C\$13*100^5+E\$2:E\$13*60^3+D\$2:D\$13*20^1))+1"，按【Enter】键完成输入，拖曳填充柄至 F13 单元格完成填充。

给每个单元格中的数值乘以数量级大小不同的数值，给优先级大的数据项乘以大的数量级，这样优先级大的单元格就会对最后求和的数值大小起主导作用。

2. 按照权重进行排名

在含有多个影响排序的关键字的情况下，我们通常希望每个参与排序的字段在排序都占有不同的权重，这时可以使用 SUMPRODUCT 函数来解决这个问题。

例如，在员工考核表中我们希望最终的排名的权重是年销售量：顾客评分：上级评分为 5：2：3，在 G2 单元格中输入公式"=SUMPRODUCT(1*(C2*5+D2*2+E2*3<C\$2:C\$13*5+D\$2:D\$13*2+E\$2:E\$13*2))+1"，按【Enter】键完成输入，拖曳填充柄至 G13 单元格完成填充。

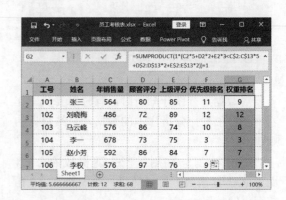

SUMPRODUCT 函数用于返回相应的数组或区域乘积的和。

SUMPRODUCT(array1,array2,array3, …)

参数 array1,array2,array3,… 为 2 到 30 个数组，其相应元素需要进行相乘并求和。

公式解析：

将每个人对应的考核项加权求和与全部人的加权求和进行比较，统计超过当前行的数目来得到排名名次。

019　不占位排名

	原始文件	第11章\员工上半年绩效表.xlsx
	最终效果	第11章\员工上半年绩效表3.xlsx

本实例原始文件和最终效果所在位置如下。

扫码看视频

用户对员工上半年绩效评分进行排名时，我们希望成绩相同的员工按照同一名次来排名，并且每个名次都有对应的员工，不能有跳跃式排名。

使用 SUMPRODUCT 函数可以解决这种排名问题，在 I2 单元格中输入公式"=SUMPRODUCT((H\$2:H\$13>=H2)*1/COUNTIF(H\$2:H13,H\$2:H\$13))"，按【Enter】键完成输入，拖曳填充柄至 I13 单元格完成填充。

这种排序的方式与 RANK 函数的不同之处在于，它不会考虑前面已排好的总个数，只考虑前面已排好的不同数值的个数。

020　输入公式的方法（SUM、AVERAGE、RANK）

	原始文件	第11章\员工绩效表.xlsx
	最终效果	第11章\员工绩效表.xlsx

本实例原始文件和最终效果所在位置如下。

扫码看视频

公式是对工作表数据进行运算的方程式。公式由运算符、常量、单元格地址和函数等元素构成。在 Excel 中公式必须以 "=" 号开头。

函数是系统预设的特殊公式，可直接在公式中使用。Excel 中的函数由 3 部分组成。例如，函数 SUM(A1:F1) 表示对单元格区域 A1:F1 内的数据进行求和，其组成部分如下。

函数名：函数的标识，通常以函数的功能命名，例如 SUM、AVERAGE、MAX 等。

括号：函数名后有一对圆括号，包含函数的参数。

参数：表示函数中使用的值或单元格（区域），例如单元格区域 A1:F1。有些函数没有参数。

要输入函数公式，可根据需要选用以下 3 种方法中的一种。

1. 手动输入

如果需要输入的公式很简单，或者用户对函数很了解，那么就可以直接在单元格中输入函数公式。在输入的时候要注意：公式中的各种标点符号应该在英文输入法状态下输入。

Step 1 打开本实例的原始文件，切换到工作表Sheet1中，选中单元格K2，输入公式"=SUM("。

Step 2 拖曳鼠标选中单元格区域D2:J2，即可将该区域引用到公式中，省去了手工输入的麻烦。

Step 3 输入右括号"）"，按【Enter】键即可求出合计值。

2. 使用选项卡按钮

对于一些常用的函数，用户可以使用【开始】选项卡中的【求和】按钮及其右侧下拉列表中的函数选项来快速地进行输入。

Step 1 选中单元格K3，切换到【开始】选项卡，单击【编辑】组中的【自动求和】按钮右侧的下拉按钮，从弹出的下拉列表中选择【求和】选项。

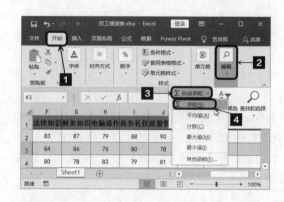

Step 2 此时，即可在单元格K3中自动输入公式"=SUM(D3:J3)"。

Step 3 按【Enter】键，即可显示出求和结果。

Step 4 选中单元格L2，单击【编辑】组中的【自动求和】按钮右侧的下拉按钮，从弹出的下拉列表中选择【平均值】选项。

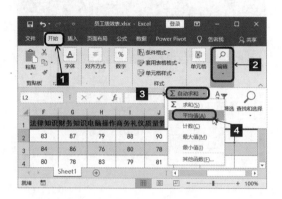

Step 5 此时，即可在单元格L2中自动输入公式"=AVERAGE(D2:K2)"。

Step 6 系统自动选择的参数区域并不正确，需要用户手工修改。选中正确的单元格区域D2:J2，然后按【Enter】键。

3. 使用插入函数向导

要对员工培训成绩的总成绩进行排名，用户可以使用 RANK 函数进行计算。如果用户对此函数不熟悉，可以使用插入函数向导来输入此函数。在插入此函数之前，先使用快速填充功能填充总成绩和平均成绩。

Step 1 选中单元格M2，切换到【公式】选项卡，在【函数库】组中单击【插入函数】按钮。

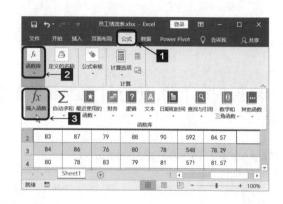

Step 2 弹出【插入函数】对话框，在【或选择类别】下拉列表框中选择【兼容性】选项，在【选择函数】列表框中选择【RANK】选项，单击【确定】按钮。

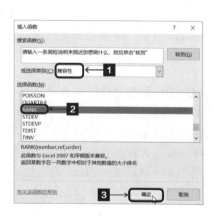

Step 3 弹出【函数参数】对话框，在【RANK】组合框中的【Number】文本框中输入"K2"，在【Ref】文本框中输入"$K$2:$K$23"，单击【确定】按钮。

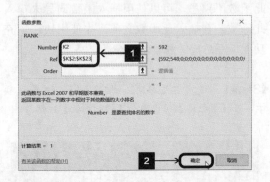

Step 4 返回Excel工作表，即可看到计算后的结果，如图所示。

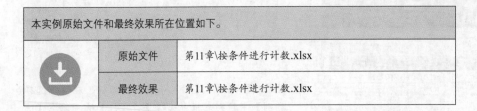

021 按条件进行计数（COUNTIF）

本实例原始文件和最终效果所在位置如下。

	原始文件	第11章\按条件进行计数.xlsx
	最终效果	第11章\按条件进行计数.xlsx

扫码看视频

如果需要按照条件对数据进行统计，例如统计不同部门的员工人数，统计年龄在20岁～30岁的人数等，就可以使用统计函数中的COUNTIF函数。该函数的功能是用于计算区域中满足给定条件的单元格的个数。

COUNTIF函数的功能是计算区域中满足给定条件的单元格的个数。

COUNTIF(range,criteria)

参数range为需要计算其中满足条件的单元格数目的单元格区域；criteria为查找条件。

1. 单条件计数

打开本实例的原始文件，选中单元格B2，输入公式"=COUNTIF(A6:K20,A2)"，单击编辑栏中的【输入】按钮，即可返回销售部的员工人数，用户也可以输入公式"=COUNTIF(A6:K20," 销售部 ")"，计算结果是一样的。

2. 使用通配符

在 COUNTIF 函数的参数中，还可以使用"*"和"?"等通配符进行模糊统计。其中，字符"*"表示任意多个字符，字符"?"表示单个字符。

例如，在单元格 B3 中输入公式"=COUNTIF (B7:B20," 刘 *")"，即可返回姓刘的员工人数。

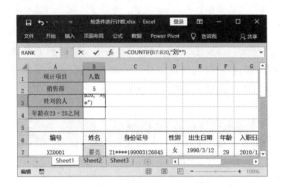

3. 两个条件计数

虽然 COUNTIF 函数只能对单个条件进行计数，但对于一些两个条件的计数，也可以通过一定的算法来实现。

例如，要统计年龄大于 23 岁且小于 25 岁的员工人数，就可以分别统计出年龄大于 23 岁和 25 岁的人数，然后将两者相减即是要求的结果。

选中单元格 B4，输入公式"=COUNTIF (F7:F20,">23")-COUNTIF(F7:F20,">25")"，输入完毕单击编辑栏中的【输入】按钮，即可返回年龄在 23 岁 ~25 岁之间的员工人数。

022 统计不同年龄段的人数(FREQUENCY)

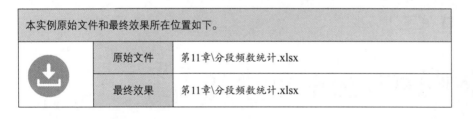

本实例原始文件和最终效果所在位置如下。		
	原始文件	第11章\分段频数统计.xlsx
	最终效果	第11章\分段频数统计.xlsx

扫码看视频

如果需要对数据进行分段频数的统计，例如，统计不同年龄段的人数或者不同分数段的人数，那么就可以使用 FREQUENCY 函数。

FREQUENCY 函数的功能是以一列垂直数组返回某个区域中数据的频率分布。

FREQUENCY(data_array, bins_array)

参数 data_array 为一数组或对一组数值的引用，用来计算频率；参数 bins_array 为间隔的数组或对间隔的引用，该间隔用于对 data_array 中的数值进行分组。

下面介绍如何使用 FREQUENCY 函数统计不同年龄段的人数。

Step 1 打开本实例的原始文件，选中单元格区域B2:B5，切换到【公式】选项卡，然后单击编辑栏中的【插入函数】按钮。

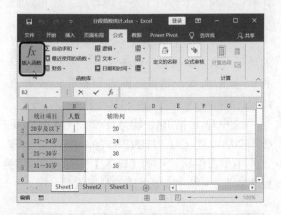

Step 2 弹出【插入函数】对话框，在【或选择类别】下拉列表中选择【统计】选项，在【选择函数】列表中选择【FREQUENCY】选项，单击【确定】按钮。

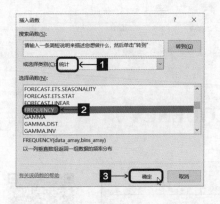

Step 3 弹出【函数参数】对话框，在【Data_array】文本框中输入"F8:F21"，在【Bins_array】文本框中输入"C2:C5"。

Step 4 按【Ctrl】+【Shift】组合键的同时单击【确定】按钮完成数组公式的输入，返回Excel工作表，即可统计出不同年龄段的人数。

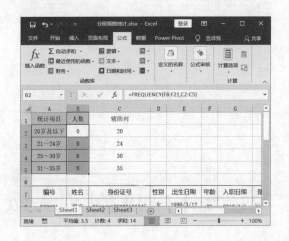

023 计算入职人数（YEAR、COUNTIF）

	本实例原始文件和最终效果所在位置如下。	
	原始文件	第11章\员工档案表.xlsx
	最终效果	第11章\员工档案表.xlsx

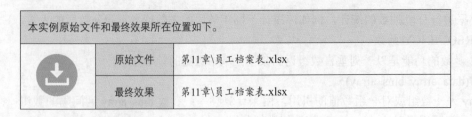

扫码看视频

本实例介绍如何使用 YEAR 函数从日期序列中提取年份信息，并和 COUNTIF 函数结合使用，计算每年进入公司的员工人数。

YEAR 函数的功能是返回某个日期对应的年份，返回值为 1900~9999 之间的整数。

YEAR(serial_number)

参数 serial_number 为一个日期值。

Step 1　打开本实例的原始文件，在单元格I2中输入公式"=YEAR(G2)"，然后向下复制填充，得到所有员工的入职年份。

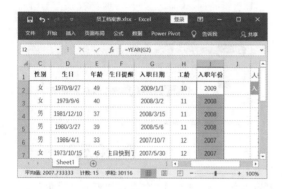

Step 2　在单元格L3中输入公式"=COUNTIF($I$2:$I$16,K3)"，然后向下复制填充，即可得到对应年份的入职人数。

　注意

除了可以使用 YEAR(serial_number) 函数从日期值中提取年份信息外，还可以使用 MONTH(serial_number) 或者 DAY(serial_number) 函数从日期值中提取月份或者天数信息。例如公式"=MONTH("2010-3-15")"的返回值为 3，公式"=DAY("2010-3-15")"的返回值为 15。

024　修正员工累计加班时间

	本实例原始文件和最终效果所在位置如下。	
	原始文件	第11章\加班统计表.xlsx
	最终效果	第11章\加班统计表.xlsx

扫码看视频

在统计加班时间时，一般会涉及时间的加法和减法运算，本实例主要介绍累积加班时间的修正方法。

Step 1　打开本实例的原始文件，在单元格D3中输入公式"=C3-B3"，然后将该公式向下复制填充。

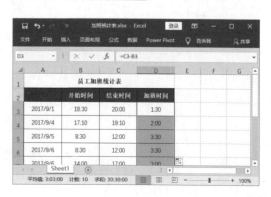

Step 2 选中单元格D12，切换到【公式】选项卡，单击【函数库】组中的【自动求和】按钮右侧的下拉按钮，在弹出的下拉列表中选择【求和】选项，然后按【Enter】键，即可看到求和结果。

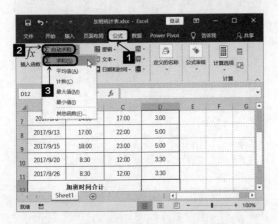

Step 3 此时在单元格D12中显示的合计时间显然小于实际的加班合计时间，这是因为该员工的累计加班时间超过了24小时。可以通过设置单元格格式的方法来解决此问题，选中单元格D12，然后单击鼠标右键，在弹出的快捷菜单中选择【设置单元格格式】选项。

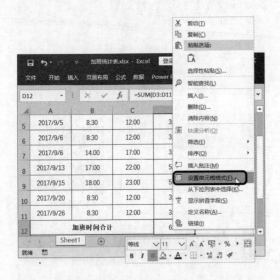

Step 4 弹出【设置单元格格式】对话框，切换到【数字】选项卡，在【分类】组合框中选择【自定义】选项，在【类型】文本框中输入"[h]:mm:ss"，然后单击【确定】按钮。

Step 5 返回Excel工作表，即可看到修正后的累计加班时间。

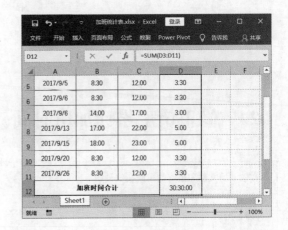

025 使用函数屏蔽错误值

本实例原始文件和最终效果所在位置如下。		
	原始文件	第11章\物料计算表.xlsx
	最终效果	第11章\物料计算表.xlsx

扫码看视频

在使用函数公式进行求值计算时，有时输入的公式没有错误，但是因为公式中需要引用值为空，就可能显示错误值，例如"#N/A"。如果用户不希望显示错误值，可以使用 IF 和 ISERROR 函数来屏蔽错误值的显示，使其显示为空值。

打开本实例的原始文件，切换到"产品 1"工作表，可以看到该产品对于物料"漆包线"的需求数量为 0（单元格 B3 为空值），在"计算表"工作表的 C5 单元格中输入公式"=VLOOKUP($A5,INDIRECT(""""&C$2&""""&"!C:E"),3,)"，由于没有可用的数值，就会显示错误值"#N/A"。

如果要避免错误值的显示，可以将单元格 C5 中的公式修改为"=IF(ISERROR(VLOOKUP($A5,INDIRECT(""""&C$2&""""&"!C:E"),3,)),"",VLOOKUP($A5,INDIRECT(""""&C$2&""""&"!C:E"),3,))"，即当公式 =VLOOKUP($A5,INDIRECT(""""&C$2&""""&"!C:E"),3,)" 返回错误值时，就显示空值，否则正常显示该值。

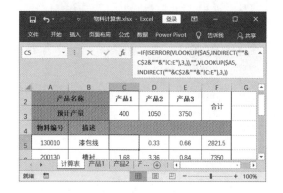

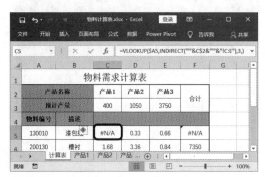

026 统计前3名考核成绩（MAX、LARGE）

	原始文件	第11章\绩效考核表1.xlsx
本实例原始文件和最终效果所在位置如下。		
	最终效果	第11章\绩效考核表1.xlsx

扫码看视频

使用 MAX 和 MIN 函数可以求数据集中的最大值和最小值，但如果想要求第 k 个最大值或第 k 个最小值，就应该使用 LARGE 函数和 SMALL 函数，这两个函数的语法格式均为：函数名（array,k），其中，array 为需要找到第 k 个最小值的数组或数字型数据区域。k 为返回的数据在数组或数据区域里的位置（如果是 LARGE 函数，则为从大到小排。若为 AMALL 函数，则为从小到大排）。

下面介绍如何使用 LARGE 函数统计前 3 名员工的考核成绩，具体的操作步骤如下。

绩效考核分数统计					
姓名	部门	职务	考核得分		统计表
赵智龙	行政部	主任	93		第1名
李翔	行政部	秘书	89		第2名
郭倩	行政部	助理	87		第3名
张萍	行政部	助理	94		
王丽丽	销售部	业务经理	91		
孙晓霞	销售部	业务员	92		
尚书慧	销售部	业务员	80		
刘海荣	销售部	业务员	78		
李雯	销售部	业务员	82		
关玲玲	销售部	业务员	96		
吴求	财务部	主管会计	90		
张琪	财务部	会计	94		
王琳琳	财务部	出纳	88		
李莹	采购部	采购主管	86		
韩梅	采购部	采购助理	97		

Step 1 打开本实例的原始文件，在单元格H3中输入公式"=MAX(E3:E17)"，按【Enter】键即可求出第1名的考核得分。

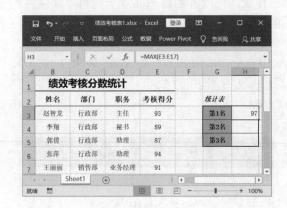

Step 2 在单元格H4和H5中分别输入公式"=LARGE(E3:E17,2)"和"=LARGE(E3:E17,3)"，按【Enter】键即可得到第2名和第3名的考核得分。

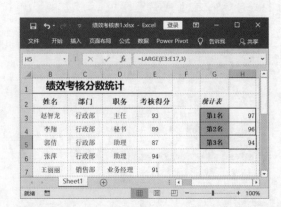

027　计算保质期（EDATE）

本实例原始文件和最终效果所在位置如下。

	原始文件	第11章\保质期计算表.xlsx
	最终效果	第11章\保质期计算表.xlsx

扫码看视频

对于食品或药品等产品都会有一定的保质期，而保质期通常是多少个月，根据生产日期和保质期可以推算产品的到期日。

在 Excel 中使用 EDATE 函数可以简单地计算指定月数后的日期。

EDATE(start_date, months)

start_date 为一个代表开始日期的日期值；months 为 start_date 之前或之后的月数，正数表示未来日期，负数表示过去日期。

保质期一览表			
产品名称	生产日期	保质期（月）	到期日
米醋	2017/10/1	12	
麻辣海带丝	2017/9/23	3	
八宝菜	2017/8/16	6	
黄酒	2017/9/10	24	

Step 1　打开本实例的原始文件，在单元格D3中输入公式"=EDATE(B3,C3)"，按【Enter】键，然后将该公式向下复制填充。

Step 3　弹出【设置单元格格式】对话框，切换到【数字】选项卡，在【分类】组合框中选择【日期】选项，在【类型】组合框中选择合适的类型，然后在【示例】显示框中即可预览效果。

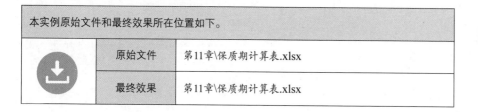

Step 2　选中单元格区域D3:D6，单击鼠标右键，从弹出的快捷菜单中选择【设置单元格格式】选项。

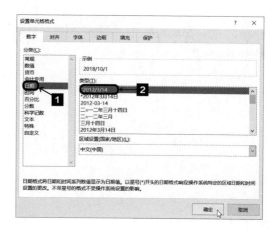

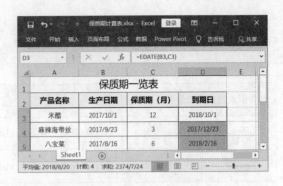

Step 4 单击【确定】按钮，返回Excel工作表，即可看到到期日的日期格式。

028　查询订单是否存在（MATCH、ISNA）

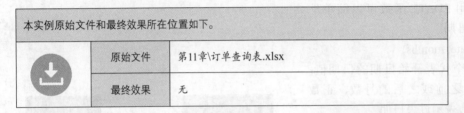

本实例原始文件和最终效果所在位置如下。

	原始文件	第11章\订单查询表.xlsx
	最终效果	无

扫码看视频

本实例介绍如何使用 MATCH 函数和 ISNA 函数查询订单号是否存在。

MATCH 函数的功能是返回在指定方式下与指定数值匹配的数组中元素的相应位置。

MATCH(lookup_value, lookup_array,match_type)

参数 lookup_value 为需要在数据表中查找的数值；lookup_array 为包含所要查找的数值的连续单元格区域；match_type 为数字 –1、0 或 1。如果 match_type 为 0，则表示进行精确查找，lookup_array 可以按任何顺序排列。

例如，设置如下表格，切换到工作表 "Sheet2" 中，在单元格 C7 中输入公式 "=MATCH(40,B2:B4,0)"，返回值为 3。

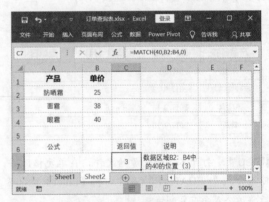

ISNA 函数属于 IS 函数，可以检验参数中指定对象是否为 #N/A 错误值。如果是 #N/A 错误值，则返回逻辑值 TRUE；如果不是 #N/A 错误值，则返回逻辑值 FALSE。#N/A 错误值表示公式中没有可用的数值，或缺少函数参数。

Step 1 打开本实例的原始文件，切换到 "Sheet1" 工作表中，如果要查询单元格B1中的订单是否存在，则可以在单元格B2中输入公式 "=IF(ISNA(MATCH(B1,A5:A9,0)),"无此订单",VLOOKUP(B1,A5:C9,3,0))"，此时返回值为 "无此订单"。

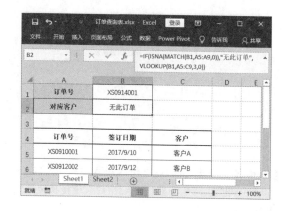

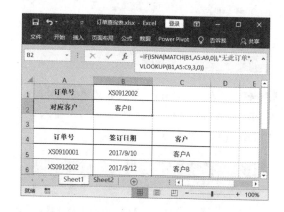

Step 2 将单元格B1中的订单号修改为一个已经存在的订单号（例如，订单号为XS0912002），即可返回该订单号对应的客户。

029 利用函数格式化数据（TEXT）

本实例原始文件和最终效果所在位置如下。		
	原始文件	第11章\利用函数格式化数据.xlsx
	最终效果	第11章\利用函数格式化数据.xlsx

扫码看视频

使用 TEXT 函数可以将数值转换为按指定数字格式表示的文本。

TEXT(value,format_text)

使用 TEXT 函数会将数值转换为带格式的文本，而结果将不再作为数字参与计算。

1.中文日期转换

下面介绍如何使用 TEXT 函数将以数字表示的日期转换为中文小写或大写文本。

Step 1 打开本实例的原始文件，切换到"中文日期"工作表中，在单元格 B2 中输入公式"=TEXT(A2,"[DBNUM1]")"，在单元格C2中输入公式"=TEXT(A2,"[DBNUM2]")"。

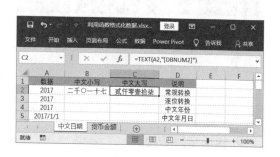

Step 2 在单元格B3中输入公式"=TEXT(A3,"[DBNUM1]0")"，在单元格C3中输入公式"=TEXT(A4,"[DBNUM2]0")"。这里在[DBNUM1]和[DBNUM2]后加0的目的是让数字逐位转换。

Step 3　在单元格B4中输入公式"=TEXT(A4,"[DBNUM1]0年")"，在单元格C4中输入公式"=TEXT(A4,"[DBNUM2]0年")"。

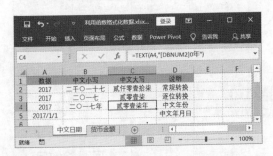

Step 4　在单元格B5中输入公式"=TEXT(A5,"[DBNUM1]yyyy年m月d日")"，在单元格C5中输入公式"=TEXT(A5,"[DBNUM2]yyyy年m月d日")"，可分别得到中文日期的小写和大写形式。

2.货币金额转换

下面介绍如何使用 TEXT 函数将数字转换为指定的货币格式。

Step 1　切换到工作表"货币金额"中，在单元格B2中输入公式"=TEXT(A2,"￥#,##0.00")"，可将单元格A2中的数值转换为人民币货币格式。

Step 2　在单元格B3中输入公式"=TEXT(A3,"$#,##0.00")"，可将单元格A3中的数值转换为美元货币格式。

Step 3　此外，还可以使用RMB函数将数字转化为人民币货币格式。例如，在单元格B4中输入公式"=RMB(A4,3)"，其中，参数3表示保留3位小数。

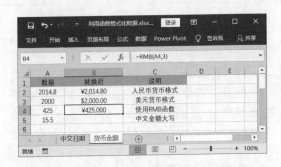

Step 4　在单元格B5中输入公式"=TEXT(A5*100,"[DBNUM2]0佰0拾0元0角0分")"，可将单元格A5中的数值转换为中文大写金额。

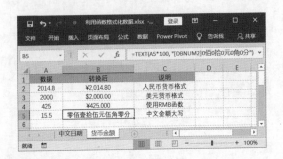

030 按条件进行求和（SUMIF）

本实例原始文件和最终效果所在位置如下。

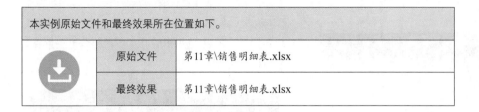

	原始文件	第11章\销售明细表.xlsx
	最终效果	第11章\销售明细表.xlsx

扫码看视频

使用 SUM 函数可以对数据进行简单的求和，但如果用户希望只对满足一定条件的数据进行求和运算，那么就可以使用 SUMIF 函数来替代 SUM 函数。

与 SUM 函数不同的是，SUMIF 函数只对满足条件的单元格求值。

语法格式：SUMIF(range, criteria,sum_range)

其中，参数 range 是要根据条件计算的单元格区域；criteria 为确定哪些单元格将被相加进行求和的条件；sum_range 为需要相加的实际单元格。

1. 单条件求和

SUMIF 函数只要用于对单个条件进行统计求和，并且条件参数可以使用比较运算符和通配符。

Step 1 打开本实例的原始文件，在单元格区域 A3:C19 中记录着货品的销售数据，然后在单元格 B22 中并输入公式"=SUMIF(D3:D19,A22,G3:G19)"，按【Enter】键即可计算出"联想笔记本"的总销售金额。

Step 2 用户也可以直接输入带双引号的检索条件，而不使用单元格引用的方式，例如在单元格 B23 中输入公式"=SUMIF(D3:D19,"三星手机",G3:G19)"，按【Enter】键即可计算出"三星手机"的总销售金额。

Step 3 在单元格 F22 中输入公式"=SUMIF(B3:B 19,"A*",E3:E19)"，按【Enter】键即可计算出货品编号以字母"A"开头的货品的总销售量，这里使用了通配符"*"。

Step 4 在单元格F23中输入公式"=SUMIF(F3:F19,"<1000",E3:E19)"，按【Enter】键即可计算出所有单价小于1 000元的货品总销量，这里在条件参数中使用了比较运算符"<"。

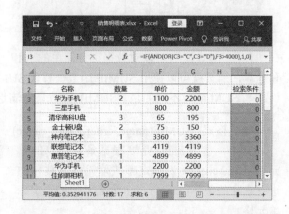

2.多条件求和

SUMIF 函数只能指定一个检索条件，如果要求满足多个条件的和，则可以首先使用逻辑函数 IF、AND 或 OR 函数对数据记录进行多个条件的判断，然后对符合条件的记录进行求和。

AND 函数的功能是当所有参数的逻辑值为真时返回 TRUE，只要一个参数的逻辑值为假即返回 FALSE。

AND(logical1, logical2，…)

参数 logical1,logical2,…为 1 ～ 255 个要判断的条件。

OR 函数与 AND 函数的区域在于：AND 函数要求所有函数的逻辑值均为真，结果才为真。

例如，要求货品类别为"C"或"D"，并且单价大于 4 000 元的货品的总销售金额，可以使用如下方法。

Step 1 在单元格I3中输入公式"=IF(AND(OR(C3="C",C3="D"),F3>4000),1,0)"，然后将单元格I3的公式向下复制填充。

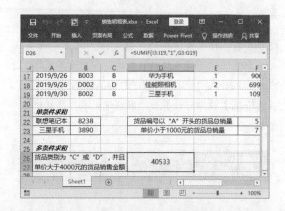

Step 2 在单元格D26中输入公式"=SUMIF（I3:I19,"1",G3:G19)"，按【Enter】键即可求出货品类别为"C"或"D"，并且单价大于4 000元的货品总销售金额。

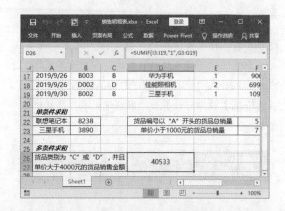

031　根据标识符截取字符串（LEFT、RIGHT）

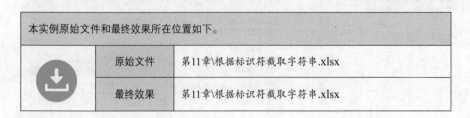

	本实例原始文件和最终效果所在位置如下。	
	原始文件	第11章\根据标识符截取字符串.xlsx
	最终效果	第11章\根据标识符截取字符串.xlsx

常用的文本提取函数有 LEFT 函数、MID 函数和 RIGHT 函数。如果结合 FIND 函数使用就可以实现根据标识符截取字符串的目的。

FIND 函数可以返回某一字符在一个字符串中出现的位置。

FIND(find_text,within_text, start_num)

参数 find_text 为要查找的文本；within_text 为包含要查找的文本；start_num 为指定要从其开始搜索的字符。within_text 中的首字符是编号为 1 的字符。如果省略 start_num，则假设其值为 1。

1. 从字符串左侧截取字符

如果从左侧（即从前向后）截取字符，就可以使用 LEFT 函数。

LEFT 函数的功能是基于所指定的字符数返回文本字符串中的第一个或前几个字符。

LEFT(text,num_chars)

参数 text 为包含要提取字符的文本串；num_chars 为指定要由 LEFT 所提取的字符数。

打开本实例的原始文件，在单元格 C2 中输入公式"=LEFT(B2,FIND("-",B2)-1)"，单击编辑栏中的【输入】按钮，即可根据分隔符"-"提取出电话号码的区号。

2. 从字符串右侧截取字符

如果从右侧（即从后向前）截取字符，就可以使用 RIGHT 函数。RIGHT 函数的功能是基于所指定的字符数返回文本字符串中的最后一个或者多几个字符。

RIGHT(text,num_chars)

参数 text 为包含要提取字符的文本串；num_chars 为由 RIGHT 函数提取的字符数。

在单元格 E2 中输入公式"="www."&RIGHT(D2,LEN(D2)-FIND("@",D2))"，即可根据分隔符"@"提取出邮箱地址中的域名，并加上前缀"www."。

032 使用嵌套函数（IF）

		本实例原始文件和最终效果所在位置如下。
⬇	原始文件	第11章\使用嵌套函数.xlsx
	最终效果	第11章\使用嵌套函数.xlsx

扫码看视频

当函数的参数也是函数时，可以称为函数嵌套。

下面以评定员工的培训成绩为例，介绍嵌套函数的使用方法。假设平均分数大于或等于85分为"优秀"，大于或等于70分且小于85分为"良好"，大于或等于60分且小于70分为"及格"，小于60分为"不及格"。

可以使用 IF 函数的嵌套来实现上述成绩的评定。IF 函数是逻辑函数，其功能是根据逻辑计算的真假值，返回不同结果。

IF(logical_test,value_if_true, value_if_false)

参数 logical_test 表示计算结果为 TRUE 或 FALSE 的任意值或表达式；value_if_true 是参数 logical_test 为 TRUE 时返回的值；value_if_false 是参数 logical_test 为 FALSE 时返回的值。

Step 1 打开本实例的原始文件，在单元格N2中输入公式 "=IF(L2>=85,"优秀",IF(L2>=70,"良好",IF(L2>=60,"及格","不及格")))"，单击编辑栏中的【输入】按钮 ✓，得到评价结果为"良好"。

Step 2 将单元格N2中的公式向下复制填充，即可得到员工的培训成绩评价结果。

033　员工基本信息查询（VLOOKUP）

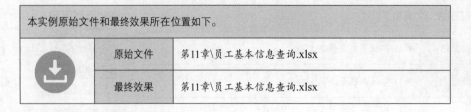

	本实例原始文件和最终效果所在位置如下。	
⬇	原始文件	第11章\员工基本信息查询.xlsx
	最终效果	第11章\员工基本信息查询.xlsx

扫码看视频

VLOOKUP 函数是使用频率最高的查找函数，本实例将介绍如何使用该函数实现员工信息的查询功能。

VLOOKUP 函数的功能是搜索表区域首列满足条件的元素，确定待检索单元格在区域中的行序号，再进一步返回选定单元格 的值。

VLOOKUP(lookup_value, table_array,col_index_num,range_lookup)

参数 lookup_value 为需要在表格数组中第一列中查找的数值；table_array 为需要从中查找数据的数据区域；col_index_num 为 table_array 中待返回的匹配值的序列号；range_lookup 为逻辑值，指明函数 VLOOKUP 返回时是精确匹配还是近似匹配。如果 range_value 为 FALSE，则返回精确匹配值并支持无序查找；如果 range_value 为 TRUE，则进行近似匹配查找，同时要求第 1 列数据按升序排列。

Step 1 打开本实例的原始文件，选中单元格 B2，单击编辑栏中的【插入函数】按钮。

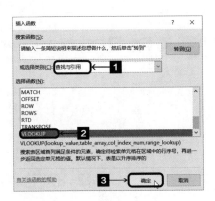

Step 2 弹出【插入函数】对话框，在【或选择类别】下拉列表中选择【查找与引用】选项，在【选择函数】列表框中选择【VLOOKUP】，然后单击【确定】按钮。

Step 3 弹出【函数参数】对话框，在【Lookup_value】文本框中输入"A2"，在【Table_array】文本框中输入"A5:H19"（即"表1"），在【Col_index_num】文本框中输入"6"，在【Range_lookup】文本框中输入"FALSE"，单击【确定】按钮。

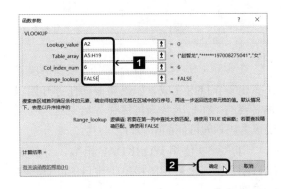

Step 4 返回Excel工作表，即可看到单元格B2中的公式为"=VLOOKUP(A2,A5:H19,6,FALSE)"。

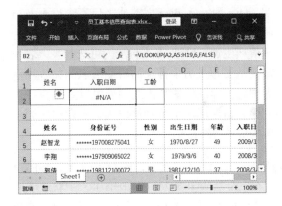

Step 5 在A2单元格输入要查询的姓名，如"李翔"即可显示出对应的入职日期。

034 计算工作结算日（WORKDAY）

	本实例原始文件和最终效果所在位置如下。	
	原始文件	第11章\工作计划表.xlsx
	最终效果	第11章\工作计划表.xlsx

扫码看视频

在实际工作中，一般会规定一项任务应该在多少工作日内完成。如果要根据任务开始日和需要的工作日天数来推算任务结束日，那么应该考虑期间可能的节假日。

用户可以使用 WORKDAY 函数，计算起始日期之前或之后相隔指定工作日的某一日期的日期值。

WORKDAY(start_date, days,holidays)

参数 start_date 为一个代表开始日期的日期；days 为 start_date 之前或之后不含周末及节假日的天数；days 为正值将产生未来日期，为负值产生过去日期；holidays 为可选列表，表示需要从工作日历中排除的日期值，例如各种法定假日或非法定假日，此列表可以是包含日期的单元格区域，也可以是由代表日期的序列号所构成的数组常量。

Step 1 打开本实例的原始文件，在单元格E3中输入公式"=WORKDAY(C3,D3,$H$3:$H$8)"，如果单元格为【常规】格式，那么就会显示该日期的序列号为43693。

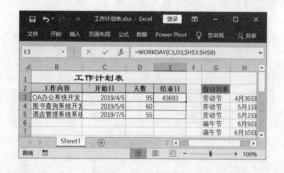

Step 2 选中单元格E3，单击鼠标右键，在弹出的快捷菜单中选择【设置单元格格式】选项。

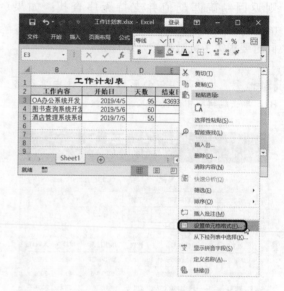

Step 3 弹出【设置单元格格式】对话框，切换到【数字】选项卡，在【分类】组合框中选择【日期】选项，在【类型】列表框中选择需要的日期类型，然后单击【确定】按钮。

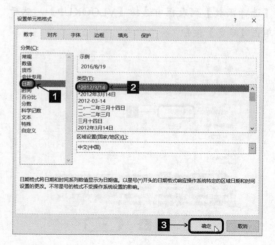

Step 4 返回Excel工作表，即可看到序列号已经转换为指定的日期格式，然后将该公式向下复制填充即可。

035 计算员工的工龄（ROUNDDOWN）

本实例原始文件和最终效果所在位置如下。

	原始文件	第11章\计算员工的工龄.xlsx
	最终效果	第11章\计算员工的工龄.xlsx

扫码看视频

本实例介绍如何使用 TODAY 函数和 ROUNDDOWN 函数计算员工的工龄。

ROUNDDOWN 函数的功能是向下舍入数字。

ROUNDDOWN(number, num_digits)

参数 number 为需要向下舍入的任意实数；num_digits 为需要保留的小数位数或四舍五入后的数字的位数；如果 num_digits 大于 0，则向下舍入到指定的小数位；如果 num_digits 等于 0，则向下舍入到最接近的整数；如果 num_digits 小于 0，则在小数点左侧向下进行舍入。

假设从入职日期开始计算工龄，其中工龄每满 1 年计 1 年工龄，满 1 年未满 2 年按 1 年计算，满 2 年未满 3 年按 2 年计算，依次类推。

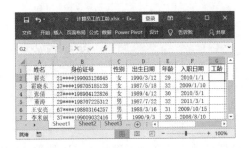

Step 1 打开本实例的原始文件，选中单元格G2，输入公式"=ROUNDDOWN((TODAY()-F2)/365,0)"，单击编辑栏中的【输入】按钮。

Step 2 此时，即可看到Excel表格中员工的工龄已经计算出来，效果如图所示。

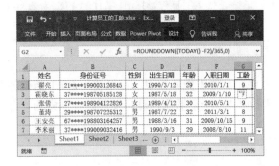

036　计算应出勤天数（NETWORKDAYS）

本实例原始文件和最终效果所在位置如下。		
	原始文件	第11章\考勤统计表.xlsx
	最终效果	第11章\考勤统计表.xlsx

扫码看视频

在考勤表中一般需要统计考勤期内的工作天数，用户可以使用 NETWORKDAYS 函数来计算起止日期之间不包含星期六、星期天和节假日的工作天数。

NETWORKDAYS(start_date,end_date,holidays)

参数 start_date 为终止日期；holidays 表示需要从工作日历中排除的日期值，例如法定假日以及其他非法定假日，该列表可以使包含日期的单元格区域，或是表示日期的序列号的数组常量。

打开本实例的原始文件，在单元格区域 C3:C9 中填充相同的公式"=NETWORKDAYS("2019-1-1","2019-1-31",{"2019-1-2","2019-1-3"})"，该公式的 holidays 参数为一组日期序列号的数组常量。

> **提示**
>
> 已经创建的名称，如果希望进行修改或删除，则可以在【名称管理器】对话框中进行操作。

037　等额还款分析（PMT、PPMT）

本实例原始文件和最终效果所在位置如下。		
	原始文件	第11章\贷款分析表.xlsx
	最终效果	第11章\贷款分析表.xlsx

扫码看视频

在等额还贷业务中，可以使用 PMT 函数计算每期应偿还的贷款金额，而且还可以使用 PPMT 函数和 IPMT 函数来计算每期还款金额中的本金和利息。

PMT 函数的功能是基于固定利率及分期付款方式返回贷款的每期付款额。

PMT(rate, nper,pv,fv,type)

参数 rate 为利率；nper 为投资或贷款期限；pv 为现值或一系列未来付款的当前值的累积和，也称为本金；fv 为未来值或最后一次付款后希望得到的现金余额，如果省略 fv，则假设其值为零，也就是一笔贷款的未来值为零；type 为贷款偿还方式，0 为期末，1 为期初，默认值为 0。

PPMT 函数的功能是基于固定利率及等额分期付款方式，返回投资在某一给定期间内的本金偿还额。

PPMT(rate, per,nper,pv,fv,type)

参数 rate 为各期利率；per 用于计算其本金数额的期数，必须介于 1 到 nper 之间；nper 为总投资期，即该项投资的付款期总数；pv 为现值；fv 为未来值，如果省略 fv，则假设其值为零；type 用以指定各期的付款时间是在期初还是期末，0 为期初，1 为期末。

IPMT 函数的功能是基于固定利率及等额分期付款方式，返回给定期数内对投资的利息偿还额。

IPMT(rate,rer,nper,pv,fv,type)

参数 rate 为各期利率；rer 用于计算其利息数额的期数，必须在 1 到 nper 之间；nper 为总投资期，即该项投资的付款期总数；pv 为现值；fv 为未来值；type 用以指定各期的付款时间是在期初还是期末，0 为期初，1 为期末。

Step 1 打开本实例的原始文件，在单元格B5中输入公式"=PMT(B3,B4,B2)"，按【Enter】键即可计算出每月的还款金额。

Step 2 在单元格B9中输入公式"=PPMT($B$3, A9,$B$4,-$B$2,,0)"，然后向下填充复制，即可得到每期所应偿还的本金部分。

Step 3 在单元格C9中输入公式"=IPMT($B$3, A9,$B$4,-$B$2,,0)"，然后向下填充复制，即可得到每期所应偿还的本金部分。

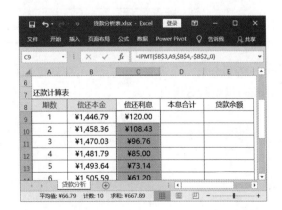

Step 4　在单元格D9中输入公式"=B9+C9"，然后向下填充复制，即可得到每期所应偿还的本息之和。可以看出该值与前面PMT函数计算的月还款金额是相等的。

Step 5　在单元格E9中输入公式"=$B$2-SUM(B$9:B9)"，然后向下填充复制，即可统计出每月还款后所剩的贷款余额为多少，到最后一期时，该值为0。

Step 6　分别在单元格B19、C19、D19中使用自动求和功能统计出"偿还本金""偿还利息""偿还利息"列的合计值。其中单元格C19中所显示的值，即为该笔贷款业务的总利息额。

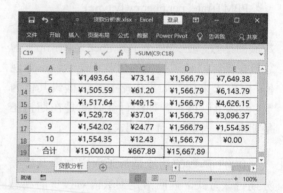

038　项目投资评价方法（NPV、IRR）

本实例原始文件和最终效果所在位置如下。

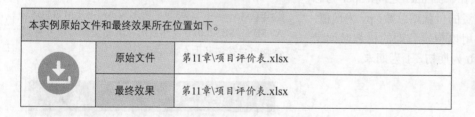

	原始文件	第11章\项目评价表.xlsx
	最终效果	第11章\项目评价表.xlsx

扫码看视频

为了分析一个项目的可行性，需要确定未来值与现值的折算方法，而应用净现值和内部收益率就可以做到这一点。

1. 净现值法

净现值法是按照一定的贴现率计算项目期内各期预计净现金流量现值的和，只有净现值大于零的项目才具有可行性。

在 Excel 中可以使用 NPV 函数来计算净现值。该函数的功能是通过使用贴现率以及一系列未来支出（负值）和收入（正值），返回一项投资的净现值。

NPV(rate,value,value2,…)

参数 rate 为某一期间的贴现率，是一个固定值；value,value2,…为一系列参数，代表支出及收入系列。

例如，企业有一个新的商业项目，期限为3 年，如果期初投资 80 000 元，预计以后 3 年的现金净流量分别为 12 000 元、60 000 元和50 000 元，贴现率为 10%。试计算该项目净现值以确定项目的可行性。

打开本实例的原始文件，在单元格 B7 中输入公式"=NPV(B1,B4:B6)+B3"，计算出来的净现值 NPV 为 18 061.61 元，大于零，说明该项目方案的报酬率大于 10%，从而说明该方案是可行的。

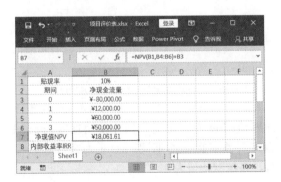

2. 内部收益率法

净现值只能说明投资方案高于或低于某一特定的投资报酬率，要想知道项目方案本身所能达到的报酬率是多少，可以使用内部收益率指标，而且只有计算出来的内部收益率指标大于一定的可行性。

在 Excel 中可以使用 IRR 函数来计算一组现金流量的内部收益率。

IRR(values,guess)

参数 values 为数组或单元格的引用，包含用来计算返回的内部收益率的数字；guess 为函数 IRR 计算结果的估计值，如果省略，则系统默认为 0.1，即 10%。

仍以上面的案例为例，如果要计算该项目的内部收益率，可以在单元格 B8 中输入公式"=IRR(B3:B6)"，计算结果为 20%。

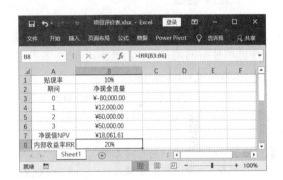

039　固定资产折旧方法计算三则（SLN、DDB、SYD）

本实例原始文件和最终效果所在位置如下。

	原始文件	第11章\折旧计算表.xlsx
	最终效果	第11章\折旧计算表.xlsx

扫码看视频

在 Excel 中主要有 SLN、DDB 和 SYD 等 3 个折旧计算函数，它们分别对应财务上的直线法、双倍余额递减法和年数总和法。

例如，某项固定资产原值为 150 000 元，预计使用年限为 5 年，预计净残值为 15 000 元。下面分别使用 3 种不同的折旧方法计算该资产的每期折旧额。

1.SLN 函数

SLN 函数的功能是返回某项资产在一个期间中的线性折旧值。

SLN(cost, salvage,life)

参数 cost 为固定资产原值；salvage 为预计净残值；life 为固定资产预计使用年数。

Step 1　打开本实例的原始文件，切换到"SLN函数"工作表，在单元格B3中输入公式"=SLN($A$2，$B$2，$C$2)"，然后将其向下复制填充至单元格B7，并在【自动填充选项】下拉列表中选择【不带格式填充】选项。

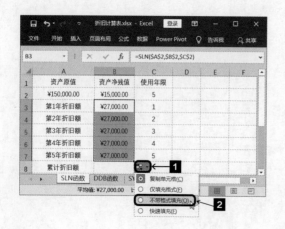

Step 2　在单元格B8中输入公式"=SUM(B3: B7)"，计算出累计折旧额。

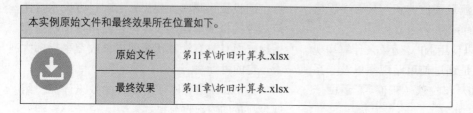

2.DDB 函数

DDB 函数的功能是使用双倍余额递减法或其他指定倍数方法，计算资产在给定期间内的折旧值。

DDB(cost,salvage,life,period,factor)

参数 cost 为固定资产原值；salvage 为预计净残值；life 为固定资产预计使用期限；period 为需要计算折旧的期间；factor 为余额递减倍数，系统默认值为 2。

切换到"DDB 函数"工作表，在单元格 B3 中输入公式"=DDB($A$2，$B$2,$C$2, C3)"，然后将其向下复制填充至单元格 B7，即可得出 1~5 年的年折旧额，还可以在 B8 单元格中求出累计折旧额。

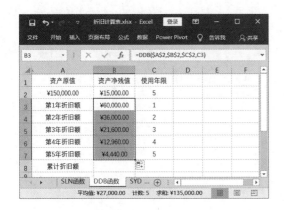

3.SYD 函数

SYD 函数的功能是返回某项资产按年限总和折旧法计算的指定期间的折旧值。

SYD(cost, salvage,life,per)

参数 cost 为固定资产原值；salvage 为预计净残值；life 为固定资产预计使用期限；per 为期间单位与 life 相同。

切换到"SYD 函数"工作表，在单元格 B3 中输入公式"=SYD($A$2,$B$2,$C$2,C3)"，然后将其向下复制填充至单元格 B7，即可得出 1~5 年的年折旧额，还可以在 B8 单元格中求出累计折旧额。

040　求出现次数最多的数值（MODE）

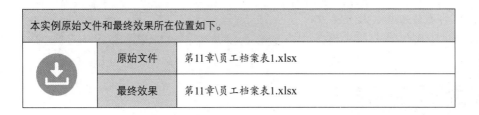

	原始文件	第11章\员工档案表1.xlsx
	最终效果	第11章\员工档案表1.xlsx

扫码看视频

对于一组数值，如果希望从中查找出现次数最多的一个数值，可以使用 MODE 函数。该函数的功能是在某一数组或数据区域中查找出现频率最多的数值。

MODE(number1, number2,…)

参数 number1, number2,…是用于众数（即出现次数最多的数值）计算的 1~30 个参数。也可以使用对数组区域的引用来代替由逗号分隔的参数。参数可以是数字，或者是包含数字的名称、数组或引用。如果数组或引用参数包含文本、逻辑值或空白单元格，则这些值将被忽略，但包含零值的单元格将计算在内；如果数值集合中不含有重复的数据，则 MODE 函数会返回错误值 #N/A。

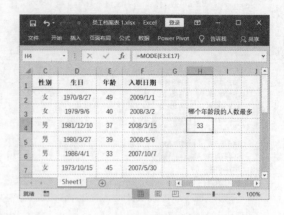

打开本实例的原始文件，例如要求哪个年龄段的人数最多，可以在单元格 H4 中输入公式"=MODE(E3:E17)"，计算结果为 33。

041　员工生日提醒（TODAY）

本实例原始文件和最终效果所在位置如下。

	原始文件	第11章\员工生日提醒.xlsx
	最终效果	第11章\员工生日提醒.xlsx

扫码看视频

为了创建一种和谐的工作氛围，许多公司都会在员工过生日时送上一份生日礼物，为了避免员工的生日遗漏，可以使用相关函数来提醒。

Step 1　打开本实例的原始文件，选中单元格B17，输入公式"＝TODAY()"，单击编辑栏中的【输入】按钮，即可显示出当前日期。

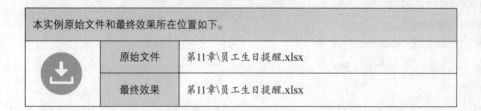

Step 2　选中单元格E2，输入公式"=IF(DATEDIF(D2-7,TODAY(),"Yd")<=7,"提醒","")"，单击编辑栏中的【输入】按钮。

Step 3　将该公式向下复制填充，如果存在7天内即将过生日的员工，就会在相应的单元格中显示"提醒"，没有则不显示。

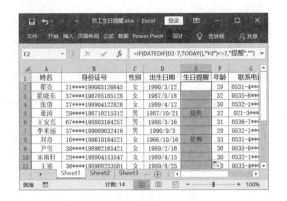

提示

该公式的含义是当员工出生日期减去 7 天后与当前日期相差 7 天以内就进行提醒，其中的参数 "Yd" 表示不考虑两个日期之间的年份。

042 轻松调用表数据（INDIRECT）

	本实例原始文件和最终效果所在位置如下。	
	原始文件	第11章\轻松调用表数据.xlsx
	最终效果	第11章\轻松调用表数据.xlsx

扫码看视频

查找与引用函数可以用来在数据清单或表格的指定单元格区域内查找特定内容。

INDIRECT 函数是根据第一参数的文本字符串返回字符串所代表的单元格引用。

INDIRECT(ref_text,a1)

参数 ref_text 可以是 a1 引用样式的字符串，也可以是已定义的名称。

Step 1 打开本实例的原始文件，选中单元格区域B2:B8，切换到【公式】选项卡，单击【定义的名称】组中的【定义名称】按钮。

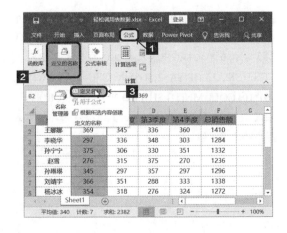

Step 2 弹出【新建名称】对话框，在【名称】文本框中输入"第1季度"，单击【确定】按钮。

Step 3 按照相同的方法分别定义其他3个季度的名称。

Step 4 选中单元格B13，输入公式"=AVERAGE (INDIRECT(B12))"，单击编辑栏中的【输入】按钮，即可查找出第3季度的平均销售额。

> **!提示**
>
> 已经创建的名称，如果希望进行修改或删除，可以在【名称管理器】对话框中进行操作。

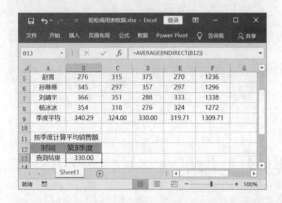

043　在二维区域中提取数据

本实例原始文件和最终效果所在位置如下。

	原始文件	第11章\在二维区域中提取数据.xlsx
	最终效果	第11章\在二维区域中提取数据.xlsx

扫码看视频

　　TEXT 函数可以将数值转换为一些特殊格式的数字字符串，这对于需要使用 R1C1 单元格引用方式的公式具有比较大的使用价值。

　　而 R1C1 的引用方式平时用得很少，但在二维区域向一维列表的转换、二维区域的数据提取当中会有比较多的应用。

　　图中所示为某公司的一组产品的销售数量列表，由于表格中的数据没有经过规划，许多规格和数量的数据分别位于不同的字段列中。

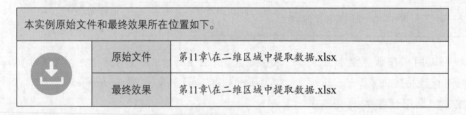

　　如果用户想要在不改动原始表格的前提下，从数据列表中提取出想要统计的某种规格的各个销售数量，这就涉及二维区域转换的问题。

　　假设要提取规格为"CFQ-21"的各个销售数量，并将其存放在一列中，具体的操作步骤如下。

Step 1 打开本实例的原始文件，选中表格中的一列（如）J列，输入要提取的规格（例如CFQ-21），并在单元格J2中输入数组公式"=INDIRECT(TEXT(SMALL(IF($A$2:$G$10="CFQ-21",ROW($2:$ 10)*10+COLUMN($B:$H)),ROW(1:1)),"R0C0"),0)"，按【Ctrl】+【Shift】+【Enter】组合键，即可看到生成的数据。

Step 2 选中单元格J2，并向下填充公式，即可得出规格"CFQ-21"的所有销售数量，效果如图所示。

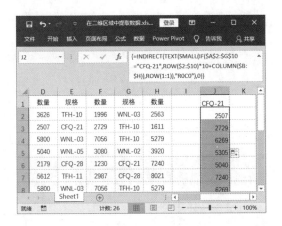

本实例的公式将满足条件 \$A\$2:\$G\$10="CFQ-21" 的所在单元格行号、对应数量列的列号进行组合相加，得到一组组合数据。

使用 SMALL 函数排序后，其中的有效数据组合依次为 22、34、36、42、52、54、68、86、108，这几组组合数据分别代表每一个满足条件单元格的 R1C1 地址，行号在前，列号在后。具体的表示 CFQ-21 的数量分别位于第 2 行第 2 列、第 3 行第 4 列、第 3 行第 6 列、第 4 行第 2 列、第 5 行第 2 列、第 5 行第 4 列、第 6 行第 8 列、第 8 行第 6 列、第 10 行第 8 列。

接下来使用 TEXT 函数，以 "R0C0" 作为格式参数，将上述数据进行格式转换，使数字前面能够组合上 "R" 和 "C" 两个字符，形成真正的 R1C1 引用地址，得到的结果为 "R2C2" "R3C4" "R3C6" "R4C2" 等。

最后使用 INDIRECT 函数，对上面得到的 R1C1 单元格地址进行引用，得到单元格中的具体数据。

044 汇总多个工作表中相同位置的数据

		本实例原始文件和最终效果所在位置如下。
	原始文件	第11章\部门销售表.xlsx
	最终效果	第11章\部门销售表.xlsx

扫码看视频

图中所示为某公司 3 个分公司在第 3 季度，即 "7 月" "8 月" 和 "9 月" 的销售数据列表，每个分公司的销售数据分别位于 3 个不同的工作表中，工作表的名称分别为 "1 公司" "2 公司" 和 "3 公司"。

每个工作表中都包含了 5 个部门每个月的销售数据，并对数据进行了合计，用户现在需要在工作表 "汇总表" 中将 3 个分公司表格中各个部门的合计数据进行季度总合计。

在本实例中，各个部门在每个月中的排列顺序完全一样，并且与汇总表中的排列顺序也保持一样，这种相同位置上的多表汇总，如图中所示。

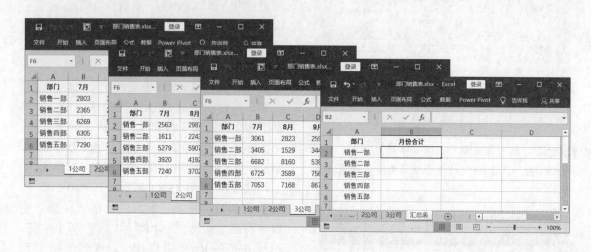

用户只需要简单的求和汇总即可实现，具体的操作步骤如下。

Step 1 打开本实例的原始文件，切换到工作表"汇总表"中，选中单元格B2，并输入公式"=SUM('1公司:3公司'!E2)"，按【Enter】键即可得到"销售一部"的汇总结果。

Step 2 向下填充单元格，即可得到剩余部门的汇总结果，效果如图所示。

解析：公式中的"1公司"和"3公司"是需要汇总的3个工作表中分别位于首尾的两个工作表的名称。在其他案例中，使用这个公式时也必须注意要和工作表的名称相对应，并且需要留意几个工作表的排放顺序。

上面这个公式，有一种方法可以简化输入过程，在编辑栏中输入公式"=SUM('*'!E2)"，按【Enter】键，Excel自动将公式转换为"=SUM(1公司:3公司!E2)"。

类似"=SUM('*'!E2)"这样的输入方法不需要关心工作表中的具体名称。

如果用户希望汇总公式不受到工作表排放顺序的限制影响，可以输入公式"=SUM(N(INDIRECT({1,2,3}&" 公 司 !E"&ROW()))))"，按【Ctrl】+【Shift】+【Enter】组合键，即可得出统计结果。

如果用户不借助各公司工作表中的 E 列合计数据，直接从 B:D 列中获取原始数据进行计算，则可以使用公式"=SUM(SUBTOTAL(9,indirect({1,2,3}&" 公司 !RC2:RC4",0)))"，按【Ctrl】+【Shift】+【Enter】组合键即可得到合计结果。

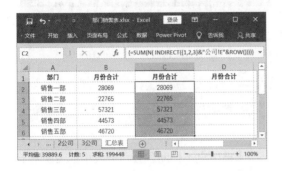

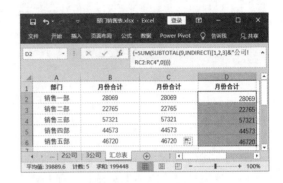

解析：上面这个公式利用了各个工作表名称中包含连续数字的特殊性，使用 INDIRECT 函数与数字数组相结合，生成对各个公司工作表中 E 列单元格的三维引用，然后通过 N 函数转化为一维数组，最后通过 SUM 函数求得计算结果。

解析：此公式使用 INDIRECT 函数的 R1C1 引用方式，在多表的 B:D 列区域中形成三维引用，然后通过 SUBTOTAL 函数可以支持三维引用的特性求得各公司的合计数，再通过 SUM 函数汇总求和得出最终结果。

045　汇总多个工作表中相同类别的数据

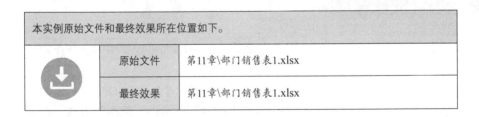

本实例原始文件和最终效果所在位置如下。		
	原始文件	第11章\部门销售表1.xlsx
	最终效果	第11章\部门销售表1.xlsx

扫码看视频

在部分情况下，由于用户的错误操作，多个分表中的各项分类并非都像上个实例中那样整齐，每个部门中的业务员所在地区排放顺序也不完全一致，如图所示。

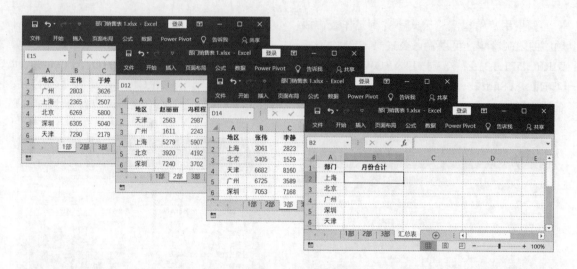

遇到上述情况下，用户就不能单纯地按照单元格位置直接进行求和汇总统计，而是需要根据 A 列部门分类情况，在匹配的基础上有条件地进行汇总。

比较常用的汇总方法是使用 SUMIF 函数与三维引用的结合，可以在"汇总表"的 B2 单元格中输入公式"=SUM(SUMIF(INDIRECT({1,2,3}&" 部 !A2:A6"),A2,INDIRECT({1,2,3}&" 部 !E2:E6")))"，按【Enter】键，并向下填充，效果如图所示。

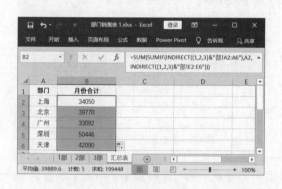

解析：与前面的公式类似，使用 INDIRECT 函数生成三维引用，然后通过 SUMIF 函数对三维引用进行条件汇总，得到各部门各公司销售数据的一维数组，最后使用 SUM 函数求得合计。

如果用户不借助各公司分表中的 E 列合计数据，直接从 B:D 列中获取原始数据进行计算，可以在表格输入公式"=SUM(SUMIF(INDIRECT({1,2,3}&" 部 !A2:A6"),A2,OFFSET(INDIRECT({1,2,3}&" 部 !A2:A6"),,{1;2;3})))"，按【Enter】键，并向下填充，效果如图所示。

解析：以上公式包含了 OFFSET 函数与 INDIRECT 函数相结合的三维引用方式，其中 OFFSET 函数的引用基点是由 INDIRECT 函数产生的。

046　单列求取不重复值

图中所示为某产品按照规格进行销售的数据列表，在数据中可以看到，部分规格内容是重复的。为了阅读方便，有时需要用户从中提取一份没有重复内容的数据列表，每一项都是唯一存在的产品规格。

	A	B
1	规格	销售数量
2	CPO-21	2803
3	WNL-05	2365
4	CFQ-21	6269
5	CFQ-21	5305
6	WNL-03	7290
7	WNL-03	8013
8	CFQ-21	6269
9	TFH-11	3626
10	TFH-10	1611

用户想要实现这个目标，可以在空白的区域中输入公式，例如，在 D2 单元格中输入公式"=INDEX(A:A,MIN(IF(COUNTIF(D$1:D1,$A$2:$A$10),2^20,ROW($2:$10))))&""""，按【Ctrl】+【Shift】+【Enter】键，效果如图所示。

解析：上面公式的特点是根据已经产生的公式结果作为后续公式的判断条件，判断还有哪些项目没有出现在当前生成的数据列表中。

此公式需要根据公式输入的位置调整公式中 COUNTIF 函数中的第一参数，在某些特殊情况下使用。

公式中的 2^20 是一个非常大的数，是为了保证足够大于数据区域所在的行号。

例如，在 F2 单元格输入公式"=IFERROR(INDEX(A:A,SMALL(IF(MATCH($A$2:$A$10,$A$2:$A$10,0)=ROW($2:$10)-1,ROW($2:$10)),ROW(1:1))),"")"，按【Ctrl】+【Shift】+【Enter】组合键，并向下填充复制，效果如图所示。

解析：本公式使用了常规的 MATCH 函数方法来定位各个不重复数据首次出现的行号，然后将这些行号从小到大依次排列，并通过INDEX 函数得到相应的单元格数据。IFERROR 函数的作用是当列表范围超出所有不重复数据的数目时，能够屏蔽其后产生的错误值。

> **⚠ 提示**
>
> 　　使用 MATCH 函数创建数组公式取不重复数据时，目标单元格区域中不能包含空单元格，因为对真空单元格进行 MATCH 查找时，MATCH 函数会返回 #N/A 错误。如果目标单元格区域中包含空单元格，必须在公式中加入条件判断，过滤空值。

047　多行多列求取不重复值

本实例原始文件和最终效果所在位置如下。		
⬇	原始文件	第11章\销售数量表1.xlsx
	最终效果	第11章\销售数量表1.xlsx

扫码看视频

　　下图所示包含重复内容的数据源不在单独的一列当中，而是位于多行多列的二维数据区域中。

	A	B	C	D
1	规格	规格	规格	规格
2	CPO-21	TFH-05	CFQ-28	WNL-03
3	WNL-05	CFQ-21	TFH-11	TFH-10
4	CFQ-21	TFH-11	WNL-03	TFH-10
5	CFQ-21	CFQ-28	WNL-03	WNL-02
6	WNL-03	TFH-05	CFQ-21	CFQ-21
7	WNL-03	TFH-10	WNL-03	CFQ-28
8	CFQ-21	WNL-05	TFH-10	TFH-10
9	TFH-11	TFH-10	TFH-10	CPO-21
10	TFH-10	CFQ-21	WNL-02	CFQ-21

　　如果用户想要在上图所示的列表中提取不重复列表，就需要借助实例 043 中所介绍的二维数据提取技法来实现目的。

　　用户可以在旁边空白的单元格中输入数组公式"=IFERROR(INDIRECT(TEXT(MIN(IF(COUNTIF(F$1:F1,$A$2:$D$10)=0,ROW($2:$10)*100+COLUMN(A:D))),"r0c00"),0),"")"，按【Ctrl】+【Shift】+【Enter】组合键，并向下填充复制。

　　解析：与实例 046 中的第 1 个公式相比，本公式主体结构上与其十分相似，只是增加了构造 R1C1 二维引用的代码部分。

　　在这个公式中，IF(COUNTIF(F$1:F1,$A$2:$D$10)=0,ROW($2:$10)*100+COLUMN(A:D))这部分公式通过不重复值的判断，得到了不重复值所在位置的行号和列号加权组合，其中行号位于高位，列号位于低位，并占据了两位有效数字。

　　接下来，通过 TEXT 将数字组合转换为 INDIRECT 函数中可以识别的 R1C1 引用样式，最后通过 INDIRECT 函数索引到具体的数据。

第 12 章

模拟分析

Excel 2016 中提供了可以用来标识指定单元格样式的条件格式功能，巧妙地运用条件格式来标识单元格，可以提高工作表的可读性，让数据更加直观地展示给用户。

 教学资源

关于本章的知识，本书配套教学资源中有相关的教学视频，路径为【本书视频\第 12 章】。

001 模拟运算表

	原始文件	第12章\模拟运算表应用实例.xlsx
	最终效果	第12章\模拟运算表应用实例(单).xlsx
	最终效果	第12章\模拟运算表应用实例(双).xlsx

本实例原始文件和最终效果所在位置如下。

扫码看视频

　　模拟运算表可以显示公式中某些数值的变化对计算结果的影响，模拟运算表为同时求解某一个运算中所有可能的变化值的组合提供了捷径，并且可以将不同的计算结果显示在工作表中，以便对数据进行查找和比较。

1. 单变量模拟运算表

　　单变量模拟运算表主要用于分析可变参数只有一个时，参数变化对于目标值的影响。

Step 1 本实例以计算月最佳还款额度为例介绍单变量的模拟运算表，打开本实例的原始文件，创建基本的数据表，如图所示。

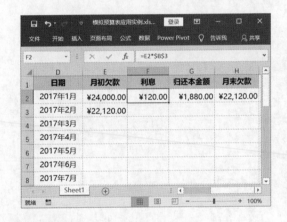

Step 3 将全部公式填充至E13、F13、G13、H13。

Step 2 在单元格F2、G2、H2、E3中分别输入"=E2*$B$3""=$B$5-F2""=E2-G2""=H2"。

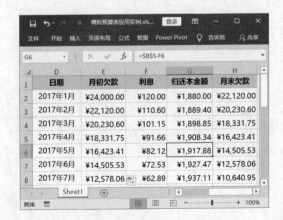

Step 4 从上图我们可以看出，当每天还款为2 000元时，年底的欠款为809.14元，现将还款额设定为2 000～2 100元的任意一个值来求解年末欠款。当年末欠款为零时，即求得最佳还款额度。根据要求建立所需的单变量模拟运算表，该表包括两部分：数据输入区域和数据输出区域。在单元格区域I2:I13建立2010～2120的等差数列，在J1单元格输入公式"=H13"（注意建立模拟运算表时，一定要把目标变量放在数据区域的上方），按【Enter】键即可。

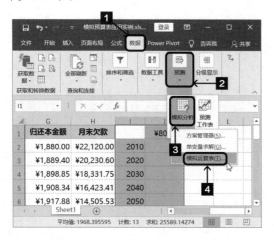

Step 5 选中"单变量模拟运算表"的数据区域（包括输入区域和数据输出区域），本例选中单元格区域I1:J13，切换到【数据】选项卡，在【预测】组中单击【模拟分析】按钮，在下拉列表中选择【模拟运算表】选项，弹出模拟运算表对话框，操作步骤如图所示。

Step 6 在【模拟运算表】对话框中的【输入引用列的单元格】文本框中输入"$B$5"，单击【确定】按钮，返回Excel工作表。

Step 7 从上图我们可以得出当还款额度为2060～2070时，年底欠款最接近0，若想得到更精确的结果，只需再做几次模拟分析即可。三次模拟运算表的结果如图所示。

2. 双变量模拟运算表

如果用户想了解"年利率"和"月还款额"这两个变量对年底欠款额度的影响，可以通过双变量模拟运算表对年底欠款进行模拟运算。

Step 1 根据双变量模拟运算表的需要建立模拟运算基本表，即在单变量模拟运算表基本表的基础上增加一个数据输入区域，把J1单元格中的内容移动到I1单元格，在单元格区域J1:Q1中建立0.50%~0.57%的等差数列。

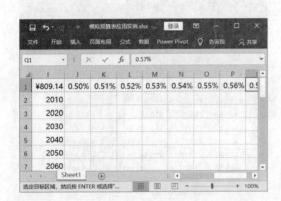

Step 2 选中单元格区域I1:Q13，切换到【数据】选项卡，单击【预测】组中的【模拟分析】按钮，在其下拉列表中选择【模拟运算表】选项。

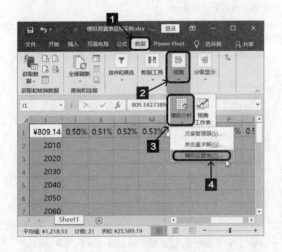

Step 3 弹出【模拟运算表】对话框，在对话框中的【输入引用行的单元格】的文本框中输入"$B$3"，在【输入引用列的单元格】的文本框中输入"$B$5"。

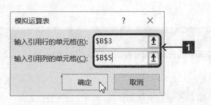

Step 4 单击【确定】按钮，返回Excel工作表，即可得到双变量模拟运算表的结果。

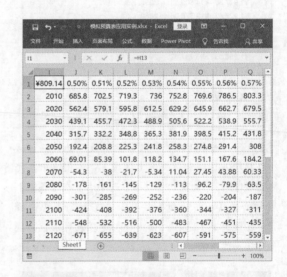

 注意

单变量模拟运算表和双变量模拟运算表的区别在于：双变量模拟运算表比单变量模拟运算表多了一个数据区域。

002　模拟运算表与数据库函数的结合运用

　　在使用数据库函数时，用户需要引用一个相对比较固定的条件区域作为其函数参数，如果对不同的条件使用数据库函数进行统计，就需要建立多个不同的条件区域，这时如果把数据库函数和模拟运算表结合运用，就可以很好地解决这个问题。

Step 1　在单元格区域E1:G2建立数据库函数的条件区域，假设以E10单元格作为行参数"商品名称"的存放单元格，而E11单元格作为列参数"月份"的存放单元格，在E2、F2和G2单元格的编辑栏中分别输入以下公式：

=">="&"2017-"&LEFT(E10,1)&"-1"

="<"&"2017-"&LEFT(E10,1)+1&"-1"

=E11

输入公式后如图所示。

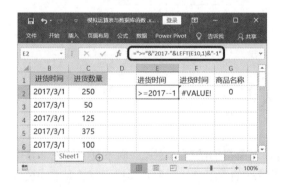

 提示

　　公式中引用的 E10 和 E11 没有实际意义（必须为空单元格），它们的引用是为了使模拟运算表的首行和首列参数形成关联，就算公式运算有误也可以，也可以进行随意更换。

Step 2　构建模拟运算表的基本表，在单元格区域F4:K4中分别输入"笔记本""钢笔""铅笔""黑色签字笔""套尺"和"圆规"，在单元格区域E5:E7中分别输入"3月""4月"和"5月"，所建基本表如图所示。

Step 3　在E4单元格中输入数据库运算函数，输入完成后在E4单元格内显示"0"。

=DSUM(A:C,3,E1:G2)

　　DSUM 函数可以返回列表或数据库中满足指定条件的记录字段（列）中的数字之和。

　　DSUM(database,field,criteria)

　　参数 database 为数据库所在的单元格区域，其中只要求输入首行标识即可；field 为需要统计的字段，本例中使用数字 3，代表进货数量位于数据库的第三列；field 为统计的条件区域，本例中是指建立的单元格 E1:G2。

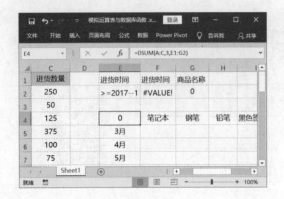

Step 4　选中单元格区域E4:K7，切换到【数据】选项卡，单击【预测】组中的【模拟分析】按钮，在弹出的下拉列表中选择【模拟运算表】选项。

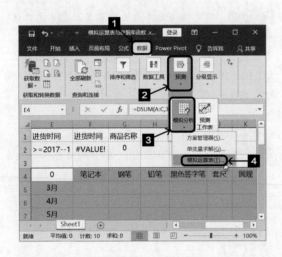

Step 5　弹出【模拟运算表】对话框，在【输入引用行的单元格】的文本框中输入"$E$11"，在【输入引用列的单元格】的文本框中输入"$E$10"。

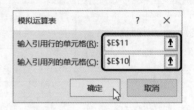

Step 6　单击【确定】按钮，返回Excel工作表，即可得到模拟运算后的结果。

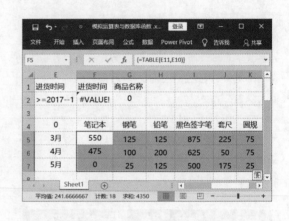

003　公式运算与模拟运算表的区别

有时用户在使用模拟运算表时，会发现模拟运算表所得的结果与公式的向下复制填充非常类似，事实上，从本质上讲模拟运算表所创建的是一类特殊的数组公式，但是模拟运算表和普通公式还是有一些区别，下面将介绍公式运算与模拟运算表运算有什么区别。

1. 两者在创建和修改上的区别

公式一般直接在单元格内建立，如果想用同一个公式运算多个单元格，则使用复制填充的方法即可。如果想修改公式，则直接选中一个具有公式的单元格，在其编辑栏中进行修改即可。

而模拟运算表的运算方式是一次性创建，直接对一个区域内的单元格进行运算，模拟运算表在修改时不能逐个修改，但能通过改变首行或首列的"运算方式"进行修改，也可以通过选定相同的区域，改变引用条件，从而修改模拟运算表。

2. 两者在复制上的区别

复制普通公式所在的单元格，粘贴过去后会自动默认把公式同样复制过去。

而复制模拟运算的结果至其他单元格，复制后的单元格中只会保留原来的数值结果，而模拟运算的公式不会被复制。

3. 在参数应用上的区别

运用公式进行运算要考虑相对引用与绝对引用，而使用模拟数据表进行运算不需要考虑两个引用的差别带来的问题，只需保证所引用的参数必须包含"变量"所指向的单元格。

4. 两者在自动重算上的区别

当用户处理的表格中含有大量公式时，使用自动重算功能可使用户的工作量变得更为简单，而模拟运算表中的公式运算可以与一般公式隔离开单独处理，当其他公式使用自动重算功能，而模拟运算表仍是手动重算。

单击【文件】按钮，在弹出的对话框中选择【选项】选项，弹出【Excel 选项】对话框，单击【Excel 选项】对话框左侧的【公式】选项，在【计算选项】组中选中【除模拟运算外，自动重算】单选钮，可实现两者重算上的不同。

004 单变量求解逆推解决问题

本实例原始文件和最终效果所在位置如下。		
	原始文件	第12章\单变量求解倒推条件指标.xlsx
	最终效果	第12章\单变量求解倒推条件指标.xlsx

扫码看视频

单变量求解工具是模拟分析中的一个重要工具，在有正确的数学模型的前提条件下运用单变量求解可进行逆向敏感分析。

Step 1 运用单变量求解工具之前，需要建立一个正确的数学模型，本实例以计算税后工资为例讲解单变量求解工具，打开本实例的原始文件，建立如图所示基本表。

Step 2 分别在B4和B5单元格中分别输入公式：
=ROUND(MAX((B1-5000)*{3;10;20;25;30;35;45}%-{0;210;1410;2660;4410;7160;15160},0),2)

=B1-B4

Step 3 选中B4单元格，切换到【数据】选项卡，单击【预测】组的【模拟分析】按钮，在下拉列表中选择【单变量求解】选项。

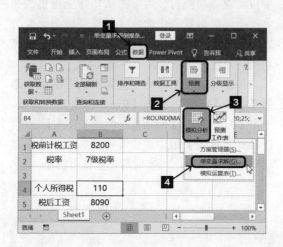

Step 4 弹出【单变量求解】对话框，在【目标单元格】文本框中输入"$B$4，在【目标值】文本框中输入"300"，在【可变单元格】文本框中输入"$B$1"，单击【确定】按钮。

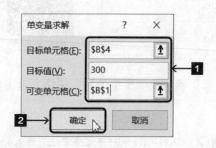

Step 5 Excel立刻开始运算，并显示【单变量求解状态】对话框。

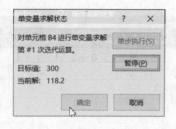

Step 6 运算一段时间后，【单变量求解状态】对话框发生改变，显示出求得的一个解。

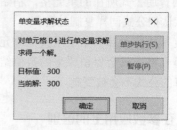

Step 7 在【单变量求解状态】对话框中单击【确定】按钮，单变量求解运算所得的值会直接覆盖在所选定的单元格上，单击【取消】按钮，则此次运算无效。下图为单击【确定】按钮后的效果。

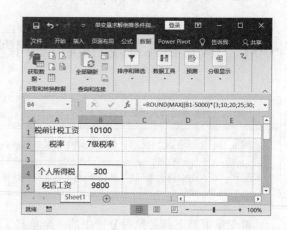

 注意

使用单变量求解工具时，不需要用户具备专业的逆向思维和分析能力，因为逆向思维比正向思维更困难，用户只需要建立正向分析模型，借助单变量求解工具即可。

005 单变量求解解决工作中的二元一次方程

本实例原始文件和最终效果所在位置如下。

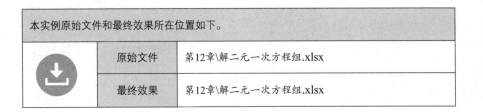	原始文件	第12章\解二元一次方程组.xlsx
	最终效果	第12章\解二元一次方程组.xlsx

扫码看视频

　　二元一次方程一般用于解决工作和生活中的常见问题，二元一次方程组是一种非常简单的方程组，在 Excel 中用户既可以使用函数公式的方法求解二元一次方程组，也可以使用单变量求解的方法求解，本实例主要介绍用单变量求解二元一次方程组的方法。

Step 1 打开本实例的原始文件，以解$5x+y=14$和$7x+2y=20$中x和y的值为例介绍如何用单变量求解的方法解决二元一次方程组，在单元格A1和单元格A2中分别输入"$5x+y=14$"和"$7x+2y=20$"。

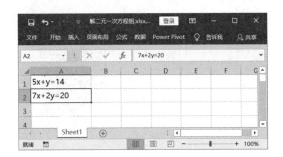

Step 2 在A4、B4和C4单元格中分别输入"x""y"和"目标单元格"，A5单元格中不输入任何内容，在B5中输入公式"$=14-5*A5$"，在C5中输入公式"$=7*A5+2*B5$"。

Step 3 选中C5单元格，切换到【数据】选项卡，单击【预测】组中【模拟分析】按钮，在其下拉列表中选择【单变量求解】选项，弹出【单变量求解】对话框，对【目标单元格】文本框中的内容不做任何改变，在【目标值】文本框中输入"20"，在【可变单元格】文本框中输入"A5"。

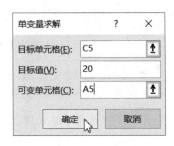

Step 4 单击【确定】按钮，【单变量求解】对话框改变为【单变量求解状态】对话框，其中的内容表示Excel正在对目标值进行求解。

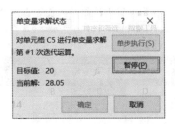

Step 5 一段时间后，【单变量求解】对话框发生改变，表示单变量求解已经完成。

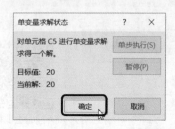

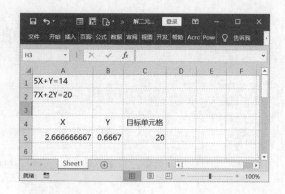

Step 6 单击【确定】按钮，返回Excel工作表，A5和B5单元格中的内容会变为单变量求解所得x和y的值。

> **注意**
>
> 此处运用单变量求解的方法解二元一次方程组是利用了消元法，把原来的二元一次方程组改为一元一次方程组，再使用单变量求解工具解决一元一次方程组。

006 贷款的计算问题

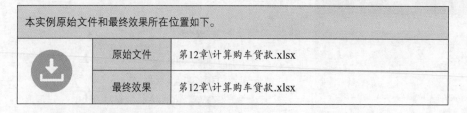

	原始文件	第12章\计算购车贷款.xlsx
	最终效果	第12章\计算购车贷款.xlsx

本实例原始文件和最终效果所在位置如下。

扫码看视频

随着生活水平的提高，越来越多的人加入买车的行列，购买者可以在考虑自身承受范围内向银行贷款，而计算月供是一个比较麻烦的问题，Excel 中的单变量求解工具在这类问题上能给用户带来极大的便利。

假设贷款的金额是 100 000 元，目前贷款利率是 9.12%，月还款金额是 3 000 元，试计算还清所有贷款的月份。

Step 1 打开本实例的原始文件，在B1和B2单元格中分别输入100000、9.12%。

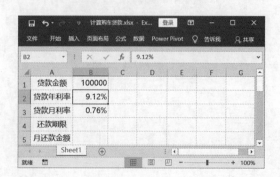

Step 2 因为此处要计算月还款额度，需要使用PMT函数，在单元格B5中输入公式"=PMT(B2/12,B4,-B1)"，注意此处输入完成后会显示错误，需要在B4单元格输入任意数字，本实例以输入"12"为例。

> **提示**
>
> PMT 函数的功能及参数讲解见第 11 章（第 275 页）。

Step 3 选中单元格B5，切换到【数据】选项卡，单击【预测】组的【模拟分析】按钮，在其下拉列表中选择【单变量求解】选项。

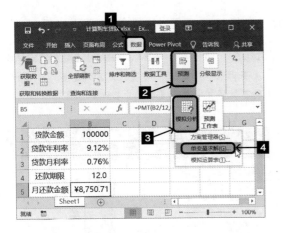

Step 4 弹出【单变量求解】对话框，对【目标单元格】文本框中的内容不做任何改变，在【目标值】文本框中输入"3000"，在【可变单元格】文本框中输入"B4"。

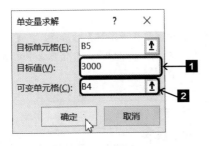

Step 5 单击【确定】按钮，等待Excel单变量求解运算完成后，再次单击【确定】按钮，即可在原来的单元格中得到计算的结果。

ℹ️ 注意

如果用户想计算最多能贷多少款（已知还款时限最多为50个月以及每月最多还款金额为3 000元），只需要把Step4中的选中B5单元格，单击打开【单变量求解】对话框，目标值设定为3000，可变单元格为B1，单击【确定】按钮，即可求得最大贷款数额。

007　理财产品的收益计算

本实例原始文件和最终效果所在位置如下。

	原始文件	第12章\计算等额存款的收益.xlsx
	最终效果	第12章\计算等额存款的收益.xlsx

扫码看视频

单变量求解除了可以计算贷款的问题，它还可以用来计算各种理财产品的收益问题，例如养老金、保险金和存款金额等。

本书以每月存入固定金额，在 10 年后的收益计算为例介绍如何利用单变量求解工具计算理财产品的收益问题。

假设年收益率为 2.5%，用户希望在 10 年后银行账户有 200 000 元，求每个月的存款金额。

Step 1　打开本实例的原始文件，在B2、B3和B4单元格中输入"2.50%""120"和"=E121"，在E2单元格中输入公式"=$B$1+SUM(E1)*(1+$B$2/12)"。

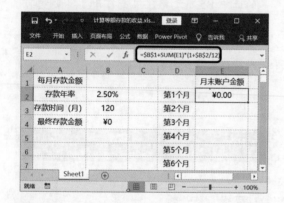

Step 2　选中单元格E2，将E2单元格中的内容向下填充至单元格E121，此时在这些单元格中就可以显示每个月的存款明细。

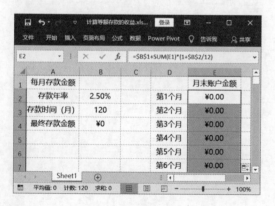

Step 3　选中单元格B4，切换到【数据】选项卡，单击【预测】组中的【模拟分析】按钮，在弹出的下拉列表中选择【单变量求解】选项。

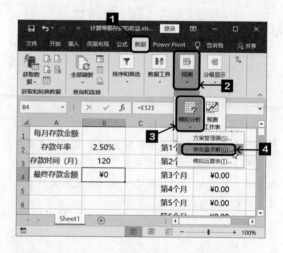

Step 4　弹出【单变量求解】对话框，在【目标值】文本框中输入"200000"，在【可变单元格】文本框中输入"B1"。

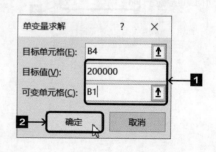

Step 5 单击【确定】按钮，弹出【单变量求解状态】对话框。

Step 6 等待单变量求解计算完成，单击【确定】按钮返回Excel工作表，在工作表中可得到所求结果。

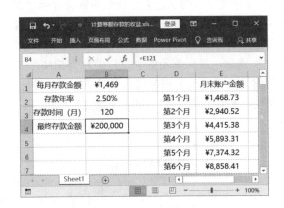

008 单变量求解中的常见问题以及解决方法

单变量求解工具虽然十分方便，但是用户在使用的过程中可能会遇到一些问题，本实例将介绍一些常见的问题以及解决的办法。

1. 单变量求解的精度问题

单变量求解采用的是迭代计算的方法，它通过反复改变可变单元格文本框中的值以达到接近目标值的结果，并且当计算结果接近目标值，且与目标值的差异小于最大误差的精度要求时，运算便会停止，计算结果会显示在对话框和单元格中。

同时，两次相邻的迭代运算的取值也与单变量求解的精度有关系，如果允许的误差比较大，那么迭代计算的取值变化就会比较大，计算的速度也会相对较快，但是计算结果的精确度也会相对较差。

用户可以手动更改迭代计算的最大误差，单击【文件】按钮，在弹出的界面中单击【选项】按钮，在弹出的【Excel 选项】对话框的左侧选择【公式】选项，在【计算选项】组中的【最大误差】文本框中即可改变迭代运算的精度。

还有一种方法也可以使运算后的结果为整数：建立辅助单元格，在辅助单元格内输入辅助的公式使得到的结果取整或者四舍五入得到整数结果，取整公式是"=INT(需要取整的单元格)"，四舍五入公式是"=ROUND(需要四舍五入的单元格 , 保留的小数位数)"。

2. 单变量求解的逻辑错误问题

单变量求解中，如果代入的公式有逻辑错误，【单变量求解状态】对话框中则会显示"对某单元格进行单变量求解仍不能获得满足条件的解"。

例如，目标单元格中的公式为"=SIN(A1)"，此时可在【单变量求解状态】对话框中的目标值文本框中输入"2"，单击【确定】按钮。

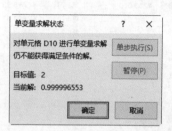

因为 SIN 函数所得的值不可能大于 1，所以单变量求解无法得到所需要的解。

还有一种逻辑错误是指能在数学意义上得到所需要的解，但是得到的解在实际上没有任何意义，例如在计算存款利息时，如果存款利率小于零，虽然单变量求解能得到所需的结果，但是计算结果没有任何实际意义，因为存款利息不可能是负数。

009　模拟分析中的方案分析

	本实例原始文件和最终效果所在位置如下。	
	原始文件	第12章\方案分析.xlsx
	最终效果	无

扫码看视频

在决策管理中，经常需要从不同的角度来定制多种方案，不同的方案会得到不同的预测结果和决策，对它们进行管理就要用到 Excel 方案功能。

1. 创建方案

Step 1 打开本实例的原始文件，切换到【数据】选项卡，单击【预测】组中的【模拟分析】按钮，在弹出的下拉列表中选择【方案管理器】选项。

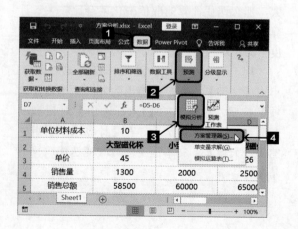

Step 2 弹出【方案管理器】对话框，单击【方案管理器】对话框中的【添加】按钮。

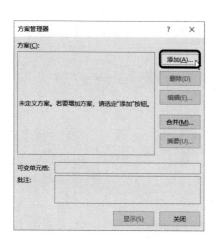

Step 3 弹出【添加方案】对话框，在【方案名】文本框中输入"单位成本为10"，在【可变单元格】输入"$B$1"，单击【确定】按钮。

Step 4 弹出【方案变量值】对话框，在"$B$1"文本框中输入"10"。

Step 5 单击【确定】按钮，再次弹出【方案管理器】对话框，此时"单位成本为10"这个方案已经添加到【方案】列表框中。

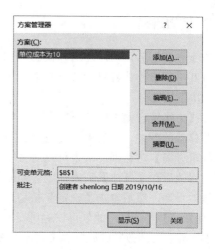

Step 6 再次单击【添加】按钮（重复步骤2至步骤5），继续添加方案"单位成本为7"和方案"单位成本为14"，最后在【方案管理器】的【方案】列表框会显示所有添加方案。

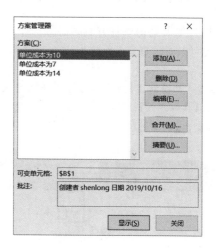

Step 7 单击【关闭】按钮，完成方案的创建。

 提示

方案管理器具有一定的局限性，每一个方案的可变单元格不能超过 32 个，如果超出 32 个单元格，【编辑方案】对话框就会弹出错误提示。

如果同时使用方案管理器和模拟运算表，Excel 可以同时对 3 个条件进行分析。

2. 编辑方案

方案创建好后，用户还可以根据实际情况随时对其进行修改或者删除，以免造成方案的混乱和决策的失误。

在【方案管理器】的【方案】列表框中选中需要修改的方案，然后单击【编辑】按钮打开【编辑方案】对话框，从中可以对方案进行修改。修改后在【备注】列表框中会显示修改者和修改日期，然后单击【确定】按钮，弹出【方案变量值】对话框，此处可以对可变单元格的值进行修改，修改完成后单击【确定】按钮，即可返回【方案管理器】对话框。

如果用户想要删除方案，只需要在【方案】列表框中选中要删除的方案，然后再单击【方案管理器】中的【删除】按钮即可。

3. 创建方案摘要

用户如果觉得查看方案时必须一个一个的切换非常不方便，此时可以创建方案摘要，使用方案摘要可以同时查看各个方案详细数据和结果。

Step 1 切换到【数据】选项卡，单击【预测】组中的【模拟分析】按钮，在弹出的下拉列表中选择【方案管理器】选项。

Step 2 弹出【方案管理器】对话框，单击【摘要】按钮，弹出【方案摘要】对话框，在【结果单元格】下方的文本框中输入"B8"（或者用鼠标选中B8单元格），注意此处默认为单元格"B8"，可以不做改变。

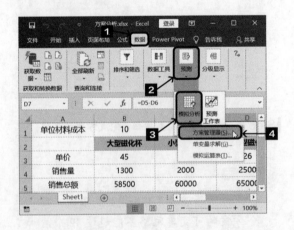

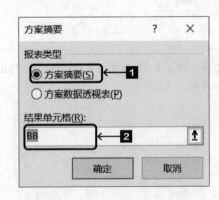

Step 3 单击【确定】按钮，Excel将自动插入一个名为"方案摘要"的工作表，在此工作表中用户可以通过单击各种分级显示符号选择摘要中需要显示的内容。

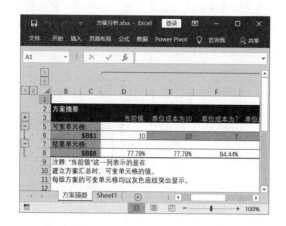

 提示

> 如果在【方案摘要】对话框中选中【方案数据透视表】，则会自动添加一个名为"方案数据透视表"的工作表，而不是方案摘要工作表。

4. 保护方案

为了防止方案被修改，可以对方案实行保护措施，保护方案的具体步骤如下。

Step 1 打开【编辑方案】对话框，选中【防止更改】复选框，本实例已经默认选中【防止更改】复选框，如果未选中此复选框，则可以重新打开【方案管理器】对话框，选中【方案】列表框中的任意一个方案，单击【编辑】按钮，在【编辑方案】对话框中选中【防止更改】复选框。

Step 2 在设置好需要保护的方案之后，切换到【审阅】选项卡，单击【保护】组中的【保护工作表】按钮，弹出【保护工作表】对话框，在【允许此工作表的所有用户进行】列表框中确保【编辑方案】复选框没有被选中。

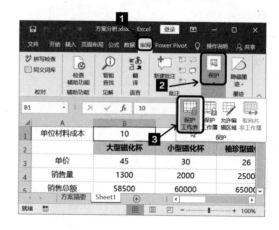

Step 3 用户可以在【取消工作表保护时使用的密码】下方的列表框中输入想要设置的密码，本书以"123456"为例，然后单击【确定】按钮，弹出【确认密码】对话框，在【重新输入密码】文本框中输入"123456"，单击【确定】按钮，返回Excel工作表。

Step 4 切换到【数据】选项卡，单击【预测】组中的【模拟分析】按钮，在弹出的下拉列表中选择【方案管理器】选项，在【方案管理器】的【方案】列表框中选中任意方案，注意此方案在第一步中选中了【防止更改】复选框，此时可以发现已经不能对这个方案进行编辑和删除，说明此方案已被保护。

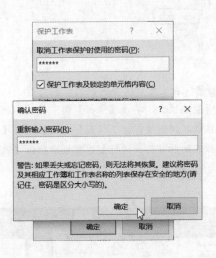

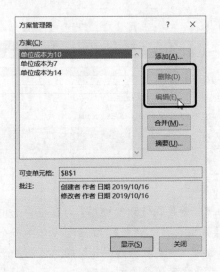

第 13 章

规划求解

Excel 2016 中提供了可以用来标识指定单元格的样式的条件格式功能，巧妙地运用条件格式来标识单元格，可以提高工作表的可读性，让数据更加直观地展示给用户。

 教学资源

关于本章的知识，本书配套教学资源中有相关的教学视频，路径为【本书视频\第13章】。

001　安装规划求解工具

规划求解虽然是 Excel 2016 提供的分析工具，但是默认情况下并不显示在工作表菜单中，因此使用该分析工具就必须先加载宏，之后便可以进行计算。

扫码看视频

Step 1　打开任意Excel表格（书中以新建的Excel表格为例），单击【文件】按钮，在弹出的界面中选择【选项】选项。

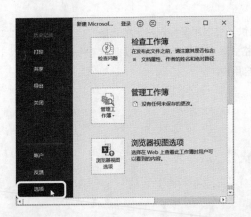

Step 2　弹出【Excel选项】对话框，单击【Excel选项】对话框左侧的【加载项】选项卡，在【管理】组合框右侧的下拉列表中选择【Excel加载项】选项，然后单击【转到】按钮 转到(G)... 。

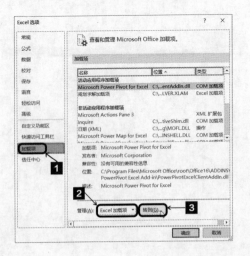

Step 3　弹出【加载项】对话框，在【加载项】对话框的【可用加载宏】列表框中选中【规划求解加载项】复选框，然后单击【确定】按钮。

Step 4　完成全部操作后，切换到【数据】选项卡，在选项卡的最右侧会添加一个【分析】，在【分析】组中就有【规划工具】按钮 规划求解。

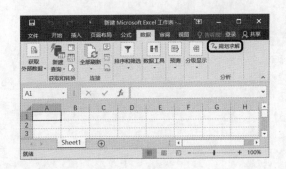

002 合理利用规划求解解决问题

	原始文件	第13章\规划求解工具解决问题.xlsx
	最终效果	第13章\规划求解工具解决问题.xlsx

扫码看视频

规划求解是在已知变量之间的相互关系以及约束条件的情况下求解目标单元格中公式的最优解，本实例将介绍如何使用规划求解计算最优解。

Step 1 打开本实例的原始文件，切换到"预算产量"工作表中，在E2单元格的编辑栏中输入"=销量统计!F2-月初库存统计!F2"，按【Enter】键，拖曳填充柄至单元格E5。

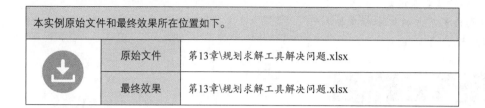

Step 2 公司要求最高产量不能超过预计销量的1.1倍，所以在F2单元格的编辑栏内输入"=销量统计!F2*(1+0.1)"，按【Enter】键，并拖曳填充柄至F5单元格。

Step 3 在H2单元格内输入"=C2*G2"，按【Enter】键，并拖曳填充柄至H5单元格。

Step 4 分别在C9、C10和C11单元格内输入"=B2*G2+B3*G3+B4*G4+B5*G5"、"=D2*G2+D3*G3+D4*G4+D5*G5"和"=H2+H3+H4+H5"，每次输入完成后按【Enter】键。

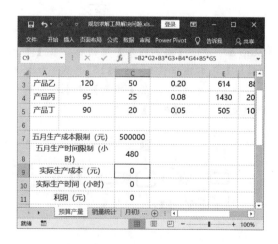

Step 5 切换到【数据】选项卡，单击【分析】组中的【规划求解】按钮，弹出【规划求解参数】对话框，在【设置目标】后的文本框中输入"$C$11"，选择【最大值】单选钮，在【通过更改可变单元格】下方的文本框中输入"$G$2:$G$5"，单击【添加】按钮。

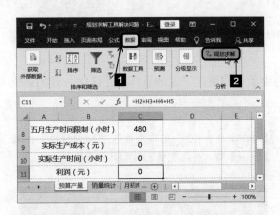

Step 6 弹出【添加约束】对话框，在【单元格引用】文本框中输入"$G$2"，从下拉列表中选择【>=】选项，在【约束】文本框中输入"=$E$2"，单击【确定】按钮。

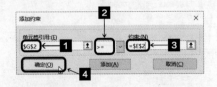

Step 7 此时，即可添加该约束条件并返回【规划求解参数】对话框，此时在【遵守约束】列表框中可以看到添加的约束条件。

Step 8 但是当约束条件有多个时，可以继续单击【添加】按钮，弹出一个新的【添加约束】对话框，此时可以继续添加新的约束条件，本实例中约束条件较多，所有约束条件如下图所示。

$C$10<=$C$8	$C$9<=$C$7
$G$2<=$F$2	$G$2= 整数
$G$2>=$E$2	$G$3<=$F$3
$G$3= 整数	$G$3>=$E$3
$G$4<=$F$4	$G$4= 整数
$G$4>=$E$4	$G$5<=$F$5
$G$5= 整数	$G$5>=$E$58

Step 9 添加完全部约束条件之后，返回【规划求解参数】对话框，从【选择求解方法】下拉列表中选择合适的求解方法，此处选择【单纯线性规划】选项，单击【求解】按钮。

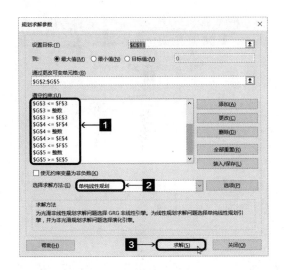

Step 11 返回Excel工作表，在工作表中得到所需结果，如图所示。

Step 10 弹出【规划求解结果】对话框，单击【确定】按钮。

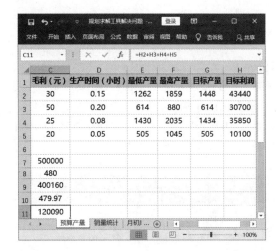

003 规划求解解决任务分配问题

本实例原始文件和最终效果所在位置如下。

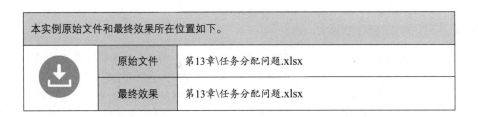	原始文件	第13章\任务分配问题.xlsx
	最终效果	第13章\任务分配问题.xlsx

扫码看视频

对于管理人员来说，分配任务是日常工作中的一个重要环节，但是如果只是单纯的凭借感觉和经验进行任务分配，可能会造成人力资源的浪费，如果使用规划求解工具，它可以最大限度地利用现有的人力资源，解决任务分配的难题。

Step 1　打开本实例的原始文件，在单元格区域 A11:J22建立如图所示的规划求解基本表。

Step 2　在单元格J12内输入公式"=SUM(B12:I12)"，并拖曳填充柄至单元格J19；在单元格B20中输入公式"=SUM(B12:B19)"，并拖曳填充柄至单元格I20；在单元格B21中输入"=SUMPRODUCT(B2:B9,B12:B19)"，并拖曳填充柄至单元格I21。

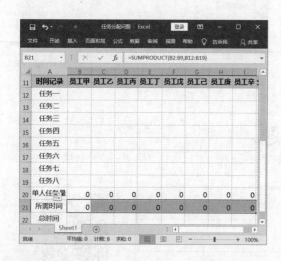

Step 3　在单元格B22中输入"=SUM(B21:I21)"，切换到【数据】选项卡，单击【分析】组中的【规划求解】按钮。

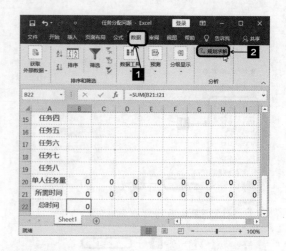

Step 4　弹出【规划求解参数】对话框，在【设置目标】后的文本框中输入"$B$22"，选中【最小值】单选钮，在【通过更改可变单元格】下方的文本框中输入"$B$12:$I$19"，单击【添加】按钮。

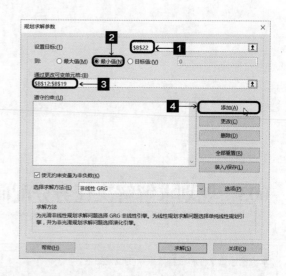

Step 5　弹出【添加约束】对话框，在【单元格引用】下方文本框中输入"$B$12:$I$19"，在其后方的下拉列表中选中【bin】选项，再单击【确定】按钮。

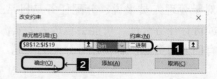

Step 6 返回【规划求解参数】对话框，在【遵守约束】列表框中依次添加两个约束条件，分别是"$B$20:$I$20=1"和"$J$12:$J$19=1"，在【选择求解方法】列表框中选中【单纯线性规划】选项，之后再单击【求解】按钮。

Step 7 弹出【规划求解结果】对话框，单击【确定】按钮。

Step 8 返回Excel工作表，并添加相应的文字内容，效果如图所示。

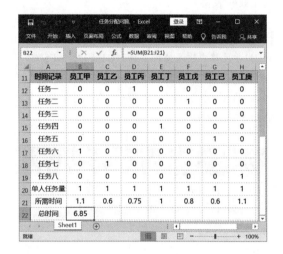

> **注意**
>
> 如果出现不等额分配的情况，可以进行一次假设，使求解双方能够保持等额状态，例如假设多一个人或者多一个任务使任务和人数之间保持等额状态。

004 求解配料问题

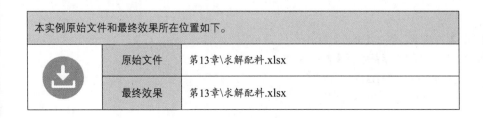

本实例原始文件和最终效果所在位置如下。

	原始文件	第13章\求解配料.xlsx
	最终效果	第13章\求解配料.xlsx

扫码看视频

本实例将对规划求解进行进一步的介绍，本实例的原始文件是关于选配原材料满足生产的 Excel 表格。

Step 1 打开本实例的原始文件，分别在C9、C10和C11单元格内输入公式"=F3*C3+F4*C4+F5*C5+F6*C6""=F3*D3+F4*D4+F5*D5+F6*D6"和"=F3*E3+F4*E4+F5*E5+F6*E6"，每次输入完成后按【Enter】键。

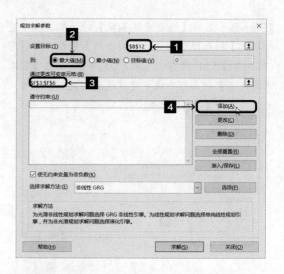

Step 4 在【遵守约束】列表框中添加4个约束条件，分别是"$C$10>=$B$10""$C$11<=$B$11""$C$9=$B$9"和"$F$3:$F$6>=0"，在【选择求解方法】下拉列表中选中【单纯线性规划】选项，然后单击【求解】按钮。

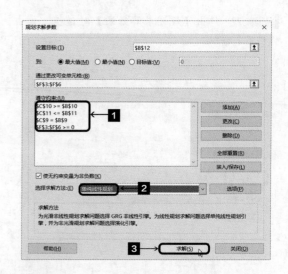

Step 5 弹出【规划求解结果】对话框，单击【确定】按钮。

Step 2 在单元格B12中输入"=F3*B3+F4*B4+F5*B5+F6*B6"，输入完成后按【Enter】键。

Step 3 切换到【数据】选项卡，单击【分析】组中的【规划求解】按钮，弹出【规划求解参数】对话框，在【设置目标】文本框中输入"$B$12"，在【通过更改可变单元格】文本框中输入"$F$3:$F$6"，单击【添加】按钮。

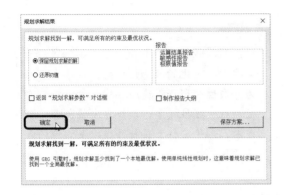

Step 6 返回Excel工作表，在工作表中得到所需结果，如图所示。

005 生成规划求解报告

	原始文件	第13章\规划求解报告.xlsx
	最终效果	第13章\规划求解报告.xlsx

扫码看视频

在【规划求解结果】对话框中的右侧有一个【运算结果报告】选项，利用此选项即可生成此次规划求解的任务报告。

Step 1 打开本实例的原始文件，在【规划求解结果】的【报告】列表框中选择【运算结果报告】选项，然后单击【确定】按钮。

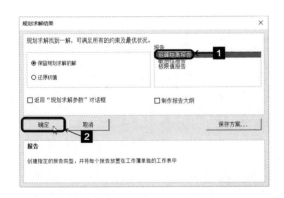

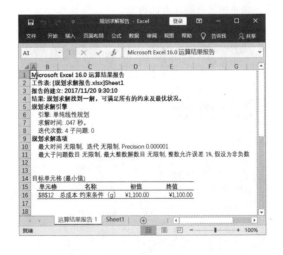

Step 2 返回Excel工作表，此时系统会自动插入一个名为"运算结果报告1"的工作表，并在该工作表中显示出运算结果报告的内容。

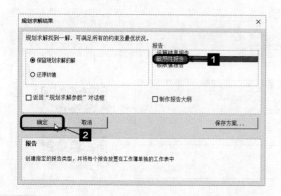

提示

运算结果报告中显示出了目标单元格以及可变单元格的初值和终值，同时还显示了约束条件和与约束条件有关的信息。

在【规划求解结果】对话框中还有一个【制作报告大纲】复选框，勾选此复选框，生成的报告全部为大纲式报告。

提示

敏感性报告中显示出了求解结果对于一些微小变化的敏感性信息。该报告可以为非线性模型提供递减梯度和拉格朗日乘数，对于线性模型，该报告中将包含缩影成本、影子价格、目标系数以及右侧约束区域等。

Step 3 切换到工作表"Sheet1"中，再次打开【规划求解结果】对话框，在【报告】列表框中选择【敏感性报告】选项，然后单击【确定】按钮。

Step 5 切换到工作表"Sheet1"中，再次打开【规划求解结果】对话框，在【报告】列表框中选择【极限值报告】选项，然后单击【确定】按钮。

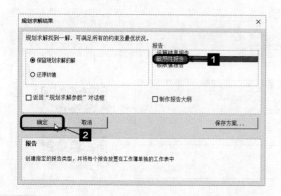

Step 4 返回Excel工作表，此时系统会自动插入一个名为"敏感性报告1"的工作表，并在该工作表中显示出运算结果报告的内容。

Step 6 返回Excel工作表，此时系统会自动插入一个名为"极限值报告1"的工作表，并在该工作表中显示出运算结果报告的内容。

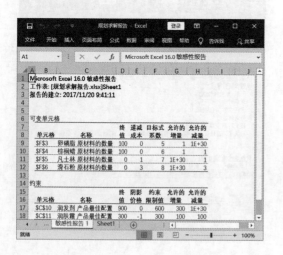

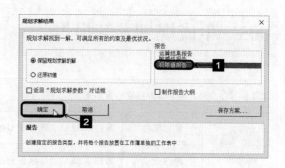

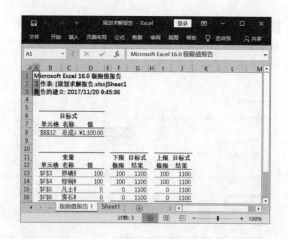

提示

极限值报告中显示了目标单元格以及可变单元格的数值、上下限和目标值等内容。

006 规划求解解决人员配置问题

本实例原始文件和最终效果所在位置如下。		
	原始文件	无
	最终效果	第13章\人员最优配置方案.xlsx

扫码看视频

某生产企业的订单增多，现在的产线已经无法满足需求，公司决定在新的年度引进一条新的产线。

目前 4 条产线在同等时间下平均每位员工的单位产量、年平均工资情况如下表所示。

产量和工资 \ 产线	产线 1	产线 2	产线 3	产线 4
年年平均工资（万元）	3.6	3.8	4	4.5
平均单位产量	1	1.15	1.23	1.5

根据产线设备的运行状况，目前每条产线最少需要 75 名员工，最多不得超过 180 名员工；根据公司的成本核算，4 条产线员工的年工资总额不得超过 2 000 万元，总人数不超过 500 名。目前状况下，应该如何分配，才能使产线员工达到最优配置呢？

（1）设定决策变量。当前案例是对员工进行分配，很显然变量就是 4 条产线的员工人数。假设 4 条产线的员工人数为 a、b、c、d。

（2）确定目标函数。当前案例的最终目标是人员分配最优，作为生产企业，产量才是关键，所以人员分配最优的言外之意就是产量达到最大值，因此当前案例的目标就是最优产量。假设最大产量为 m，目标函数：

MAXm=a+1.15b+1.23c+1.5d

（3）列出约束条件。

根据每条产线最少需要 75 名员工，最多不超过 180 名员工，得到约束条件函数：

$a \geq 75$

$b \geq 75$

$c \geq 75$

$d \geq 75$

$a \leq 180$

$b \leq 180$

$c \leq 180$

$d \leq 180$

根据 4 条产线员工的年工资总额不得超过 2 000 万元，得到约束条件函数：

$3.6a+3.8b+4c+4.5d \leq 2000$

根据总人数不超过 500 名，得到约束条件函数：

$a+b+c+d \leq 500$

因为变量是员工人数，所以必须为整数，得到约束条件：

a、b、c、d 为整数

（4）写出整个线性规划模型，并对模型求解。

① 建立模型结构。根据前面的目标函数和约束条件建立如下模型结构。

	A	B	C	D	E	F	G	H
1	条件区域：							
2		a	b	c	d	合计	关系符号	限额
3	目标	1	1.15	1.23	1.5			
4	条件1	1					>=	75
5	条件2		1				>=	75
6	条件3			1			>=	75
7	条件4				1		>=	75
8	条件5	1					<=	180
9	条件6		1				<=	180
10	条件7			1			<=	180
11	条件8				1		<=	180
12	条件9	3.6	3.8	4	4.5		<=	2000
13	条件10	1	1	1	1		<=	500
14	条件11	整数	整数	整数	整数			
15								
16	最优配置							
17		a	b	c	d	m		
18								

② 编辑公式。B18:E18 数据区域表示变量所在区域，F18 表示变量最优结果下的最大产量，F4:F13 数据区域表示变量最优结果下的条件函数结果。

Step 1 选中单元格F3，切换到【公式】选项卡，在【函数库】组中单击【数学和三角函数】按钮，在弹出的下拉列表中选择【SUMPRODUCT】函数选项。

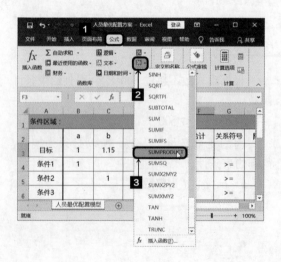

Step 2 弹出【函数参数】对话框，在第1个参数文本框中选择输入单元格区域"$B$18:$E$18"，在第2个参数文本框中选择输入单元格区域"B3:E3"。

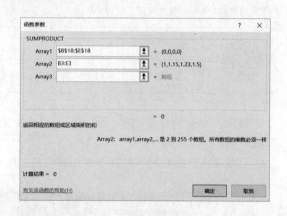

Step 3 单击【确定】按钮，返回工作表，即可看到乘积求和结果，即目标函数结果。

Step 4 将单元格F3中的公式向下填充至单元格区域F4:F13。

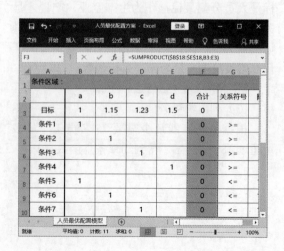

Step 5 在单元格F18中输入公式 "=F3"。

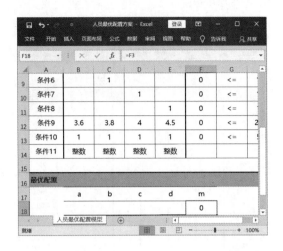

Step 6 参数设置。切换到【数据】选项卡，在【分析】组中单击【规划求解】按钮 规划求解。

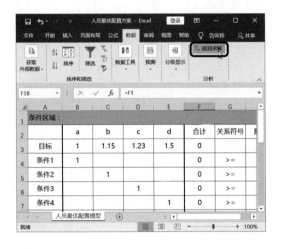

Step 7 弹出【规划求解参数】对话框，将光标定位到【设置目标】文本框中，单击选中单元格F18，选中【最大值】单选钮，然后将光标定位到【通过更改可变单元格】文本框中，选择变量所在的单元格区域B18:E18，单击【添加】按钮。

Step 8 弹出【添加约束】对话框，将光标定位到【单元格引用】文本框中，单击选中单元格F4，在【关系符号】下拉列表中选择【>=】选项，将光标定位到【约束】文本框中，单击选中单元格H4。

Step 9 单击【添加】按钮，弹出一个新的【添加约束】对话框，用户可以按照相同的方法添加条件2~10，添加完成后，在新的【添加约束】对话框中，将光标定位到【单元格引用】文本框中，选中单元格区域B18:E18，在【关系符号】下拉列表中选择【int】选项，【约束】文本框中自动填充 "整数"。

Step 10 单击【确定】按钮，返回【规划求解参数】对话框，在【遵守约束】文本框中即可看到添加的所有约束条件，在【选择求解方法】下拉列表中选择【单纯线性规划】。

Step 11　单击【求解】按钮，弹出【规划求解结果】对话框，如下图所示。

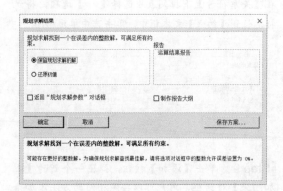

Step 12　单击【确定】按钮，即可看到求解结果，如下图所示。

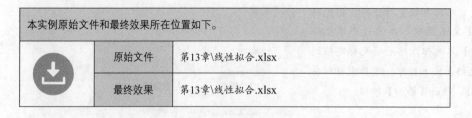

007　规划求解求线性拟合方程

本实例原始文件和最终效果所在位置如下。

	原始文件	第13章\线性拟合.xlsx
	最终效果	第13章\线性拟合.xlsx

扫码看视频

在 Excel 中解决线性拟合一般是采用作散点图的方式，但是其实也可以使用规划求解工具去解决线性拟合的问题。

Step 1 打开本实例的原始文件，在单元格B3中输入"=ABS($B$4*B1+$B$5-B2)"，拖曳其填充柄至单元格F3，在单元格B6中输入公式"=SUM(B3:F3)"。

Step 2 切换到【数据】选项卡，单击【分析】组中的【规划求解】按钮，弹出【规划求解参数】对话框，在【设置目标】后的文本框中输入"$B$6"，选中【最小值】单选钮，在【通过更改可变单元格】下方的文本框中输入"$B$4:$B$5"，在【选择求解方法】下拉列表中选中【非线性GRG】选项，单击【求解】按钮。

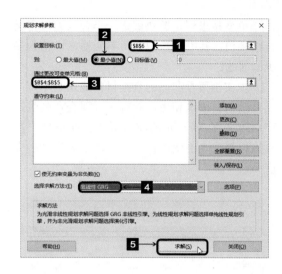

Step 3 弹出【规划求解结果】对话框，在此对话框中单击【确定】按钮，返回原工作表，即可看到设置后的效果如图所示。

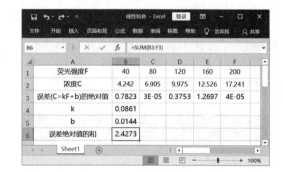

> **注意**
>
> 使用规划求解所求得的线性拟合方程与图所拟合的方程是有些不同的，规划求解是按照各个观察值同按直线关系所预期的值的绝对偏差总和为最小的要求拟合。

008 单变量求解关键数据

本实例原始文件和最终效果所在位置如下。

	原始文件	第13章\单变量求解关键数据.xlsx
	最终效果	第13章\单变量求解关键数据.xlsx

扫码看视频

单变量求解是解决假定一个公式要取得某一结果值，其中变量的引用单元格应取值为多少的问题。

本实例假设产品的直接材料成本与单位产品直接材料成本和生产量有关，现企业为生产产品准备了30万元的成本费用，在单位产品直接材料成本不变的情况下，最多可生产多少产品？

	B	C	D	E	F	G	H
1				总产量			
2	产品	1月	2月	3月	4月	5月	6月
3	产品A	1100	1260	900	900	910	1000
4	产品B	1050	1040	800	1000	1100	1110
5	产品C	1100	1000	1100	1040	1200	1000
6	产品D	1200	1100	1000	900	1160	1010
7							
8			预计生产量				
9			单位产品直接材料成本（元）				
10			直接材料成本（元）				

Step 1 打开本实例的原始文件，切换到工作表"总产量"中，选中单元格F10，输入公式"=F8*F9"，然后按【Enter】键。

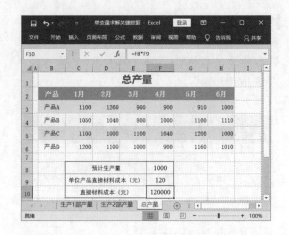

Step 2 在单元格F8中输入6月产品A的产量"1000"，在单元格F9中输入产品A的单位产品直接材料成本"120"，然后按【Enter】键，即可在单元格F10中得到产品A的直接材料成本。

Step 3 假设30万元的成本费用都用来生产产品A，求解最多可生产多少产品A。选中单元格F10，切换到【数据】选项卡，单击【预测】组中的【模拟分析】按钮，从弹出的下拉列表中选择【单变量求解】选项。

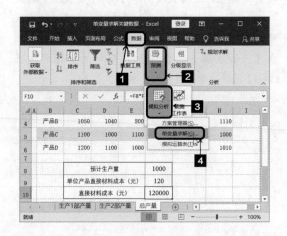

Step 4 弹出【单变量求解】对话框，当前选中的单元格F10显示在【目标单元格】文本框中，在【目标值】文本框中输入"300 000"，将光标定位在【可变单元格】文本框中。在工作表中单击单元格F8，即可将其添加到【可变单元格】文本框中，单击【确定】按钮。

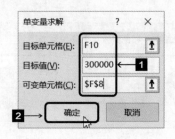

Step 5 弹出【单变量求解状态】对话框，显示出求解结果，单击【确定】按钮。

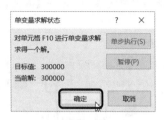

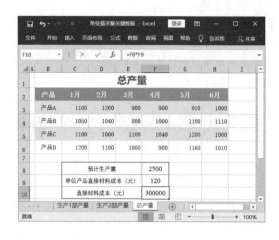

Step 6 此时，即可看到在产品A的单位产品直接材料成本不变的情况下，30万元的成本费用最多能生产2 500个产品A。

009 同一变量的多重分析

本实例原始文件和最终效果所在位置如下。

	原始文件	无
	最终效果	第13章\同一变量的多重分析.xlsx

扫码看视频

某投资项目预期年收益率为3.6%~4.4%，分别以最低收益率和最高收益率为计算依据，来分析投资 10 万 ~100 万元一年的不同收益情况。

Step 1 新建一个工作簿，将其保存为"同一变量的多重分析.xlsx"，在工作表中输入投资基本项目。

Step 2 选中单元格B2，输入公式"=A2*3.6%"，输入完毕单击编辑栏中的【输入】按钮 ✓。

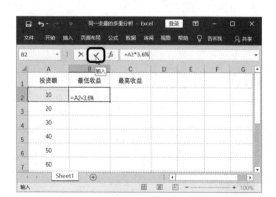

Step 3 此时即可在单元格B2中计算出最低收益率。选中单元格C2，输入公式"=A2*4.4%"，输入完毕单击编辑栏中的【输入】按钮 ✓，即可计算出最高收益率。

Step 4 选中单元格区域A2:C11，切换到【数据】选项卡，单击【预测】组中的【模拟分析】按钮，从弹出的下拉列表中选择【模拟运算表】选项。

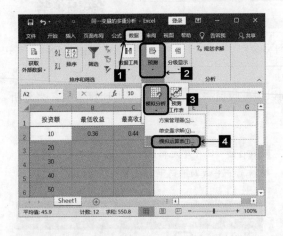

Step 5 弹出【模拟运算表】对话框，将光标定位在【输入引用列的单元格】文本框中，然后选中唯一变量所在的单元格A2，单击【确定】按钮。

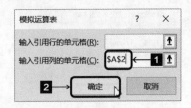

Step 6 此时，即可计算出最低年收益率和最高年收益率下各个投资额投资一年的收益。

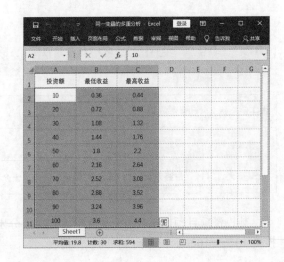

010 双变量假设分析

本实例原始文件和最终效果所在位置如下。

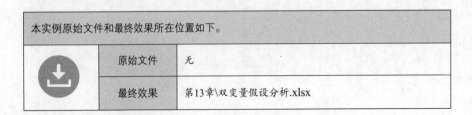

	原始文件	无
	最终效果	第13章\双变量假设分析.xlsx

扫码看视频

　　如果要分析在年利率和贷款年限同时变化时，每月的还款金额情况，就需要使用双变量模拟运算表。使用双变量模拟运算表可以同时分析两个因素对最终结果的影响。

Step 1 新建一个工作簿，将其重命名为"双变量假设分析.xlsx"，在其中输入贷款金额、年利率、贷款年限等项目信息。

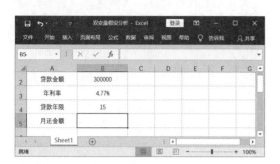

Step 2 选中单元格B5，输入公式"=-PMT(B3/12，B4*12,B2)"，输入完毕按【Enter】键，即可计算出月还款额。

Step 3 在单元格区域A7:F12中建立不同贷款利率以及不同贷款年限的分析模型。

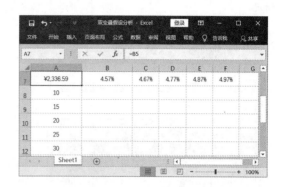

Step 4 选中单元格A7，输入公式"=B5"，输入完毕按【Enter】键。

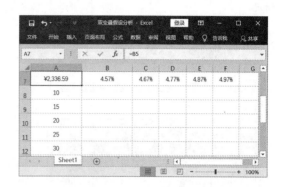

Step 5 选中单元格区域A7:F12，切换到【数据】选项卡，单击【预测】组中的【模拟分析】按钮，从弹出的下拉列表中选择【模拟运算表】选项。

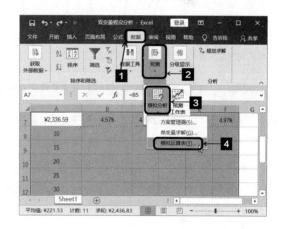

Step 6 弹出【模拟运算表】对话框，在【输入引用行的单元格】文本框中输入公式"=$B$3"，在【输入引用列的单元格】文本框中输入公式"=$B$4"，然后单击【确定】按钮。

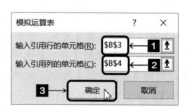

Step 7　此时，随即在单元格区域B8:F12中计算出在不同年利率和贷款年限下每月的还款金额情况。

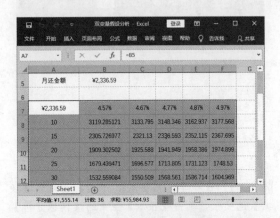

> **提示**
>
> 双变量假设分析可对两个变量的取值变化同时进行分析。在操作上，与之前的单变量假设分析所不同的地方在于：需要同时构建行和列两个方向上两组交叉的变量组。

011　多变量假设分析

	本实例原始文件和最终效果所在位置如下。	
	原始文件	第13章\多变量假设分析.xlsx
	最终效果	第13章\多变量假设分析.xlsx

扫码看视频

在上个实例中，如果用户要对贷款额、贷款期限和贷款年利率 3 个变量的变化取值进行观察分析，仅凭模拟运算表功能是不行的，还需要结合方案功能来实现。

1. 添加方案

假设在上个实例中增加不同贷款金额变化的影响分析，分别取贷款 50 万元和 20 万元为影响因素，观察每月还款额的相应变化情况。

Step 1　打开本实例的原始文件，选中变量贷款金额所在单元格B2，切换到【数据】选项卡，单击【预测】组中的【模拟分析】按钮，从弹出的下拉列表中选择【方案管理器】选项。

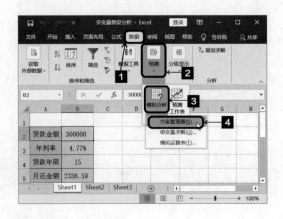

Step 2 弹出【方案管理器】对话框，单击【添加】按钮。

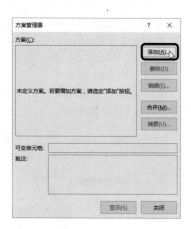

Step 3 弹出【添加方案】对话框，在【方案名】文本框中输入"贷款金额50万元"，在【可变单元格】文本框中显示了当前选定的单元格B2，单击【确定】按钮。

Step 4 弹出【方案变量值】对话框，在【请输入每个可变单元格的值】文本框中输入"500000"，单击【添加】按钮。

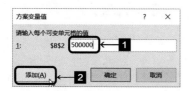

Step 5 返回【添加方案】对话框，按照相同的方法分别添加方案"贷款金额30万元"和"贷款金额20万元"，方案变量值分别为"300000"和"200000"，添加完毕后返回【方案管理器】对话框，即可在【方案】列表框中看到已添加的方案。

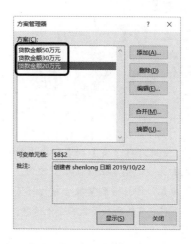

Step 6 如果在【方案】列表框中选择【贷款金额20万元】选项，则单击【显示】按钮，然后单击【关闭】按钮，即可看到贷款金额为20万元时不同年限不同年利率下的每月还款额变化情况。

Step 7 如果在【方案】列表框中选择【贷款金额50万元】选项，则单击【显示】按钮，然后单击【关闭】按钮，即可看到贷款金额为50万元时不同年限不同年利率下的每月还款额变化情况。

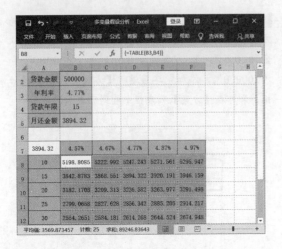

> 一个方案摘要最多只能显示32个单元格的结果，因此结果单元格中的选定区域不能包含太多单元格。

Step 1　按照前面介绍的方法打开【方案管理器】对话框，单击【摘要】按钮。

Step 8　如果在【方案】列表框中选择【贷款金额30万元】选项，则单击【显示】按钮，然后单击【关闭】按钮，即可看到贷款金额为30万元时不同年限不同年利率下的每月还款额变化情况。

Step 2　弹出【方案摘要】对话框，在【报表类型】组合框中选中【方案摘要】单选钮，在【结果单元格】文本框中输入需要显示结果数据的单元格区域"B8:B12,D8:D12, F8:F12"，单击【确定】按钮。

2. 方案摘要

　　通过方案管理器选择不同的方案可以分别显示相应的假设分析运算结果，如果用户希望这些结果能够同时显示在一起，则可以将方案生成摘要。

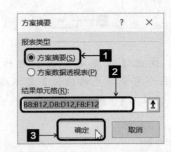

▌Step 3▐　此时，即可在工作簿中自动插入一个名为"方案摘要"的工作表，并在其中显示摘要结果。

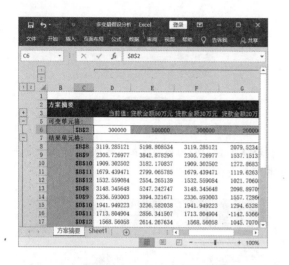

除了方案摘要外，用户还可以生成方案数据表，这会在具体结果形式上有所不同，而且可以使用透视表功能进一步分析处理。

提示

　　方案的创建是基于工作表级别的，在当前工作表上所添加的方案都只保存在当前工作表上，而在其他工作表的【方案管理器】对话框中不会显示这些方案。如果需要在不同的工作表中使用相同的方案，在保证使用环境相同的情况下，可以使用方案的合并功能进行复制。

012　个税反向查询

	本实例原始文件和最终效果所在位置如下。
原始文件	第13章\个税反向查询.xlsx
最终效果	第13章\个税反向查询.xlsx

扫码看视频

　　公司员工工资中有一项为个人所得税，根据国家规定个人所得税起征点为 5 000 元，扣除所得税七级税率表如图所示。

级数	应纳所得税额（对应5000元起征点）	税率	速算扣除数
1	不超过3000元的部分	3%	0
2	超过3000元至12000元的部分	10%	210
3	超过12000元至25000元的部分	20%	1410
4	超过25000元至35000元的部分	25%	2660
5	超过35000元至55000元的部分	30%	4410
6	超过55000元至80000元的部分	35%	7160
7	超过80000元的部分	45%	15160

　　利用单变量求解功能可以通过员工税后工资反向查询员工的实际工资。

▌Step 1▐　打开本实例的原始文件，切换到"Sheet1"工作表中，选中单元格F2，输入公式"=F1-IF(F1>=B1,VLOOKUP(F1-B1,A3:B9,2,TRUE)*(F1-B1)-VLOOKUP(F1-B1,A3:C9,3,TRUE),0)"，输入完毕单击编辑栏中的【输入】按钮。

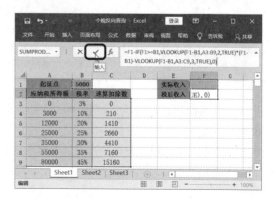

Step 2 选中单元格F2，切换到【数据】选项卡，单击【预测】组中的【模拟分析】按钮，从弹出的下拉列表中选择【单变量求解】选项。

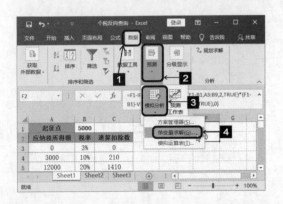

Step 3 弹出【单变量求解】对话框，当前选中的单元格F2显示在【目标单元格】文本框中，在【目标值】文本框中输入税后工资，例如输入"7221"，在【可变单元格】文本框中输入"$F$1"，单击【确定】按钮。

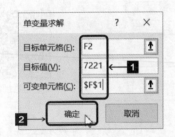

Step 4 弹出【单变量求解状态】对话框，单击【确定】按钮。

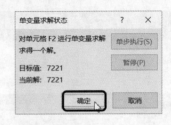

Step 5 返回Excel工作表，即可看到单变量求解出的员工的实际工资。

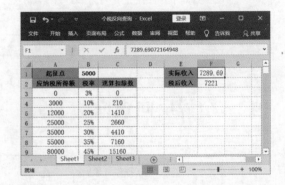

013 规划求解测算运营收入

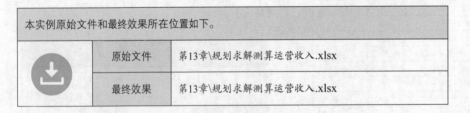

本实例原始文件和最终效果所在位置如下。

	原始文件	第13章\规划求解测算运营收入.xlsx
	最终效果	第13章\规划求解测算运营收入.xlsx

扫码看视频

在生产管理和经营决策过程中，经常会遇到一些规划问题。例如生产的组织安排、产品的运输调度以及原料的恰当搭配等问题。其共同点是合理地利用有限的人力、物力和财力等资源，得到最佳的经济效果。利用 Excel 的规划求解功能，就可以方便快捷地帮助用户得到各种规划问题的最佳解。

本实例假设某公司需要在华北、华东、东北和西北地区开拓市场，已知在华北、华东、东北和西北地区一定时期内的运输需求量分别为 30 万吨、40 万吨、55 万吨和 45 万吨，总计 170 万吨；而公司的运营能力为 155 万吨，其中运输 1 部、2 部和 3 部的运营能力分别为 60 万吨、45 万吨和 50 万吨。试计算运输各部在不同地区的运输单位价格一定的条件下，如何合理地调配各部在不同地区的业务量才能获得最大的业务总收入？

Step 1　打开本实例的原始文件，即可看到规划求解模型，约束条件 1 是该公司运输各部在各个地区的需求量，约束条件 2 是运输各部相应的运营能力。

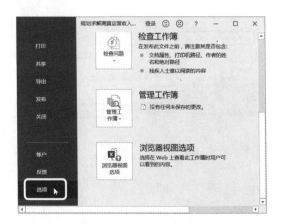

Step 2　单击窗口左上角的【文件】按钮，在弹出的界面中选择【选项】选项。

Step 3　弹出【Excel 选项】对话框，切换到【加载项】选项卡，在【管理】下拉列表框中选择【Excel 加载项】选项，然后单击【转到】按钮。

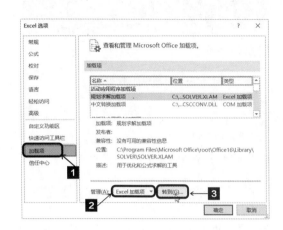

Step 4　弹出【加载项】对话框，在【可用加载宏】列表框中选中【规划求解加载项】复选框，然后单击【确定】按钮。

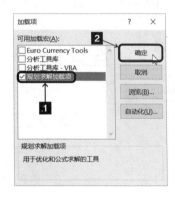

Step 5　选中单元格 H11，输入公式"=SUMPRODUCT(B3:E5,B13:E15)"，输入完毕单击编辑栏中的【输入】按钮，即可计算出要求解的总收入。

Step 6 选中单元格H11，切换到【数据】选项卡，单击【分析】组中的【规划求解】按钮。

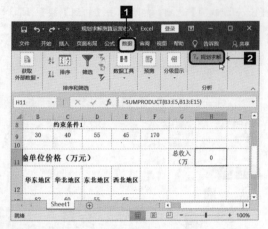

Step 7 弹出【规划求解参数】对话框，在【设置目标】文本框中显示了选中的目标单元格H11，在【到】组合框中选中【最大值】单选钮，在【通过更改可变单元格】文本框中输入决策变量所在的单元格区域"$B$3:$E$5"，然后单击【添加】按钮。

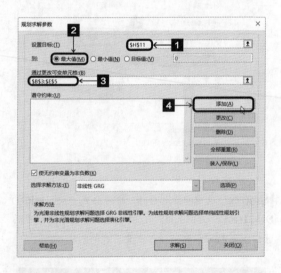

Step 8 弹出【添加约束】对话框，在【单元格引用】文本框中输入运输各部待调配运输量所在的单元格位置"$B$6:$E$6"，在右侧下拉列表框中选择【<=】选项，在【约束】文本框中输入销售地区需求量所在的单元格位置"=$B$9:$E$9"，此约束表示该运输部在各个地区的运输总量不能大于该地区的总需求量，单击【添加】按钮，即可将约束添加到【规划求解参数】对话框中的【遵守约束】列表框中。

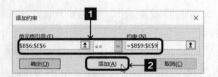

Step 9 再次在【单元格引用】文本框中输入运输各部待调配运输量所在的单元格位置"$F$3:$F$5"，在右侧下拉列表框中选择【=】选项，在【约束】文本框中输入销售地区需求量所在的单元格位置"=$H$3:$H$5"，此约束表示该运输各部在各个地区的运输总量等于各个部门相应的运输能力，单击【确定】按钮。

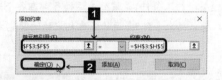

Step 10 返回【规划求解参数】对话框，在【遵守约束】列表框中显示了添加的约束条件，选中【使无约束变量为非负数】复选框，然后单击【求解】按钮。

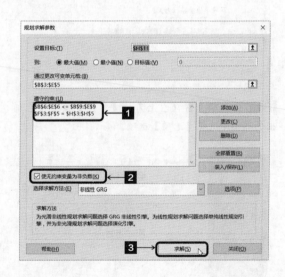

Step 11 弹出【规划求解结果】对话框，提示用户"规划求解找到一解"，单击【确定】按钮。

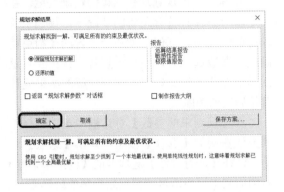

Step 12 返回Excel工作表，即可看到规划求解结果，如图所示。

014　规划求解中常见问题及解决方法

Excel 中的规划求解工具并不是万能的，有时它不一定能得到用户想要的正确的结果。有时候不正确的逻辑关系、约束条件或者不合理的设置都可能导致规划求解得不到正确的结果，本实例主要介绍规划求解的一些常见问题及其解决的方法。

1. 问题本身有逻辑错误

使用规划求解时要注意求解的问题是否有逻辑上的错误，如果它有逻辑上的错误，那么使用规划求解工具是得不到想要的结果的。

例如下面的方程组：

$x+y=9$

$3x+3y=10$

当 $x+y=9$ 时，3 倍的 $x+y$ 应该是 27，而在第二个方程中要求 3 倍的 $x+y$ 的值为 10，此方程组在数学上有逻辑错误，用规划求解工具不可能得到此方程的解。规划求解所得的对话框如图所示。

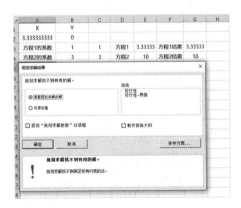

有的情况是目标问题没有逻辑错误，但是在【规划求解参数】对话框中添加了错误的约束条件，此时也会造成规划求解产生错误。例如下面的方程组：

$$x+y=10$$

$$2x+4y=30$$

在这个简单的二元一次方程组中 x 和 y 的值应该是相同的，如果在约束条件中添加一个 x 和 y 不相等的条件，同样也会导致【规划求解结果】对话框中显示错误。

2. 线性与非线性问题

如果规划求解的目标函数、约束条件和规划问题都是线性问题，则在【规划求解参数】对话框的【选择求解方法】列表框中选中【单纯线性规划】选项不会出现任何问题，而这三者中有非线性存在时，再选中此选项，那么在【规划求解结果】对话框中将不会得到正确的结果，效果如图所示。

3. 精确度对结果的影响

精确度是指规划求解结果的精确程度，在满足所有条件且符合逻辑的情况下，规划求解求得的结果与目标值的差小于设置的【约束精确度】参数选项时，规划求解就会终止并且返回当前迭代的结果，因此规划求解的结果受计算精确度的影响。

在【规划求解参数】对话框中单击选择求解方法右侧的【选项】按钮，弹出【选项】对话框，在【所有方法】选项卡的【约束精确度】右侧的文本框中即可调整规划求解的精确度。

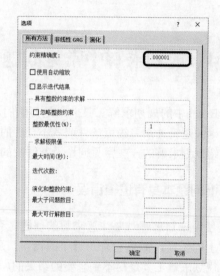

4. 误差对结果的影响

误差的概念与精度类似，只不过误差是对于整数的，当规划求解中包含整数的约束条件才有效。在求解有整数约束条件的规划求解时，可能结果并不是返回真正的整数结果，因为 Excel 的规划求解默认允许目标结果与最佳结果之间有 1% 的误差。

要想消除这个误差，只需在【规划求解参数】对话框中单击【选项】按钮，在【选项】对话框的【所有方法】选项卡中的【整数最优性】右侧的对话框中把 1 改为 0 即可，此时再去规划求解，所得结果可能会与原来的有所不同。

5. 规划求解得出错误值

规划求解在计算的过程中会不断改变可变单元格的值，如果在变化过程中目标结果或者中间计算结果产生了错误或者超出了 Excel 的计算范围，规划求解就会因此报错并弹出【规划求解结果】对话框。

6. 规划求解目标结果不收敛

在非线性规划中，因为其计算方式不同，所以存在收敛度的参数要求，收敛度是指在最近 5 次迭代运算中，如果目标单元格的数值变化小于预先设置的收敛度数值且满足约束条件要求，规划求解则停止迭代运算并返回计算结果。

在某些计算中，如果收敛度要求设置太高，则可能会导致非线性规划得不到最终结果，此时用户可以在【选项】对话框的【非线性 GRG】选项卡中设置"收敛"的数值，在 Excel 2016 中"收敛"的默认数值是 0.0001，此数值越小，说明收敛度要求越高，反之则说明收敛度要求越低。一般计算中，用户不需要修改此处的值。

在有些情况下，约束条件的设置错误也会导致规划求解无法得到想要的结果，并且规划求解会弹出目标结果不收敛的提示。

7. 可变单元格初始值设置不合理

在规划求解中可变单元格的初始值往往会影响迭代运算的方向（前提是初始值满足约束条件），因为迭代运算是在初始值的基础上逐渐增大或者逐渐减小使运算的结果靠近目标值。在非线性规划中，设置好的初始值可以决定迭代运算中代入的值是逐渐增大还是逐渐减小，不合理的值会导致错误的结果。

例如，在单元格 A1 中输入"=A2*A2+6*A2+4"，在单元格 A2 中输入"1"。

打开【规划求解参数】对话框，目标单元格为 A1，可变单元格为 A2，约束条件为 -8=<A2=<1。

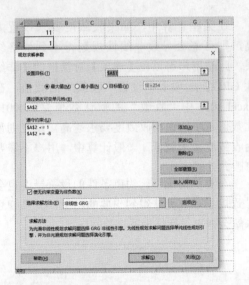

当可变单元格初始值为 1 时，所得结果就是当 A2 单元格为 1 时 A1 有最大值，但是正确的解不是 1，而是 A2 为 -8 时有最大值，如果单元格初始值小于 -3，例如 -4，则可以求得正确的值，这就是初始值对于规划求解的影响。

8. 让规划求解显示迭代结果

如果用户在【规划求解参数】对话框的【选项】中选中了【显示迭代结果】复选框，此时使用规划求解工具会出现运算暂停，并且显示运算的中间结果。

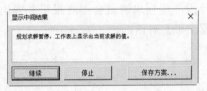

第 14 章

Excel 高级分析工具

利用 Excel 提供的假设分析功能（包括单变量求解、模拟运算表，规划求解及方案等），并结合 Excel 强大的函数库，可以方便轻松地完成各种统计等工作。

 教学资源

关于本章的知识，本书配套教学资源中有相关的教学视频，路径为【本书视频\第14章】。

001 加载分析工具

Excel 中的分析工具库是以插件的形式加载的，因此在使用分析工具库之前，用户必须先安装该插件。数据分析工具不但包括分析工具库中提供的工具，还包括 Excel 工具菜单中的一些特殊的宏。

手动加载，安装分析工具库具体的操作骤如下。

▌Step 1 打开本实例的原始文件，单击【文件】选项卡，在弹出的窗口中选择【选项】选项。

▌Step 2 弹出【Excel选项】对话框，切换到【加载项】选项卡，在【管理】下拉列表中选择【Excel加载项】选项，并单击右侧的【转到】按钮。

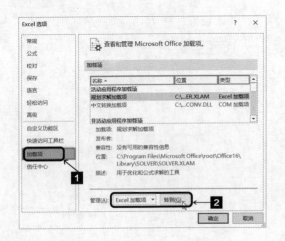

▌Step 3 弹出【加载项】对话框后，勾选【分析工具库】复选框，最后单击【确定】按钮，完成安装。

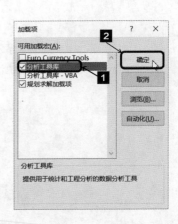

▌Step 4 安装完成后，切换到【数据】选项卡，在右边会出现【分析】组，里面有【数据分析】按钮。并且安装好之后，会在打开Excel工作簿时自动加载该加载项并且会持续一段时间。

002 单因素方差分析

单因素方差分析，用于完全随机设计的多个样本均数间的比较，其统计推断是推断各样本所代表的总体均值是否相等，在工作中，当需要进行比较和研究的总体个数大于或等于 3 个时，运用方差分析会得到很好的效果，方差分析是一种假设检验，它的原理是通过对全部数据的差异进行分解，将某种因素下各组样本数据之间可能存在的系统性误差和随机误差加以比较，进而推断出各总体之间是否存在显著差异。

本实例原始文件和最终效果所在位置如下。		
	原始文件	第14章\存活率表.xlsx
	最终效果	第14章\存活率表.xlsx

扫码看视频

为了分析抗生素 A 对某养殖场的鱼的存活率是否有影响，通过抽样取出了若干数据进行分析。

Step 1 打开本实例的原始文件，切换到【数据】选项卡，单击【分析】组中的【数据分析】按钮。

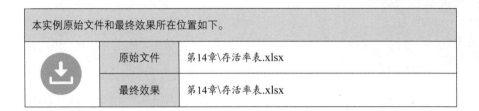

Step 2 弹出【数据分析】对话框后，单击【分析工具】列表框中的【方差分析：单因素方差分析】选项，单击【确定】按钮。

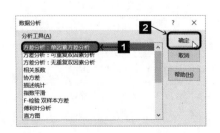

Step 3 弹出【方差分析：单因素方差分析】对话框后，设置相关的参数，在【输入】组合框中的【输出区域】文本框中输入单元格区域\$B\$1:\$C\$8，【分组方式】默认为列，勾选【标志位于第一行】复选框，在【输出选项】组合框中选中【输出区域】单选钮，并在后面文本框中输入【\$F\$1】，单击【确定】按钮。

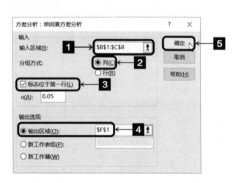

Step 4 设置完成后，返回Excel工作表，即可看到分析结果。

根据得出的分析数据，P-value 值远远小于 0.05，故两组数据存在极显著差异，说明抗生素 A 对该养殖场的鱼的存活率有影响，而且是提高存活率。

003　双因素方差分析

在工作中，影响结果的因素往往不止一个，若要研究两个因素对结果产生的影响，要用到数据分析工具中的双因素方差分析，双因素方差分析可以分为可重复的双因素方差分析和无重复的双因素方差分析，无重复方差分析不能分解出双因素的交互作用，但可重复方差分析可以做到，而且还能进一步的分析出双因素的交互效应对分析结果影响是否显著。

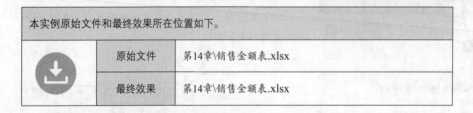

扫码看视频

本实例原始文件和最终效果所在位置如下。

	原始文件	第14章\销售金额表.xlsx
	最终效果	第14章\销售金额表.xlsx

本实例是已知某公司一年四季度在不同省份销售货物 A 的销售金额，单位万元，利用双因素方差分析地域和季节这两个因素对货物 A 销售金额的影响。

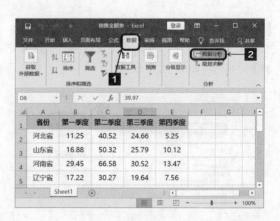

Step 1　打开原始文件，切换到【数据】选项卡，单击【分析】组中的【数据分析】按钮。

Step 2 弹出【数据分析】对话框后，单击【分析工具】列表框中的【方差分析：无重复双因素分析】选项，单击【确定】按钮。

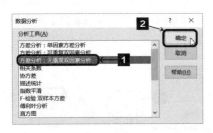

Step 3 弹出【方差分析：无重复双因素分析】对话框后，设置相关参数，在【输入】组合框的【输入区域】文本框中输入单元格区域$A$1:$E$8，勾选【标志】复选框，在【输出选项】组合框中选中【新工作表组】单选钮，单击【确定】按钮。

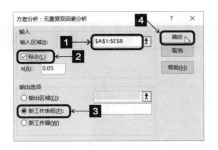

Step 4 设置完成后，返回Excel工作表，即可看到分析结果，如图所示。

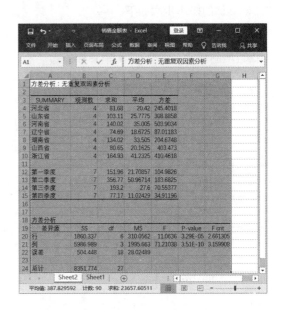

从图中数据看，行差异概率和列差异概率【P-value】均小于置信水平 0.05，因此拒绝原假设，地域和季节对货物 A 的销售金额有显著影响。

004 排位与百分比排位

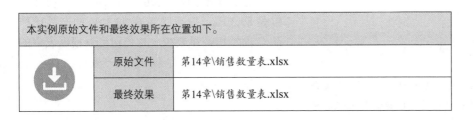

本实例原始文件和最终效果所在位置如下。		
	原始文件	第14章\销售数量表.xlsx
	最终效果	第14章\销售数量表.xlsx

扫码看视频

在实际的工作中，公司需要对货物的销售情况进行排名，这时用户可以通过"数据分析"工具来快速地实现排名，还可以运用"百分比排名"指标来更直观地反映销售水平。

图中所示为某公司一定时间内产品的销售数量列表，用户按照要求对其进行"百分比排名"，具体的操作步骤如下。

产品名称	销售数量
产品A	1569
产品B	1499
产品C	1687
产品D	1328
产品E	1453
产品F	1889
产品G	1765

Step 1 打开本实例的原始文件，切换到【数据】选项卡，单击【分析】组中的【数据分析】按钮。

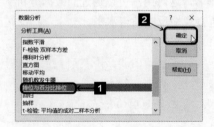

Step 2 弹出【数据分析】对话框后，单击【分析工具】列表框中【排位与百分比排位】选项，单击【确定】按钮。

Step 3 弹出【排位与百分比排位】对话框后，设置相关参数，在【输入】组合框的【输入区域】文本框中输入单元格区域$B$1:$B$8，选中【列】单选钮，勾选【标志位于第一行】复选框，在【输出选项】组合框选中【新工作表组】单选钮，单击【确定】按钮。

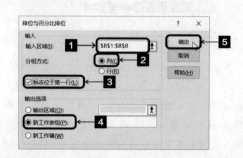

Step 4 设置完成后，返回Excel工作表，即可看到设置后的结果，如图所示。

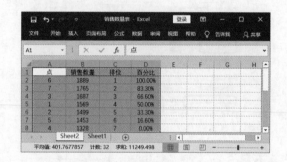

该分析表呈现了各个产品销量的排名，而且也更加直接地反映了各个产品的销售数量状况，比如销售数量为1765的产品G，百分比排位是83.30%，就意味着有83.30%的产品比产品G的销售数量要少。该公司可以根据表中的信息对不同产品进行不同的生产安排。

005　成对二样本方差分析

本实例原始文件和最终效果所在位置如下。

原始文件	第14章\零件数量表.xlsx	
最终效果	第14章\零件数量表.xlsx	

扫码看视频

在日常工作中，经常会遇到比较两种工艺优劣、两种产品的好坏等情况，用户会在相同的条件下进行对比实验，得到一些数据，从而推断出结论，例如在假设条件中运用 t 统计量进行检验，这种方法叫作"t检验：平均值的成对二样本分析"。

图中所示为甲车间对 A 机器进行改进前后，A 机器一天内生产零件数量的表格，为了判断改进后的效果是否显著，利用"t检验：平均值的成对二样本分析"来进行分析判断。

机器类型	改进前	改进后
A	803	811
A	799	821
A	789	789
A	800	788
A	801	813
A	807	815
A	798	809
A	805	822
A	810	824

Step 1 打开本实例的原始文件，切换到【数据】选项卡，单击【分析】组中的【数据分析】按钮。

Step 2 弹出【数据分析】对话框后，单击【分析工具】列表框中的【t-检验：平均值的成对二样本分析】选项，单击【确定】按钮。

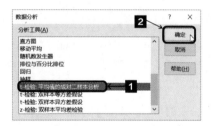

Step 3 弹出【t检验：平均值的成对二样本分析】对话框后，设置相关参数，在【输入】组合框的【变量1的区域】文本框中输入单元格区域 $B$1:$B$10，在【变量2的区域】文本框中输入单元格区域$C$1:$C$10，在【假设平均差】文本框中输入0，勾选【标志】复选框，设置a值为0.05，在【输出选项】组合框中选中【新工作表组】单选钮，单击【确定】按钮。

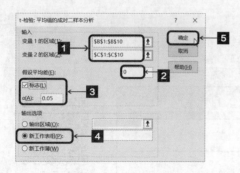

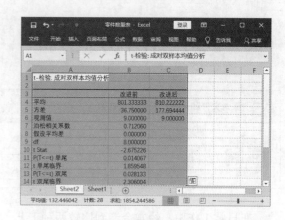

■Step 4　设置完成后，返回Excel工作表，即可看到设置后的结果，如图所示。

从输出的结果可以看出，t Stat 值为 −2.675226，其绝对值小于 t 单尾临界的临界值 1.859548，与此同时，P(T<=t) 单尾的概率值为 0.014067，小于置信水平 0.05，拒绝原假设，取得显著效果，可以表明在对 A 机器改进前后，生产的零件数量有所增加。

006　直方图分析

	原始文件	第14章\车间产量表.xlsx
	最终效果	第14章\车间产量表.xlsx

本实例原始文件和最终效果所在位置如下。

扫码看视频

在日常工作中，一般数据并不直观，但图形可以更加直观清晰地表现出变量的分布情况，使峰度和偏度的情况一目了然，在"数据分析"工具中的直方图可以高效清晰地表现出数据变量的情况，使数据可视化。

图中所示为某工厂各个车间每日生产 A 零件数量表，通过运用直方图来分析各个车间生产数量的分布情况。

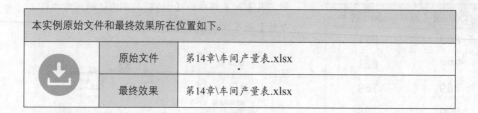

Step 1 打开本实例的原始文件,在D列设置临界点,根据实际的情况设置为80、85、90、95、100。

Step 2 切换到【数据】选项卡,单击【分析】组中的【数据分析】按钮。

Step 3 弹出【数据分析】对话框后,单击【分析工具】列表框中的【直方图】选项,单击【确定】按钮。

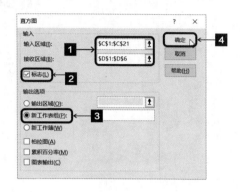

Step 4 弹出【直方图】对话框,设置相关参数,在【输入】组合框中的【输入区域】文本框中输入单元格区域$C$1:$C$21,在【接收区域】文本框中输入单元格区域$D$1:$D$6,勾选【标志】复选框,在【输出选项】组合框中选中【新工作表组】单选钮,单击【确定】按钮。

Step 5 设置完成后,返回Excel工作表,即可看到设置后的结果,如图所示。

从直方图中可以看出,该公司的车间每天生产零件以 90 到 100 个居多。

第15章

使用图表分析数据

工作中，我们经常会对数据进行分析，使用图表分析数据，是最直观的数据分析方式，可以准确地把握数据的各个方面特征。

 教学资源

关于本章的知识，本书配套教学资源中有相关的教学视频，路径为【本书视频\第15章】。

001　选择适合的图表类型

将工作表中的数据生成图表，使用图表可以更加直观地展现数据的各个特征。

图表类型有很多，有柱状图、条形图、折线图、散点图、饼图等。不同的图表有不同的表现力，对不同的数据分析需要使用不同的图表类型。

柱状图。适合表达的数据和说明：可以非常清晰地表达不同项目之间的差距和数值。

饼图。主要用来分析内部各个组成部分对事件的影响，其各部分百分比之和必须是100%。

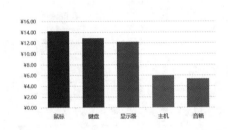

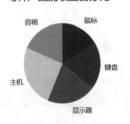

拆线图。用来描述数据随着时间推移而发生变化的一种图表，可以预测未来的发展趋势。

散点图。主要用来反映事物 A 与 B 之间的相关性，或整体的分布。

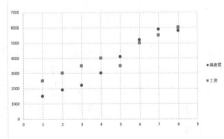

002   用瀑布图分析数据

本实例原始文件和最终效果所在位置如下。		
	原始文件	第15章\个人财务表.xlsx
	最终效果	第15章\个人财务表.xlsx

扫码看视频

　　瀑布图可以用来展示一系列正值和负值的积累影响。在有数据表示流入和流出时，比如说分析财务数据的营收问题时，可以使用瀑布表。

Step 1　选中单元格区域A1:B11，切换到【插入】选项卡，在【图表】组中单击【插入瀑布图】按钮右侧的下拉按钮，在弹出的下拉列表中单击【瀑布图】选项，建立瀑布图。

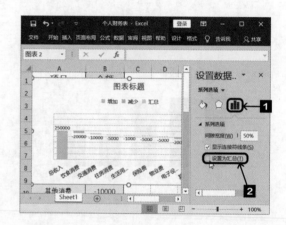

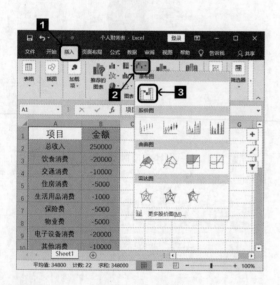

Step 2　双击"净剩金额"柱状条，弹出【设置数据系列格式】任务窗格，再单击"净剩金额"柱状条，切换到【设置数据点格式】任务窗格，单击【系列选项】按钮，选中【系列选项】组中的【设置为汇总】复选框。

　　现在可以看到数据已经以图表的形式显示出来。

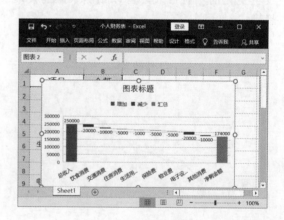

003　用柱状图分析数据

本实例原始文件和最终效果所在位置如下。		
	原始文件	第15章\员工月销售数量表.xlsx
	最终效果	第15章\员工月销售数量表.xlsx

扫码看视频

　　柱状图能够很直观地反映数据的数量、大小特征，能够直接地对数据进行大小比较，给柱状图添加了参考线后，能够更加明确地比较数据的大小特征。

Step 1　在C列中添加一列数据，在C1单元格中输入标题"销售标准线"，在C2单元格中输入"480"，拖曳填充柄至C17单元格完成填充。

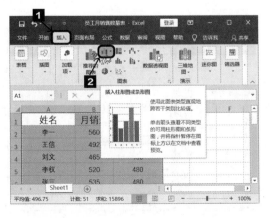

Step 2　选中单元格区域A1:C17，切换到【插入】选项卡，单击【图表】组中的【插入柱形图或条形图】选项，在弹出的下拉列表中选择【簇状柱形图】选项，完成插入柱状图。

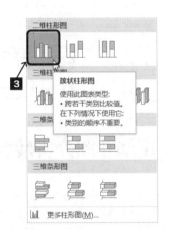

Step 3　切换到【设计】选项卡，单击【类型】组中的【更改图表类型】按钮。

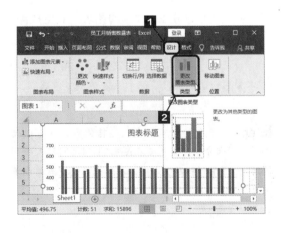

Step 4 弹出【更改图表类型】对话框，切换到【所有图表】选项卡，选择【组合图】选项，在【销售标准线】的下拉列表中选择【折线图】选项，最后单击【确定】按钮。

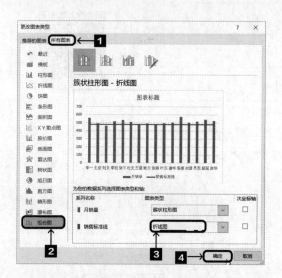

Step 5 现在可以看到，在销售数量的条形图中增加了一条横线，这条线对应的大小是480，这样就可以清晰地看到员工的销量是否过销售标准线了。

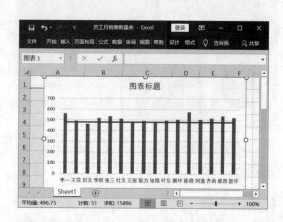

004 用漏斗图分析转化率

	本实例原始文件和最终效果所在位置如下。	
	原始文件	第15章\产品销售转化率分析.xlsx
	最终效果	第15章\产品销售转化率分析.xlsx

扫码看视频

我们可以使用 Excel 中的图表工具生成瀑布图，瀑布图可以用来方便地分析网站的转化率、用户购买的转化率等。

Step 1 我们分析市场金额的转化率，就可以使用漏斗图来分析。首先要在A列与B列之间插入一列辅助列。在B列标题上右击，在弹出的快捷菜单中单击【插入】选项。

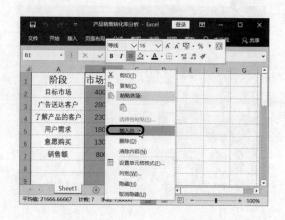

Step 2 在B1单元格中输入"辅助列1"，在B2单元格中输入0，在B3单元格中输入公式"=($C$2-$C$3)/2"，拖曳填充柄填充至B7单元格；在D1单元格中输入"辅助列2"，在D2单元格中输入0，在D3单元格中输入公式"=($C$2-$C$3)/2"，拖曳填充柄填充至D7单元格。

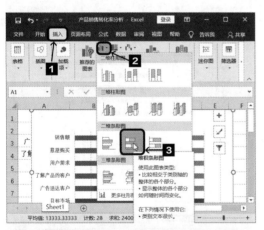

Step 3 选择单元格区域A1:D7，切换到【插入】选项卡，单击【图表】组中的【插入柱形图或条形图】按钮，在弹出的下拉列表中单击【堆积条形图】按钮，建立图表。

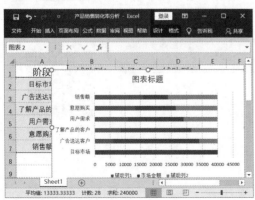

Step 4 双击图表中的空白区域，打开【设置图表区格式】任务窗格。

Step 5 单击选中"辅助列1"的条形，在【设置数据系列格式】中，选中【填充】组的【无填充】单选钮，选中【边框】组中的【无线条】单选钮，现在"辅助列1"已经看不到了。

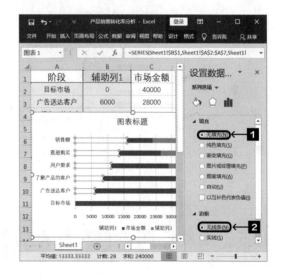

Step 6 采用同样的方式操作"辅助列2"，这样就可以完成对"辅助列1"和"辅助列2"的隐藏了。

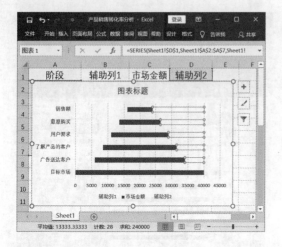

Step 7 我们发现这样的图形是一个倒置的"漏斗图"，我们需要将图表倒置过来。在右侧的任务窗格中，单击【系列选项】右侧的下拉按钮，在下拉列表中选择【垂直（类别）轴】选项。

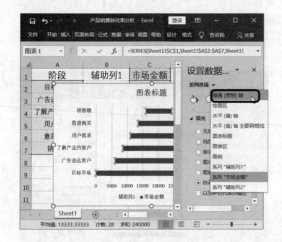

Step 8 单击【坐标轴选项】按钮，选中【坐标轴选项】组中的【递序类别】复选框。

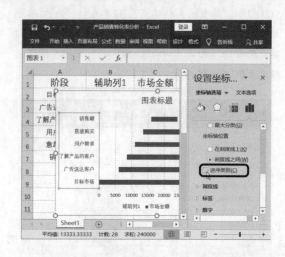

现在已经创建好了产品销售转化率的"漏斗图"了。

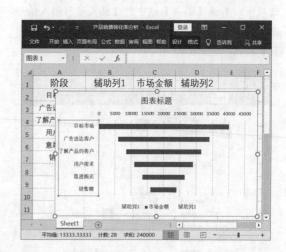

005　用动态图表进行数据分析

本实例原始文件和最终效果所在位置如下。

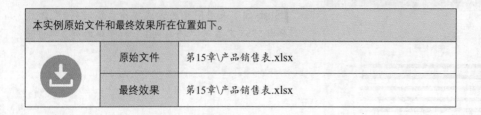

	原始文件	第15章\产品销售表.xlsx
	最终效果	第15章\产品销售表.xlsx

扫码看视频

电脑配件商店要统计产品每月销售情况并制成图表显示。按照通常的思路，我们要为各种产品分别设计图表显示，显得有些繁杂。其实更专业的办法是将所有的信息汇集到一个图表，由用户通过下拉列表来选择图表要显示的月份，图表自动发生相应的改变。通过对Excel窗体控件的设置应用，可以轻松构造出动态图表。

Step 1 单击【文件】按钮，在弹出的界面中单击【选项】选项。

Step 2 弹出【Excel选项】对话框，单击左侧的【自定义功能区】选项卡，选中【开发工具】复选框，单击【确定】按钮，将【开发工具】选项卡添加到顶部菜单。

Step 3 在单元格区域H2:H6中输入1月~5月，切换到【开发工具】选项卡，单击【控件】组中的【插入】按钮，在其下拉列表中单击【列表框（窗体控件）】选项。

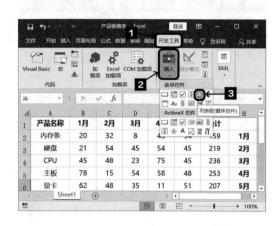

Step 4 在任意位置拖曳鼠标左键建立此控件。在此控件上右击，在弹出的快捷菜单中单击【设置控件格式】选项。

Step 5 在弹出的【设置对象格式】对话框中，切换到【控制】选项卡，在【数据源区域】文本框中输入"$H$2:$H$6"，在【单元格链接】文本框中输入"$H$1"，单击【确定】按钮。单击任意一个空白单元格，然后再单击控件中的【一月】选项。

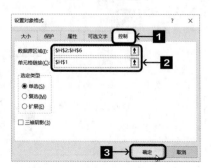

Step 6   切换到【公式】选项卡，单击【定义的名称】组中的【定义名称】按钮。

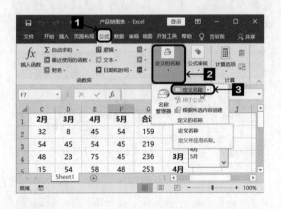

Step 7   在弹出的【新建名称】对话框中，在【名称】对话框中填入"月份"，在【引用位置】文本框中填入公式"=index($B$2:$G$6,,$H$1)"，单击【确定】按钮。

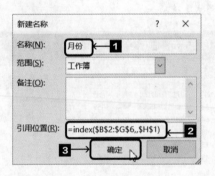

Step 8   选中单元格区域A1:B6，切换到【插入】选项卡，单击【图表】组中的【插入柱形图或条形图】，在弹出的下拉列表中单击【簇状柱形图】按钮，完成插入柱状图。

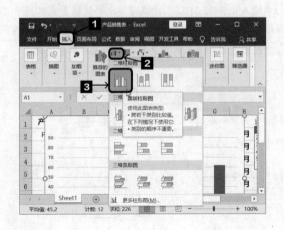

Step 9   切换到【设计】选项卡，单击【数据】组中的【选择数据】按钮。

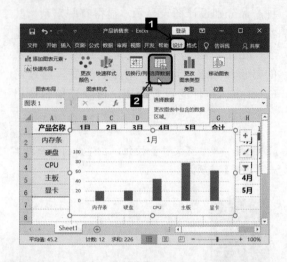

Step 10   弹出【选择数据源】对话框，在【图表数据区域】的文本框中输入"=Sheet1!$A$1:$B$6"，单击【图例项】组中的【编辑】按钮。

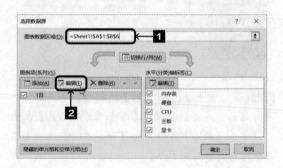

Step 11   弹出【编辑数据系列】对话框，在【系列名称】文本框中输入"="月销售数量""，在【系列值】文本框中输入"=Sheet1!月份"，单击【确定】按钮，返回【选择数据源】对话框后，再次单击【确定】按钮。

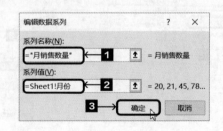

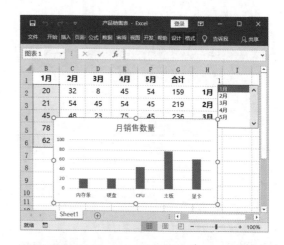

Step 12 现在已经完成了动态图表的建立，单击右侧的列表控件中的不同月份，就会显示不同月份的数据。

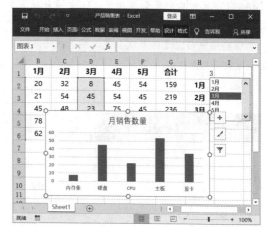

006　为图表添加误差线

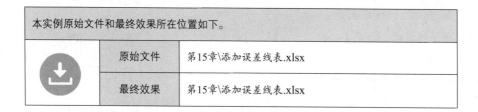

本实例原始文件和最终效果所在位置如下。

	原始文件	第15章\添加误差线表.xlsx
	最终效果	第15章\添加误差线表.xlsx

扫码看视频

误差线是从数据点开始的水平方向或垂直方向的直线，误差线的长短可以是标准偏差、标准误差数据点的百分比，也可以自定义数据。

Step 1 打开本实例的原始文件，选中单元格区域A1:B11，切换到【插入】选项卡，在【图表】组中单击【插入散点图或气泡图】按钮，在弹出的下拉列表中单击【带直线和数据标记的散点图】选项。

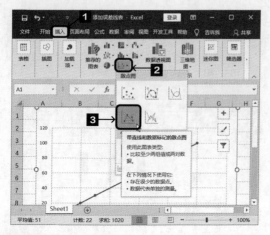

Step 2 插入后效果如图所示。选中图表，单击图表右上角的【图表元素】快速微调按钮，在展开的选项窗格中勾选【误差线】复选框，在图表中显示误差线，如图所示。

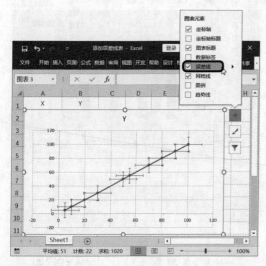

Step 3 双击图表中的水平误差线，打开【设置误差线格式】任务窗格，切换到【误差线选项】选项卡，在【水平误差线】组中的【方向】列表框中单击【负偏差】单选钮。

Step 4 在【误差线选项】选项卡中选择【末端样式】➤【无线端】选项，然后在【误差量】组中选中【自定义】选项，并单击【指定值】按钮，打开【自定义错误栏】对话框，设置【负误差值】为引用单元格区域"=Sheet1!$A$2:$A$11"，单击【确定】按钮，效果如图所示。

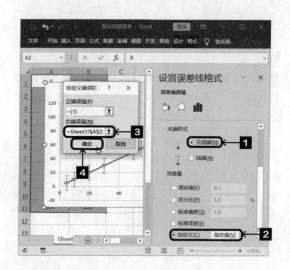

Step 5 双击图表中的垂直误差线，打开【设置误差线格式】任务窗格，在【误差线选项】选项卡中选择【负偏差】单选钮、【无线端】单选钮。

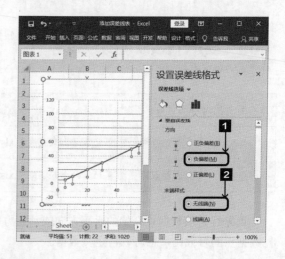

Step 6 在【误差量】组中选中【自定义】选项，并单击【指定值】按钮，打开【自定义错误栏】对话框，设置【负误差值】为引用单元格区域"=Sheet1!$B$2:$B$11"，单击【确定】按钮，效果如图所示。

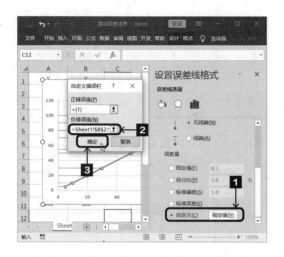

图表添加误差线后的效果如图所示。

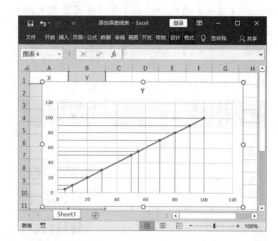

007　使用涨跌柱线凸显差异

本实例原始文件和最终效果所在位置如下。

⬇	原始文件	第15章\涨跌柱线凸显差异表.xlsx
	最终效果	第15章\涨跌柱线凸显差异表.xlsx

扫码看视频

　　涨跌柱线与高低点连接相似，可以表现折线图数据点之间的差异，股价图也是使用涨跌柱线来实现的。

Step 1　打开本实例的原始文件，选中单元格区域A1:C12，切换到【插入】选项卡，在【图表】组中单击【插入折线图或面积图】按钮，在弹出的下拉列表中单击【折线图】选项。

Step 2　插入完成后效果如图所示。选中图表，单击图表右上角的【图表元素】快速微调按钮，在展开的选项窗格中勾选【涨/跌柱线】复选框，添加涨跌柱线，如图所示。

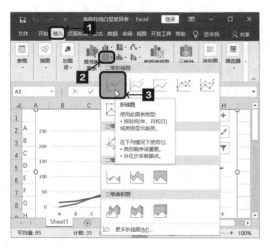

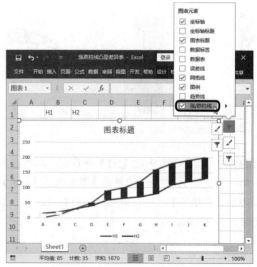

Step 3 选择横坐标中"A"对应的涨跌柱线，切换到【格式】选项卡，在【形状样式】组中单击【形状填充】下拉按钮，在颜色下拉列表中选择【橙色，个性色2】。完成设置涨跌柱线颜色，如图所示。

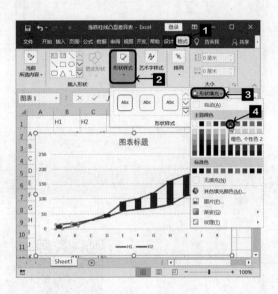

Step 4 在D1单元格输入"数据标签"，在D2单元格设置公式"=C2-B2"，填充公式到D12单元格。

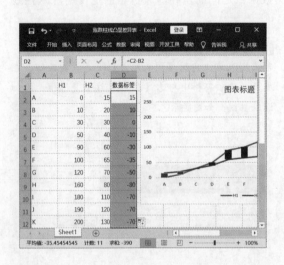

Step 5 选中图表中的【H1】折线图，单击鼠标右键，在打开的快捷菜单中单击【添加数据标签】➤【添加数据标签】选项，为所选的折线图添加数据标签，如图所示。

Step 6 选中数据标签，单击鼠标右键，在弹出的快捷菜单中选择【设置数据标签格式】选项。

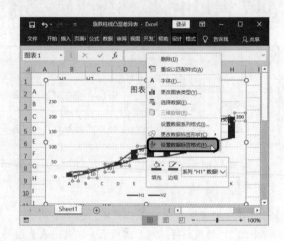

Step 7 打开【设置数据标签格式】任务窗格，在【标签选项】选项卡中选择【标签包括】➤【单元格中的值】复选框，弹出【数据标签区域】对话框，在【选择数据标签区域】下的文本框中输入"=Sheet1!$D$2:$D$12"，单击【确定】按钮，关闭对话框。

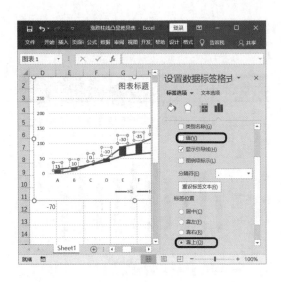

Step 8 在任务窗格中取消勾选【标签包括】选项组中的【值】选项，并选择【标签位置】选项组中的【靠上】选项，完成修改涨跌柱线的数据标签，效果如图所示。

008 为图表添加系列线

	本实例原始文件和最终效果所在位置如下。	
	原始文件	第15章\图表中添加系列线.xlsx
	最终效果	第15章\图表中添加系列线.xlsx

扫码看视频

　　Excel 图表中的二维堆积柱形图和堆积条形图可以通过显示系列线来突出显示数据的变化方向。另外，复合饼图或复合条饼图中也可以显示系列线，但仅用来表示图形的联系。

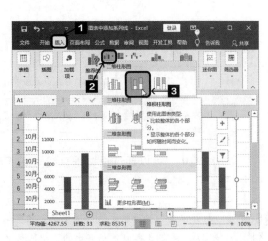

Step 1 打开本实例的原始文件，选中单元格区域A1:C11，切换到【插入】选项卡，在【图表】组中单击【插入柱形图或条形图】按钮，在弹出的下拉列表中单击【堆积柱形图】选项。

Step 2　返回Excel工作表，即可看到刚插入的堆积柱形图，效果如图所示。

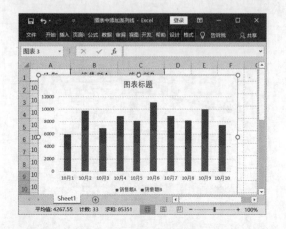

Step 3　选中图表，切换到【设计】选项卡，在【图表布局】组中单击【添加图表元素】按钮，在弹出的下拉列表中选择【线条】▶【系列线】选项，为堆积柱形图添加系列线，效果如图所示。

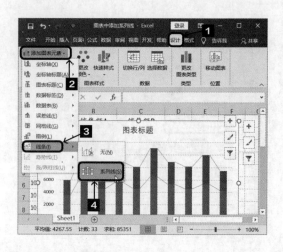

Step 4　返回Excel工作表，即可看到添加的系列线，效果如图所示。

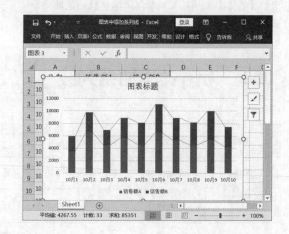

009　为图表添加垂直线与高低点连线

本实例原始文件和最终效果所在位置如下。

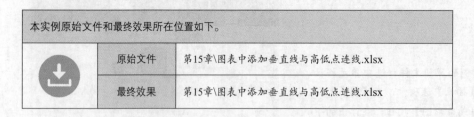

	原始文件	第15章\图表中添加垂直线与高低点连线.xlsx
	最终效果	第15章\图表中添加垂直线与高低点连线.xlsx

扫码看视频

　　在折线图中，可以通过设置垂直线与高低点连线表示数据的大小或差异，而在散点图中则不可以设置。

Step 1　打开本实例的原始文件，选中单元格区域A1:B11，切换到【插入】选项卡，在【图表】组中单击【插入折线图或面积图】按钮，在弹出的下拉列表中单击【带数据标记的折线图】选项。

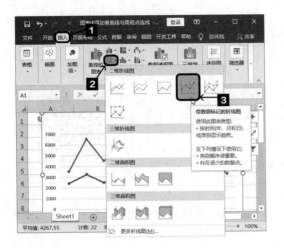

Step 2 返回Excel工作表，即可看到刚插入的带数据标记的折线图，效果如图所示。

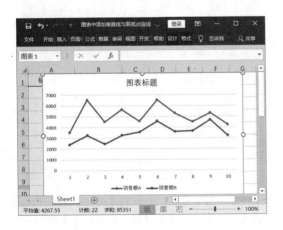

Step 3 选中图表，切换到【设计】选项卡，在【图表布局】组中单击【添加图表元素】按钮，在弹出的下拉列表中单击【线条】➤【垂直线】命令，为折线图添加垂直线，效果如图所示。

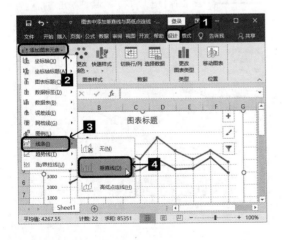

Step 4 返回Excel工作表，即可看到添加的垂直线，效果如图所示。

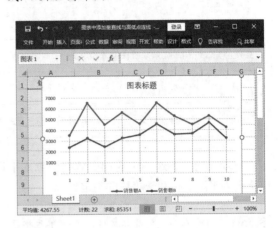

Step 5 选中图表，切换到【设计】选项卡，在【图表布局】组中单击【添加图表元素】按钮，在弹出的下拉列表中单击【线条】➤【高低点连线】命令，为折线图添加高低点连线。

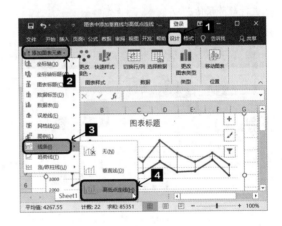

Step 6 返回Excel工作表，即可看到添加的高低点连线，效果如图所示。

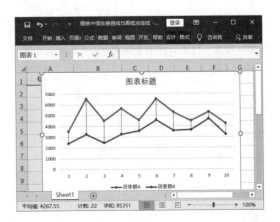

010　使用移动平均线进行趋势预估

本实例原始文件和最终效果所在位置如下。

	原始文件	第15章\移动平均线进行趋势预估.xlsx
	最终效果	第15章\移动平均线进行趋势预估.xlsx

扫码看视频

移动平均是指在一定周期内数据的算术平均，移动平均线可以消除曲线的短期变化，使曲线变得更为平滑，有利于趋势的判定。

Step 1　打开本实例的原始文件，选中单元格区域A1:B13，切换到【插入】选项卡，在【图表】组中单击【插入折线图或面积图】按钮，在弹出的下拉列表中单击【带数据标记的折线图】选项，其中单元格区域B12:B13为空，可以利用图表的移动平均线进行趋势预估。

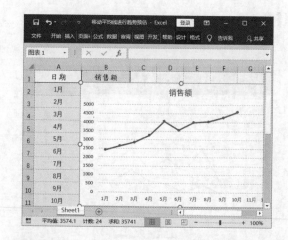

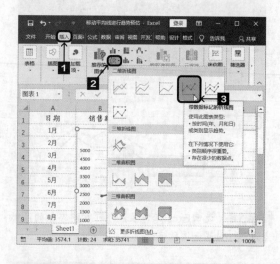

Step 2　返回Excel工作表，即可看到刚插入的带数据标记的折线图，效果如图所示。

Step 3　选中图表，切换到【设计】选项卡。在【图表布局】组中单击【添加图表元素】按钮，在弹出的下拉列表中选择【趋势线】➤【移动平均】选项。

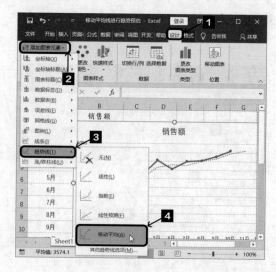

Step 4 添加一条名为【2周期 移动平均(销售额)】的2个周期移动平均线，该移动平均线预估了11月的销售额，效果如图所示。

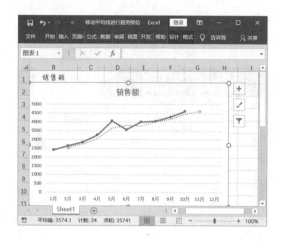

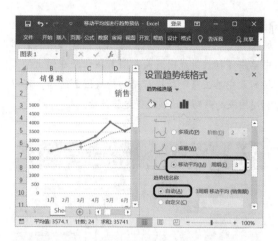

Step 5 双击图表中的移动平均线，打开【设置趋势线格式】任务窗格，设置【移动平均】▶【周期】为3，修改移动平均线为【3周期 移动平均(销售额)】，该移动平均线预估了11月和12月的销售额，比2个周期的移动平均线更平滑，效果如图所示。

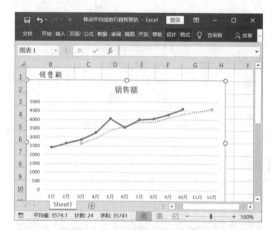

011 使用趋势线进行各种预测

本实例原始文件和最终效果所在位置如下。

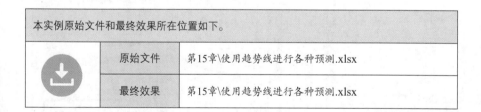

	原始文件	第15章\使用趋势线进行各种预测.xlsx
	最终效果	第15章\使用趋势线进行各种预测.xlsx

扫码看视频

　　Excel 提供了多种趋势线样式：指数、线性、对数、多项式和幂等。使用趋势线可以获取拟合曲线的方程式，并可预测未来的趋势，本实例将演示多项式趋势线的用法。

Step 1 打开本实例的原始文件，选中单元格区域A1:B11，切换到【插入】选项卡，在【图表】组中单击【插入折线图或面积图】按钮，在弹出的下拉列表中单击【带数据标记的折线图】选项，可以利用图表的移动平均线进行趋势预估。

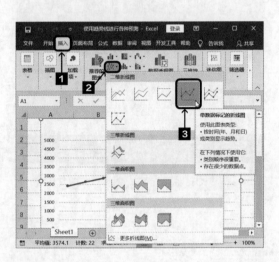

Step 2 返回Excel工作表，即可看到刚插入的带数据标记的折线图，效果如图所示。

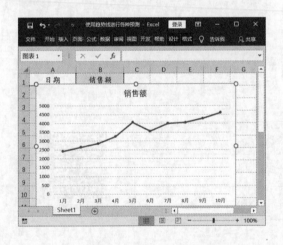

Step 3 选中图表，单击图表右上角的【图表元素】快速微调按钮，在展开的选项窗格中勾选【趋势线】选项，添加一条线性趋势线，如图所示。

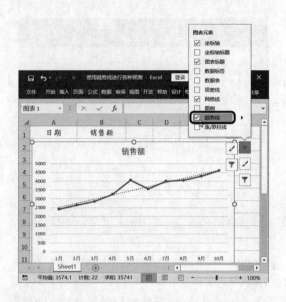

Step 4 双击图表中的趋势线，打开【设置趋势线格式】任务窗格，选择趋势线类型为【多项式】，设置多项式的阶数为"3"，添加二次多项式趋势线，效果如图所示。

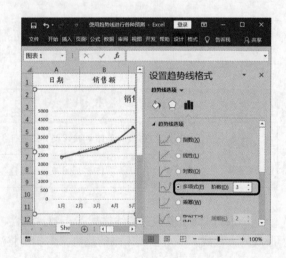

Step 5 在【设置趋势线格式】任务窗格中设置【趋势预测】➤【前推】为"2"个周期，则图表中的趋势线自动延长2个分类刻度值，表示预测销售额的变化。然后勾选【显示公式】和【显示R平方值】复选框，在图表中显示趋势线公式为"$y = 2.021x^3 - 45.21x^2 + 521.04x + 1837.6$"，"$R^2=0.9278$"，R越接近于1，表示曲线拟合越好，效果如图所示。

设置完成后，效果如图所示。

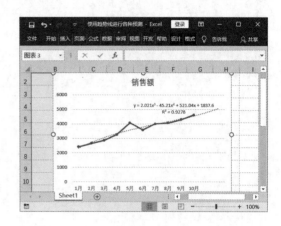

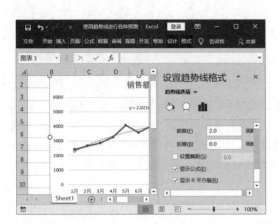

EXCEL

第 16 章

┃打印与保护┃

虽然无纸化办公已经成为现在发展的一种趋势，但是在通常情况下，Excel 表格中的数据内容需要转换为纸质文件归类存档，打印输入依然是 Excel 表格的最终目标；在实际工作中，每一个工作岗位都会涉及一些私密信息，那么怎样给这些表格加密，只允许掌握密码的人打开表格呢？

 教学资源

关于本章的知识，本书配套教学资源中有相关的教学视频，路径为【本书视频\第 16 章】。

001 打印设置

	原始文件	第16章\销售日报表.xlsm
	最终效果	无

本实例原始文件和最终效果所在位置如下。

扫码看视频

在我们眼中看起来没有什么技术含量的打印工作，其实也有一些小窍门，如果不掌握这些小窍门，会徒增烦恼。

1. 打印前先预览

在打印文件之前，用户需要先对文件进行预览，查看一下打印的范围、边距、纸张以及方向的设置，在输入打印机之前，先逐页预览一次，看看最终效果。

打开本实例的原始文件，单击【文件】按钮，在弹出的窗口中选择【打印】选项，即可在右侧调整【设置】列表框中的内容，以及预览区域。

2. 将表格在一页打印

在实际工作中，经常会遇到表格区域宽了，或者高了，导致打印内容不在一页上显示，怎样快速调整呢？

首先用户要做的就是拖曳列与列之间的分界线，将一些过宽的列压缩，腾出更多的空间；如果要批量调整多列的列宽，可以选中多列，然后双击列标交界处。

002　打印不连续区域

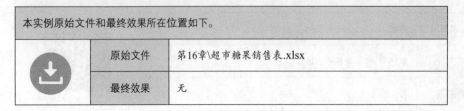	原始文件	第16章\超市糖果销售表.xlsx
	最终效果	无

扫码看视频

　　Excel 中默认的打印都是连续的区域，如果用户需要将一些不连续的单元格区域打印处理，具体的操作步骤如下。

　　方法一：指定打印区域

Step 1　打开本实例的原始文件，按住【Ctrl】键不放，同时用鼠标左键选中用户所需要打印的多个不连续的区域。

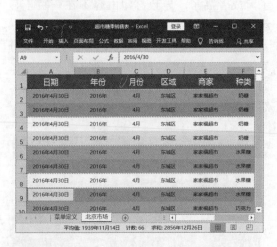

Step 2　单击【文件】按钮，在弹出的窗口中选择【打印】选项，或者按【Ctrl】+【P】组合键，进入打印界面。

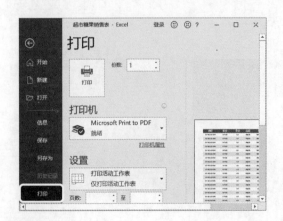

Step 3　在打印界面中，单击【设置】下方的【打印活动工作表】右侧的下拉按钮，在弹出的下拉列表中选择【打印选定区域】选项。

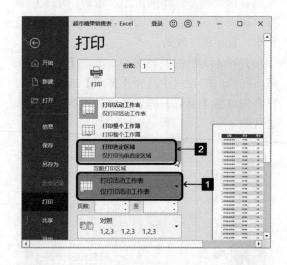

Step 4　单击【打印】按钮，此时系统将选中的不连续区域分别打印在不同的页面上。

方法二：使用【视图管理器】

同时用户还可以通过使用【视图管理器】打印不连续区域，具体的操作步骤如下。

Step 1 打开本实例的原始文件，选中需要打印的数据区域，切换到【视图】选项卡，在【工作簿视图】组中单击【自定义视图】按钮。

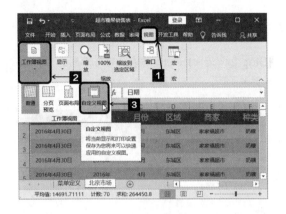

Step 2 弹出【视图管理器】对话框，单击【添加】按钮。

Step 3 弹出【添加视图】对话框，在【名称】文本框中输入"打印"；单击【确定】按钮。

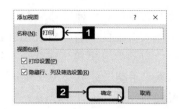

操作完成后，再次打开【视图管理器】对话框，即可在【视图】列表框中看到新增了一个设置好的"打印"视图项。

如果用户需要再次打印该不连续区域，只需打开【视图管理器】对话框，选择【视图】列表框中的"打印"视图项，单击【显示】按钮，即可显示设置好的打印页面，最后再执行【打印选定区域】的打印操作即可。

003　显示与隐藏分页符

	本实例原始文件和最终效果所在位置如下。	
	原始文件	第16章\超市糖果销售表1.xlsx
	最终效果	无

扫码看视频

分页符是分页的一种符号，表示上一页结束以及下一页开始的位置。Microsoft Excel 可插入一个"自动"分页符（或软分页符），或者通过插入"手动"分页符（或硬分页符）在指定位置强制分页。在普通视图下，分页符是一条虚线，又称自动分页符。

月份	区域	商家	种类	型号	规格	销量	单价（元）
4月	东城区	家家福超市	奶糖	袋	100g	1500	5.9
4月	东城区	家家福超市	奶糖	袋	200g	1200	10.8
4月	东城区	家家福超市	奶糖	盒	220g	1805	11.9
4月	东城区	家家福超市	奶糖	盒	480g	1560	21.8
4月	东城区	家家福超市	水果糖	袋	100g	1750	5.6
4月	东城区	家家福超市	水果糖	袋	200g	1630	9.8
4月	东城区	家家福超市	水果糖	盒	220g	1528	10.7
4月	东城区	家家福超市	水果糖	盒	480g	1490	19.8
4月	东城区	家家福超市	巧克力	袋	100g	1300	6.6

1. 隐藏分页符

在打印的时候，上图中所示的虚线是不会被打印在纸张上，为了让用户在浏览时视觉上的美观，需要将虚线隐藏，具体的操作步骤如下。

Step 1 打开本实例的原始文件，单击【文件】按钮，在弹出的窗口中选择【选项】选项。

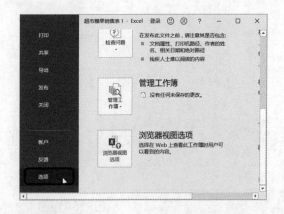

Step 2 弹出【Excel选项】对话框，切换到【高级】选项卡，在【此工作表的显示选项】组合框中选择需要设置的工作表（例如选择本实例中的"北京市场"），取消勾选【显示分页符】复选框，单击【确定】按钮。

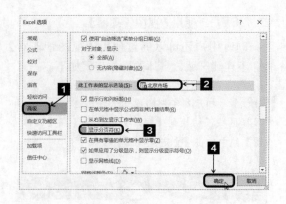

Step 3 返回Excel工作表，即可看到分页符已经被隐藏了。

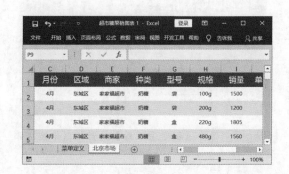

如果用户想要将分页符显示出来，只需在【此工作表的显示选项】组合框中勾选【显示分页符】复选框即可。

2. 插入分页符

如果用户想要插入一个分页符，具体的操作步骤如下。

Step 1 打开本实例的原始文件，切换到【视图】选项卡，在【工作簿视图】组中单击【分页预览】按钮。

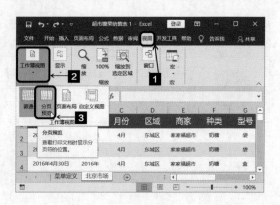

Step 2 在分页预览模式下，右键单击表格区域，在弹出的快捷菜单中选择【插入分页符】选项，可以在任意位置插入新的分页符。

004 重复打印标题行

	本实例原始文件和最终效果所在位置如下。	
	原始文件	第16章\发货记录表.xlsx
	最终效果	第16章\发货记录表.xlsx

扫码看视频

在实际工作中，当表格中的数据很多，不能在一页纸上将所有数据完整打印出来时，就要用到打印多页文档功能，而在打印多页文档时，只会在第一页显示标题行，为了阅读方便，用户需要将每一页的数据都设置成带有标题行，具体的操作步骤如下。

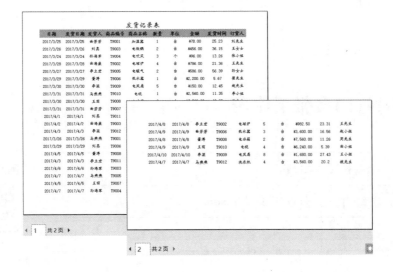

Step 1 打开本实例的原始文件，切换到【页面布局】选项卡，在【页面设置】组中单击【打印标题】按钮。

Step 2 弹出【页面设置】对话框，切换到【工作表】选项卡，在【打印标题】下方的【顶端标题行】文本框中输入"$2:$2"，单击【确定】按钮。

Step 3 再次执行"打印预览"时，就可以看到所有的打印页面均有标题行，效果如图所示。

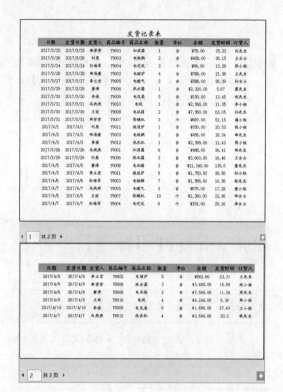

005 同时打印多张工作表

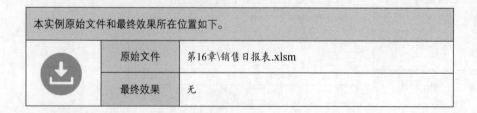

本实例原始文件和最终效果所在位置如下。

	原始文件	第16章\销售日报表.xlsm
	最终效果	无

扫码看视频

通过配置打印选项，可以打印整个工作簿中的所有工作表，或者仅仅打印被选中的活动工作表。

那么，怎样选定多个活动工作表呢？

与选择一个连续的数据区域以及多个不连续数据区域一样，配合【Ctrl】+【Shift】组合键就能完成。

按【Ctrl】键，分别单击，可以选中需要打印的不连续的工作表。

按【Shift】键，单击同一个工作簿中的第一个工作表和最后一个工作表，可以选中需要打印的连续的多个工作表。

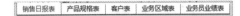

006　保护工作簿

本实例原始文件和最终效果所在位置如下。		
	原始文件	第16章\员工信息明细.xlsx
	最终效果	无

扫码看视频

日常工作中，可能会遇到同一个表格发送给不同的人的情况，那么，如何限定每个人允许编辑的区域，不让他人胡乱更改表格的结构与数据呢？

为了保守公司机密，用户可以对相关的工作簿设置保护。为了实现数据共享，还可以设置共享工作簿。

1. 保护工作簿的结构和窗口

用户既可以对工作簿的结构和窗口进行密码保护，也能设置工作簿的打开和修改密码，保护工作簿的结构和窗口的具体步骤如下。

Step 1 打开本实例的原始文件，切换到【审阅】选项卡，单击【保护】组中的【保护工作簿】按钮。

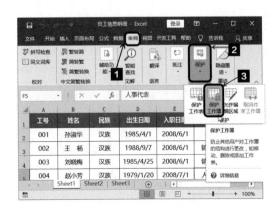

Step 2 弹出【保护结构和窗口】对话框，在【保护工作簿】组合框中选中【结构】复选框，然后在【密码】文本框中输入密码，例如输入"123"，单击【确定】按钮。

Step 3 弹出【确认密码】对话框，在【重新输入密码】文本框中再次输入"123"，然后单击【确定】按钮。

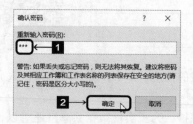

2. 设置工作簿的打开和修改密码

为工作簿设置打开和修改密码的具体步骤如下。

Step 1 单击【文件】按钮，在弹出的下拉菜单中选择【另存为】命令，在【另存为】界面上单击【浏览】按钮。

Step 2 弹出【另存为】对话框，从中选择合适的保存位置，单击【工具】按钮，在弹出的下拉菜单中选择【常规选项】选项。

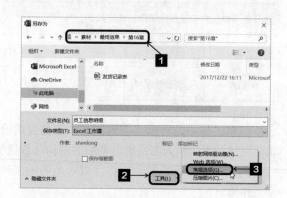

Step 3 弹出【常规选项】对话框，在【打开权限密码】和【修改权限密码】文本框中均输入"123"，然后选中【建议只读】复选框，单击【确定】按钮。

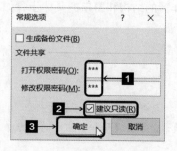

Step 4 弹出【确认密码】对话框，这是确认设置打开权限的步骤，在【重新输入密码】文本框中输入"123"，单击【确定】按钮。

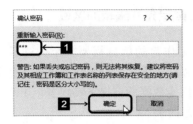

Step 5 再次弹出一个【确认密码】对话框，这是确认修改权限的步骤，在【重新输入修改权限密码】文本框中输入"123"，单击【确定】按钮。

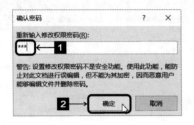

Step 6 返回【另存为】对话框，单击【保存】按钮。

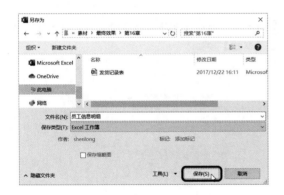

Step 7 当用户再次打开保存好的工作簿时，系统便会自动弹出【密码】对话框，要求用户输入打开文件所需的密码，以获得打开工作簿的权限，这里在【密码】文本框中输入"123"，单击【确定】按钮。

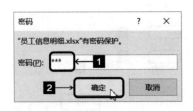

Step 8 弹出【密码】对话框，要求用户输入修改密码，以获得修改工作簿的权限，这里在【密码】文本框中输入"123"，单击【确定】按钮。

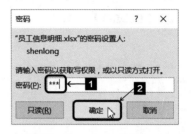

Step 9 弹出【Microsoft Excel】对话框，并提示用户"是否以只读方式打开"，此时单击【是】按钮即可打开该工作簿，不能编辑，单击【否】按钮可打开并编辑该工作簿。

3. 撤销对结构和窗口的保护

如果用户不需要对工作簿的结构和窗口进行保护，可以予以撤销。

切换到【审阅】选项卡，单击【保护】组中的【保护工作簿】按钮。弹出【撤销工作簿保护】对话框，在【密码】文本框中输入"123"，然后单击【确定】按钮即可。

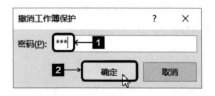

4. 撤销对整个工作簿的保护

撤销对整个工作簿的保护的具体步骤如下。

Step 1 单击【文件】按钮，在弹出的下拉菜单中选择【另存为】命令，在【另存为】界面上单击【浏览】按钮，弹出【另存为】对话框，从中选择合适的保存位置，单击【工具】按钮，在弹出的下拉菜单中选择【常规选项】选项。

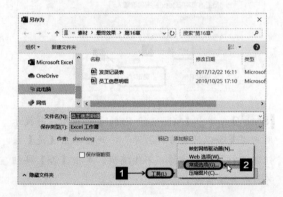

Step 2 弹出【常规选项】对话框，将【打开权限密码】和【修改权限密码】文本框中的密码删除，然后撤选【建议只读】复选框，单击【确定】按钮。

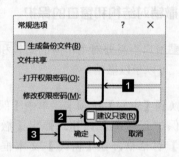

Step 3 返回【另存为】对话框，然后单击【保存】按钮，弹出【确认另存为】对话框，单击【是】按钮。

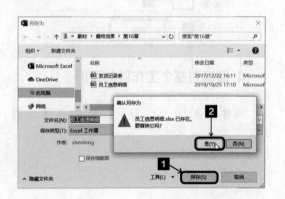

5. 限定允许编辑的区域

当工作簿的信息需要多个人进行录入完成，可以通过限定允许编辑的区域，在别人无法修改固定数据的前提下实现多个用户对需要填写信息的录入。

Step 1 切换到【审阅】选项卡，单击【保护】组中的【允许编辑区域】按钮。

Step 2 弹出【允许用户编辑区域】对话框，单击【新建】按钮。

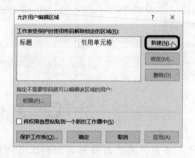

Step 3 弹出【新区域】对话框，在【标题】文本框中输入"职位"。在【引用单元格】文本框中输入"=F2:F26"，单击【确定】按钮。

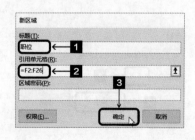

Step 4 返回【允许用户编辑区域】对话框，单击【保护工作表】按钮。

Step 5 弹出【保护工作表】对话框，在【取消工作表保护时使用的密码】文本框中输入密码"123"，单击【确定】按钮。

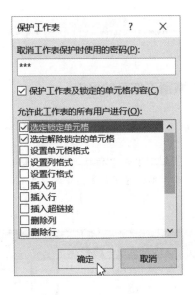

Step 6 弹出【确认密码】对话框，再次输入同样的密码"123"，单击【确定】按钮。

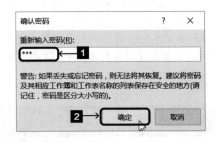

Step 7 返回Excel工作表，单击单元格区域F2:F26中的任意单元格，可对内容进行更改，但是试图更改该区域外的任意单元格则会弹出【Microsoft Excel】对话框，提示如需更改，需取消工作表保护，如图所示。

007 保护工作表

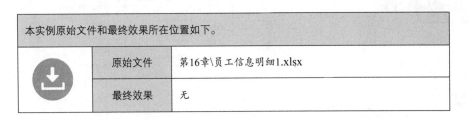

本实例原始文件和最终效果所在位置如下。		
	原始文件	第16章\员工信息明细1.xlsx
	最终效果	无

扫码看视频

为了防止他人随意更改工作表，用户也可以对工作表设置保护。

1. 保护工作表

保护工作表的具体操作步骤如下。

Step 1 打开本实例的原始文件，在工作表"源数据"中，切换到【审阅】选项卡，单击【保护】组中的【保护工作表】按钮。

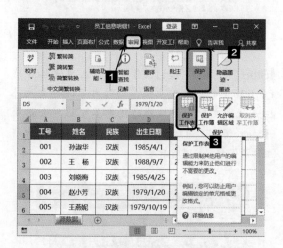

Step 2 弹出【保护工作表】对话框，选中【保护工作表及锁定的单元格内容】复选框，在【取消工作表保护时使用的密码】文本框中输入"123"，然后在【允许此工作表的所有用户进行】列表框中选中【选定锁定单元格】和【选定解除锁定的单元格】复选框，单击【确定】按钮。

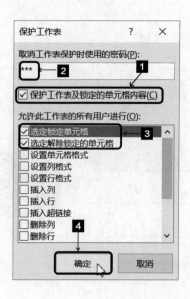

Step 3 弹出【确认密码】对话框，然后在【重新输入密码】文本框中输入"123"，单击【确定】按钮。

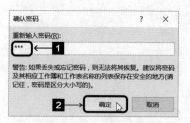

Step 4 此时，如果要修改某个单元格中的内容，则会弹出【Microsoft Excel】对话框，提示如需更改，需取消工作表保护，如图所示。

2. 撤销工作表的保护

撤销工作表的保护的具体步骤如下。

Step 1 在工作表"数据源"中，切换到【审阅】选项卡，单击【保护】组中的【撤销工作表保护】按钮。

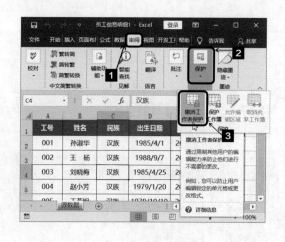

Step 2 弹出【撤销工作表保护】对话框,在【密码】文本框中输入"123",单击【确定】按钮。

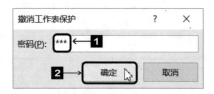

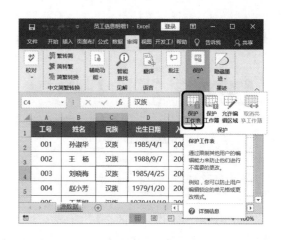

Step 3 此时,即可撤销对工作表的保护,【保护】组中的【撤销工作表保护】按钮变成【保护工作表】按钮。

008 工作表的隐藏与显示

		本实例原始文件和最终效果所在位置如下。
	原始文件	第16章\超市糖果销售表2.xlsx
	最终效果	无

扫码看视频

1. 隐藏工作表

如何用户不希望工作表中的某些内容被其他用户看到,但是又不能删除掉,仅作为一个参数表,不需要频繁的查看,这时用户可以将工作表隐藏起来,在隐藏工作表的同时,工作表的标签同时也会被隐藏,隐藏工作表的具体操作如下。

打开工作簿,在工作表标签上单击鼠标右键,在弹出的快捷菜单中选择【隐藏】选项。

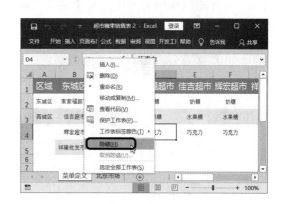

Excel 允许依次隐藏多个工作表,如果需要同时隐藏多个工作表,可以用【Ctrl】键或者【Shift】键选择多个工作表。

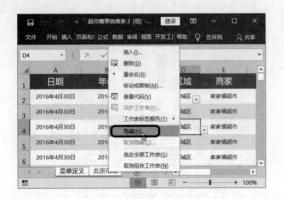

如果选中了工作簿中的全部工作表，则会弹出【Microsoft Excel】对话框，提示必须插入一张新工作表，如图所示。

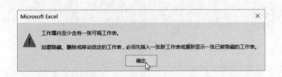

2.取消隐藏工作表

在取消 Excel 隐藏之前，请首先确定表格是否被保护，如果存在保护，请先取消工作表保护。

打开工作簿，在工作表标签上单击鼠标右键，在弹出的快捷菜单中选择【取消隐藏】选项。

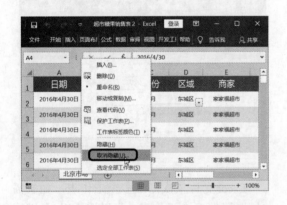

除上述方法外，用户还可以使用【视图】中的【隐藏】或【取消隐藏】按钮，具体操作步骤如下。

选中要隐藏的工作表，切换到【视图】选项卡，在【窗口】组中单击【隐藏】按钮即可隐藏当前工作表。

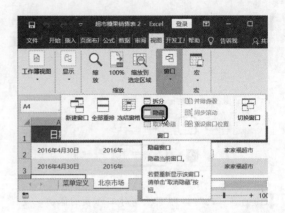

如果用户要隐藏工作簿，可以选中工作簿中的所有工作表。切换到【视图】选项卡，在【窗口】组中单击【隐藏】按钮，即可隐藏当前工作表。

使用【视图】取消隐藏工作表或工作簿的操作步骤如下。

Step 1 打开一个空白的工作簿，切换到【视图】选项卡，在【窗口】组中单击【取消隐藏】按钮。

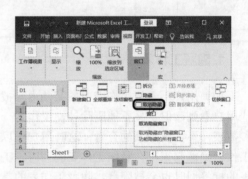

Step 2 弹出【取消隐藏】对话框，在【取消隐藏工作簿】列表中选择要显示的工作簿，例如"超市糖果销售表2"，单击【确定】按钮。